가르왈
히말라야
1

雪蓮道場 3

가르왈 히말라야 1
—인도 신화의 판테온

지은이 · 임현담
펴낸이 · 김인현
펴낸곳 · 도서출판 종이거울

2005년 4월 10일 1판 1쇄 인쇄
2005년 4월 15일 1판 1쇄 발행

편집진행 · 이상옥
북디자인 · 안지미
영업 · 혜국 정필수
관리 · 혜관 박성근
인쇄 및 제본 · 동양인쇄(주)

등록 · 2002년 9월 23일(제19-61호)
주소 · 경기도 안성시 죽산면 용설리 1178-1
전화 · 031-676-8700
팩시밀리 · 031-676-8704
E-mail cigw0923@hanmail.net

© 2005, 임현담

ISBN 89-90562-16-3 04980
　　　89-90562-11-2(세트)

雪蓮道場
3

가르왈 히말라야·i

인도 신화의 판테온

임현담 글·사진

종이거울

아침 햇살에 이슬이 사라지듯

히말라야를 바라봄으로써 인간의 죄는

그렇게 사라진다.

와서 보라.

진인은 발뒤꿈치로 숨을 쉬며, 보통사람은 목으로 숨을 쉰다
[眞人之息以踵 衆人之息以喉]는 이야기가 있다.
발뒤꿈치를 조심스럽게 대지에 밀착하며 히말라야 산길을 천천히 올라가 보면
무엇이 진인인지 대지가 스스럼없이 말해준다.

미당 서정주 선생님의 시(詩) 〈자화상〉에서 '나를 키운 것은 8할이 바람이었다'는 대목을 최근 다시 읽었다. 고마웠다. 같은 책이라도 나이에 따라 밑줄 치는 자리가 다르듯이 얼마 전까지 아무런 감흥이 없었던 이 대목은 그날 제대로 걸려들었다.

패러디해서 사람들은 나를 키운 것은 어머니였네, 골목이었네, 산이었네, 더불어 이야기했는데, 하여튼 그날 새삼스럽게 오늘의 나를 일구어 낸 것은 무엇이었는가 생각할 시간이 주어졌다.

그런데 이제는 주저할 필요가 없었다. 아니 주저라는 단어가 용도폐기될 정도로 즉각적인 답이 나왔다.

"나를 키워낸 것의 8할은 히말라야였고, 그 히말라야에서 또다시 8할은 가르왈 히말라야였다."

내부적으로 점검하거나, 몇 가지 의견 중에 추슬러서 이것이다, 결정짓기 전에 정답이 용수철처럼 덜컥 튀어나와 버렸다.

유쾌한 일이었다. 내 자신에게서 가끔 보이는 의견의 분할이나 우유부단한 머뭇거림 없이 단박에 한 가지로 모아졌다. 도리어 마음 안에서는 '8할이 뭐야, 9할 아냐?' 되묻는 질문까지 들렸다.

"그렇구나, 가르왈 히말라야였구나!"

질문 덕분에 답이 살아왔다. 8할에 관한 질문이 고마웠다.

30대 중반까지, 상벌(賞罰)이 즐비한 시간들, 채찍과 당근으로 장식된 길들을 지나오면서, 좌절했고 때로는 성취해서 기뻤다. 성공보다 유달리 실패가 많았으니 가슴 속에 차곡차곡 흉터를 남기며 살아왔다.

아무 생각 없이 우리 앞 세대가 만들어 놓은 틀 안에서 주형화(鑄型化)되며, 그 길에서 길들여지고, 모진 감정의 기복을 따라 웃고 울며 흘러왔다. 반항이나 도피는 울적한 순간에서의 상상뿐, 현실적으로는 약간의 반항과 한 번의 가출, 그외 아무것도 시도해 보지도 못하며 문득 서른 살 중반을 맞이했다.

어느 사이 내 삶이 더 이상 수동적일 필요가 없는 시간이 왔다. 도리어 이제는 내가 다른 사람들을 키우고 가르치며, 역시 상을 주어 독려하거나 혹은 체벌을 가해야 하는 나이에 이르렀다.

수동의 세상에서 능동으로 전환하는 시간, 좁은 길에서 넓은 지역으로 나가야 하는 이 시간대에 당혹감을 감출 수 없었다. 밤이면 무수한 질문들이 베갯머리로 찾아 몰려들었다.

"나는 누구인가?"

"나는 어디서 와서 어디로 가는가?"

답을 찾기 위해 처음으로 내 삶에 모질게 반항을 했다. 가장(家長) 역할이고 뭐고 다 내려놓고 배낭 하나 도반(道伴) 삼아 인도(印度)로 나섰다.

그러나 첫번째 여행에서 아무런 답을 구할 수 없었다.

몇 달 만에 다시 찾아간 북인도의 강변도시 하리드와르에서의 아침.

갠지스 강변에 앉아 물안개와 함께 아침이 시작되는 모습을 보고 잠시 눈을 감았다가 뜬 순간, 내 쪽으로 다가서는 뼈마디가 그대로 보이는 노인 수행자를 보았다. 영감은 자신의 몸을 내던지듯 털썩 주저앉으며 가쁜 숨을 몰아쉬었다. 몸이 마치 구겨지는 것처럼 보였다.

잠시 후 호흡을 추스른 그와 내 시선이 얽혔다. 노인은 숄을 둘러쓰고 얼굴만 내놓은 내 모습에서 한기를 읽어낸 걸까.

"춥니?"

고개를 끄덕이자 천천히, 더듬거리며 이야기를 시작했다. 듣기 편한 영어는 아니었다. 목소리는 금방이라도 가래를 뱉어낼 듯 가슴에서부터 목까지 그르렁 그르렁거렸다.

"추운 것은 히말라야 때문이지. 이 차가운 강물은 천국 히말라야에서 녹아 내려와. 그곳은 매우 특별한 곳이라네."

그런데 신기한 일은 이야기를 진행하면서 노인 얼굴이 차차 환하게 빛나기 시작했던 점. 점차 행복해지고 평화로워지는 눈빛으로 강의 상류로 시선을 향하면서 말을 이었다.

"나는 이제 죽으러 히말라야로 갈 거야. 젊은이, 당신도 우리 천국으로 한 번 가보시게."

뼈마디가 훤히 보이는 가늘고 긴 팔. 그곳에 거죽 같은 살점이 간신히 붙은 노인의 팔은 차가운 강물이 내려오는 북쪽을 가리키며 부들부들 떨었다.

히말라야는 그렇게 지월(指月)로 왔다. 정확히 이야기하자면 가르왈 히말라야가 그렇게 찾아왔다.

다음날 아침, 노인이 말한 대로 히말라야로 향하는 로컬 버스에 올랐다. 버스는 이틀 동안 북인도의 산길을 기어올라 바드리나트에 나를 떨어뜨려 놓았다. 이제 답보(踏步)에서 진일보(進一步)하는 길이 열리기 시작했다. 그로부터 4년 동안 해마다 이 가르왈 히말라야에서 한 철을 지냈다.

폭우로 끊어진 길을 이어가며 개미처럼 성지로 향해 올라서는 힌두 수행자들.

뼈를 깎는 추위를 단 한 장의 숄을 뒤집어 쓴 채 묵묵히 맞이하는 탁마 수행자들.

얼음이 둥둥 떠다니는 빙하 아래 시냇물에 들어가 두타고행을 거듭하는 요기들.

발가벗은 채 동굴에 앉아 만뜨라를 외우는 사두.

이 모든 모습의 배경화면이 되는 웅대한 하얀 산의 높이와 깊이.

신성한 아름다움은 제외하고라도 종교적인 분위기가 내 몸에 딱 맞는 옷이었다. 이 옷에 맞는 한 인간이 수동적 과거를 버리고 이 자리에서 능동적으로 새 옷으로 갈아입으며 태어나려 애썼다.

앞 세대가 공들여서 만들었던 내 주형(鑄型)은 슬며시 금이 가더니 조각조각 깨져나가기 시작했다. 그동안의 틀은 내 틀이 아니었고 그동안의 인생은 연습이었다. 나라고 이야기했던 흉터가 많았던 나는 히말라야에서 사망할 수밖에 없었으니 한 삶에서 두 번 살게 되어, 이제 가르왈 히말라야가 내 진정한 고향이 된 셈이었다.

되돌아와서는 힌두교 공부를 계속했다. 그때의 정신적 에너지의 폭풍을 잊을 수 있을까, 결코 그럴 수는 없을 것이다.

잠깐 사이에 이 거대한 힌두 폭풍 안으로 끌리듯이 말려들어갔다. 눈앞에는 천지창조, 신과 악마와의 한 치 양보도 없는 광대한 전쟁, 영웅들의 영적이고 불퇴전의 용기와 빈틈없는 계략. 히말라야를 중심으로 펼쳐지는 수행자들의 격렬하고 처참할 정도의 자학(自虐)스러운 각고의 고행 등등.

넌지시 열려진 창문으로 슬며시 바라보려 했던 세상이 순식간에 나를 빨아들였다. 고대로부터의 격랑이 사람을 얼마나 황홀케 하는지……, 더불어 뇌의 구조를 이루었던 기존의 틀은 무너지고, 새롭게 자리 잡고, 교통하고, 세계관이 흔들리며 그동안 축적된 모든 삶의 불안전한 골격들이 보수되어 차차 안정되었다.

힌두교의 방관자로서, 손님으로서 맛보기를 시도하려다가 걸려들었다. 선악(善惡)을 정확하게 가르는 흑백 필름의 세상에서 무진장(無盡藏) 다양한 총천연색의 세계로 뛰어들었다. 그것은 마치 끝없이 백색과 흑색으로 장식된 동토의 〈얼지 마, 죽지 마, 부활할 거야〉에서, 색색화사의 꽃들이 지천에서 다투어 피어나는 〈꽃 피고 새 우니 돌아갈 길을 잃었다〉는 봄날의 세상으로 진입한 기분이었다.

지금 되돌아 생각해도 가슴 뜨거운 나날이었다.

본래 이름이 손양(孫陽)이었던 백락(伯樂)은 주(周)나라 때 사람이다. 그가 명마라고 판정을 내리면 말 값이 열 배나 껑충 뛰어버리는 말 감정의 명인이었다. 이 덕분에 명마가 백락을 만나면 세상에 널리 알려진다는 의미로 백락일고(伯樂一顧)라는 말이 생겨났다. 그러나 아무리 명마 중의 명마인 천리마라도 백락을 만나지 못하면 아무런 소용이 없었다.

따라서 당(唐)의 한유(韓愈)는 『잡설(雜說)』에서 말했다.

세상에 백락이 있고 나서 천리마가 있게 마련이다. 천리마는 언제나 있지만 백락은 항상 있는 것이 아니다. 그러니까 비록 명마라도 백락의 눈에 띄지 않으면 하인의 손에 고삐가 잡혀 끝내는 천리마란 이름 한 번 듣지 못하고 보통 말들과 함께 마구간에서 죽고 만다.
(世有伯樂 然後有千里馬 千里馬常有 而伯樂不常有 故雖有名馬 只辱於奴隸人之 手 死於槽之間)

어느 날 백락은 고갯길에서 수레에 소금을 잔뜩 싣고 힘들게 올라오는 말을 본다. 분명히 명마 중의 명마인 천리마인데 이미 늙어 있었다. 무릎은 꺾이고, 꼬리는 축 늘어졌다. 백락은 천리마가 무슨 사연이 있었기에 이 꼴인가, 탄식을 하는데, 천리마도 백락을 알아보았다는 듯이 '히힝' 서럽게 울었다. 명마로 태어나 천한 일을 했던 것이 서러웠던 것이다.

백락도 함께 울며 자신의 비단옷을 벗어 말에게 덮어 주었다. 천리마는 가쁜 호흡을 몰아치다가 다시 고개를 들어 크게 우니 그 소리가 하늘에 사무쳤다.

여기서 다시 기복염거(驥服鹽車)라는 말이 나오게 된다.

이 고사 성어는 당시 시대상으로 보자면 당연히 훌륭한 인재가 있다고 해도 현명한 임금이 없다면 재능을 발휘하지 못한다는 이야기다.

그러나, 가르왈 히말라야에서 돌아와 이 글을 읽었던 나는 다른 시각을 가지게 되었으니 바로 힌두교에서 이야기하는 우주의 편재하는 신성 ─ 브라흐만[梵]과 내 안에 존재하는 신성 ─ 아뜨만[我]이 서로 알아보고 일여(一如)가 되는 길로 받아들였다. 그렇지 못하다면, 내가 만일 신성을 모르고 나를 모른다면, 내 인생은 그야말로 돈 벌기 위해 허리가 굽도록 일하고, 명예를 따라가다가 무릎이 휘면서 늙어가다가, 결국 인생을 허비하고 크게 울다가 죽지 않을까, 생각이 들었다.

이러면 안 되지! 내가 내 주인이 되기 위해, 내 주인이 나를 알아보기 위해 공부를 시작하자, 하늘에만 있었던 신성(神聖)함이 이제 내려와 주변 자연 안에 펼쳐지더니, 이어 내 심연(深淵)의 심장까지 들어와 따스하게 안좌했다. 아뜨만이었다. 히말라야에 나를 안주시키며 일어난 일이었다.

이때부터 신비(神秘)라는 세계를 기웃거리며 이 대양(大洋)스럽고 우주(宇宙)스러운 스케일을 품은 종교와 본격적으로 교통하기 시작했다. 인간, 자연, 신 그리고 우주의 섭리를 긍정하며 순응하는 가르침과 함께 거듭 히말라야를 만나면서, 행복해라, 내 인생의 화·양·연·화(花樣年華)가 시작되었다.

가르왈 히말라야의 책을 준비하는 동안 머리 안에 정리되지 않은 생각들이 봇물 터지듯이 쏟아져 나왔다. 도리어 가부좌로 정좌해서 생각을 정리해야 할 정도였다.

부모가 나를 육체적으로 키웠다면 가르왈 히말라야가 정신적으로 나를 성장시켜 그동안 눈을 마주쳤던 계곡, 시냇물, 설산 봉우리, 수행자들, 그리고 눈부신 설봉들이 법문으로 각인되어 있었다. 이들이 서로 다투어 입을 열었다. 나를 키워낸 8할 중에서 일부를 꺼내는 즐거움은 이루 말할 수 없었다. 힌두 제신들은 나를 영매(靈媒)삼아 자신들의 일부를 문자화해서 이렇게 글 안에 담겨지는 과정은 행복한 작업이었다.

그들이 글을 통해 전하고 싶은 이야기는, 이제 이미 지상의 사람이 아닐, 그토록 연약하고 가느다란 팔을 가진 하리드와르 수행자의 따스했던 충고. 달을 향했던 지월(指月).

바로 이 말.

"당신도 우리들의 천국에 한 번 가보시게."

슈밤 아스투 살바자가탐(모든 사람이 행복하기를).

임현담 林玄潭

차례

가르왈 히말라야 1

서문 —— 9

가르왈 히말라야의 일주문, 하리드와르 —— 19

가르왈 히말라야의 분류, 그리고 그 분류를 넘어 —— 51

야무나 계곡의 온천수 —— 87

삶과 죽음은 하나라고 말하는 야무노뜨리 —— 109

격세지감을 느끼는 강고뜨리 —— 145

아바타는 인도에서 왔다 —— 177

근원을 넘어선 자리, 타포반 —— 201

쉬바의 상징이 우뚝한 고행의 땅 —— 233

성자 샹카라와 함께 걷는 산길 —— 265

히말라야에서는 음식다운 음식을 먹어야 한다 —— 305

생명경시를 꾸짖는 케다리나트 —— 329

보고 듣고 느끼는 히말라야 —— 361

가르왈 히말라야 2

서문 —— 9

가르왈은 무슨 말일까 —— 19

순례—성스러운 야뜨라, 조시마트를 지나며 —— 51

닐칸타는 가르왈의 여왕이 아니다 —— 75

바드리나트에 다시 녹색 물결이 일어나도록 —— 101

바라만 보아도 죄가 사해지는 땅, 바드리나트 —— 131

옛것을 흘러 보내는 아라카난다 —— 159

사라스와티, 물 · 음악 · 경전이 한 자리에서 —— 189

사탄은 없다, 히말라야 —— 227

사방이 나의 수호신 —— 257

존재가 우선인가, 윤리가 우선인가, 햄꾼드에서 —— 293

존재의 아름다움을 보자, 꽃들의 계곡 —— 321

자연은 우리의 모든 것, 난다데비 —— 353

어머니 여신의 힘, 난다데비 —— 381

후기 · 물수제비를 뜨고 나서 —— 412

참고서적 —— 424

그들은 참다운 자아가 무엇인지 모른다. 그들은 항상 그들의 아내, 아이들 등에 얽매어 있다. 그들은 밤에는 잠자기에 바쁘고, 돈 벌고, 쓰고, 저축하고, 손님 안내 등을 하느라 바쁘게 지낸다. 그리고 이 모두를 '진정한 의무' 라고 생각한다. 이처럼 그들은 짧은 시간 동안 일하고 죽어버린다.

아자밀라의 헛된 삶

• • •

아자밀라(Ajamila)는 『베다』를 공부한 브라흐민 출신의 청년이다. 브라흐민이란 브라만 혹은 바라문으로 알려진 인도 카스트 제도 중 가장 상위 계급을 일컫는다. 아버지 심부름으로 뿌자〔祭祀(제사)〕에 사용할 물건을 구해 돌아오던 아자밀라는, 강을 건너기 전에 넋을 쏙 빼앗아가는 모습을 만난다. 젖가슴은 물론 알몸이 거의 드러날 정도로 벌거벗은 매혹적인 매춘부. 한 천민 남자와 살을 비비며 시시덕거리고 있지 않은가.

그는 순간적으로 결혼한 지 얼마 되지 않은 자신의 처지를 잊어버리고 격한 욕정에 사로잡힌다. 때마침 눈이 마주친 매춘부는 천민을 밀쳐내고 색정이 가득한 몸짓으로 아자밀라를 유혹한다. 아자밀라는 자석처럼 끌려가더니 결국 그녀 집에서 살림을 차려 바깥세상은 잊어버렸다.

꿀맛 같은 세월이 흘렀다. 어느 사이 열 명의 아이까지 두게 되었다. 슬하 자식들 중에서 비슈누의 또 다른 이름과 동일한 막내 나라야나를 끔찍하게 아꼈다.

세월은 그의 집 앞을 흐르는 갠지스 강물처럼 정처 없이 그리고 쉼 없이 흘렀으니 어느덧 88세. 이제 이 세상 어느 누구와 마찬가지로 삶의 종지부를 찍어야만 하는 순간이 성큼 다가왔다. 문 밖에는 그를 데리고 갈 죽음의 신, 야마(Yama)의 부하들이 기다리고 있었다. 아자밀라는 죽음이 코앞에 들이닥쳤음에도 불구하고 평소 눈에 넣어도 아프지 않는 막내아들에 대한 애착으로 마음이 편치 않았다.

"이토록 사랑스러운 아들을 남겨두고 저 세상으로 가야 하다니……."

"내 사랑의 모든 것인 막내아들과 이별해야 하다니……."

숨이 막 넘어가는 순간, 막내아들의 손을 꼭 잡고 눈물을 글썽이면서 이름을 애타게 세 번 불렀다.

"나라야나, 나라야나, 나라야나."

숨이 끊어지자마자 기다리고 있던 죽음의 신의 부하들은 올가미로 묶어 밖으로 끌어냈다. 목적지는 지옥. 그런데 그 순간 비슈누의 부하 넷이 나타나더니 아자밀라를 빼앗아 천상으로 이끌기 시작하는 것이 아닌가. 야마의 부하들은 지옥으로 가야 하는 아자밀라는 자신들의 몫이라며 거칠게 항의했다.

비슈누 부하 중 하나가 말했다.

"그는 비슈누의 이름인 나라야나를 세 번 불렀다."

그리고는 비슈누가 인간에게 한 언약을 상기시켰다.

"어느 누구든 죽음의 순간에 비슈누의 이름을 간절하게 세 번 부르면,

집착에 의한 죄를 보상받고 현세의 죄가 용서된다."

비슈누에게는 여러 가지 이름이 있다. 아자밀라가 무의식적으로 불러 지옥행을 모면한 나라야나(Narayana)가 있고, 하리(Hari) 역시 비슈누의 이명이다.

힌두 신들 이름이 다양한 것은 이상하지 않다. 나조차 임현담이라는 필명을 가지고 있지만, 동창 사이에서는 임준이라는 이름으로, 집에서는 아이들 이름을 붙여 주완이 혹은 주오 아버지라고 부른다. 고지서를 건네받을 때는 304호 아저씨라 불리며 군대 시절 직책으로 인해 여태껏 군의관이라 부르는 사람 역시 있다. 임현담, 임준, 누구 아버지, 304호 아저씨, 그리고 군의관, 모두 같은 사람이듯, 힌두 신은 자신이 행했던 일과 자신의 임무 등등으로 다양한 이름을 갖는다.

아자밀라는 우연하게 나라야나, 즉 비슈누의 이름을 불렀다. 그는 이미 죽은 몸으로 비슈누의 부하들과 야마의 부하들이 자신을 놓고 다투는 모습을 물끄러미 듣고 보게 되었다. 비슈누, 나라야나에게 올리는 기도의 힘에 놀라면서. 더불어 비슈누의 이름을 부르면 집착에 의한 죄를 보상 받는다는데 도대체 나의 집착은 무엇이었던가 되묻게 된다.

아자밀라는 순간, 집착이 떨어져 나가면서 과거의 삶이 주마등처럼 흘렀다.

한때 영민하고, 『베다』에 기록된 대로 종교적인 삶을 살았던 젊은이.

순간적인 욕정으로 눈이 멀어 쾌락으로 떨어지면서 덕지덕지 붙여왔던 집착에 의한 행위들.

온갖 욕심, 신의 길과는 관계없었던 거칠었던 삶.

그 모든 것들이 행복이라고 착각했던 88세에 이르는 인생 여정.

매춘부, 아이들, 욕정과 인연에 얽매어 죽는 순간까지 한 치 앞을 내다보지 못했던 지난날들.

그동안 살아왔던 삶이란 브라흐민이 아니라 오히려 천민의 삶을 그대로 쏙 빼닮지 않았던가.

아자밀라는 탄식한다.

"나를 기다리던 아버지께서는……."

"강 건너 떠났던 아들이 돌아오기를 눈물로 기다렸던 어머니는……."

"갓 결혼하여 아무 영문도 모른 채 남편을 한없이 기다린 내 아내는……."

"그리고 무엇보다 갠지스 강물 위의 물거품처럼 흘러가 버린 내 지난 삶은……."

이 일이 벌어진 무대는 바로 하리드와르(Haridwar).

하리드와르는 힌두교에서 가장 큰 세력을 보이는 브라흐마, 비슈누 그리고 쉬바, 즉 삼신(三神) 중에 하나인 비슈누에게 헌정된 도시다. 청년의 집은 갠지스 강가이고 그가 아이를 낳고 살았던 곳은 물론 죽어간 자리도 모두 이 성스러운 도시 주변이다. 도시 전체는 힌두교에서 설정한 성스러운 4대 도시

무슨 애타는 소원이 있기에 아버지와 딸은 해가 떠오르기를 기다리고 있는가. 햇살이 동쪽 지평선을 넘어서면 그들은 소원을 담은 촛불을 강물 위에 올려놓는다. 이 순간만은 기원은 성취며 소원은 이미 완성으로 한 몸이다. 간절한 눈빛.

중의 하나로 이곳에서 죽으면 그대로 즉시 해탈(解脫)에 이른다는 성지다.

아자밀라의 사건이 일어났던 강가로 향한다.

"옴 스리 강가지!"

이른 아침 갠지스를 찬양하는 외침을 들으며 강변에 나가 앉는다. 과거 수행자들이 앉아 명상하던 자리는 세속발복을 위한 순례인파들과 그들에게서 무엇인가 얻어내려는 거지들이 무리지어 있다.

인도 경제가 발전하면서 해마다 이곳에 몰려드는 사람 수는 급상승하고 있다고 한다. 성지를 찾아 기원해야 할 것들이 늘어나는 모양이다. 살림이 나아지고 호주머니가 무거워지면서 간절한 기원은 더 늘어나는 모순.

욕망의 속성은 목표에 이르면 줄기는커녕 도리어 늘어나게 마련이다. 단 돈 100만 원에 연연하던 사람은 100만 원이 완성되면 150만 원을 추구하기 시작하고, 30평 아파트가 꿈이었으나 만족과 행복감은 잠시, 이제는 40평대를 성취하기 위해 모든 것을 배팅한다. 20등이 되어봐라, 10등 안에 들어가기 위해 모질게 달려간다.

그러다가 실패하면 슬픔에 잠겨 쓸쓸하게 되묻는다.

"이것이 인생이란 말인가?"

'인생은 마치 흰 망아지가 문틈 사이로 휙 지나는 것과 같다〔人生天地之間, 若白駒之過隙〕'는 장자의 말을 인용하지 않아도 세월은 그야말로 갠지스 강물과 다름없이 유수(流水)가 아니던가. 이런 것들을 추구하다가 성공하고 때로는 좌절하다 보면 어느 사이 하얀 머리가 찾아오고 눈이 침침해진다.

그제서야 묻는다.

"인생이 이렇게 빠르다는 건가? 도대체 삶이란 무엇인가?"

"그동안 내 자신은 어디에 있었을까?"

포기라는 행위는 쉬운 일이 아니다. 고대 전통에 따라 인도인 수행자들이 밥먹듯이 벌이는 이런 일이 사실 문명사회로 나갈수록 어려워진다. 발전하고 있는 인도라고 예외는 아니다.

힌두들은 갠지스 강물에 깊이 젖을수록 더욱 기쁘고 활기차게 보인다. 빗물에 속속들이 젖을수록 더욱 싱싱해지는 초목들 모습을 빼닮았으니 어김없는 식물성이다.

그들은 외친다.

"옴 스리 강가지!"

소원이 이루어지든 그렇지 못하든 이 모든 모습은 아침 풍경과 잘 어울린다. 내가 오래 전 집을 나와 숄을 두르고 앉았던 자리에는 소 한 마리가 무심(無心)으로 들어간 구루처럼 미동 없이 강변을 향해 서 있다.

자신의 처녀성을 앗아간 사람을 영원히 화인(火印)으로 기억하는 여인네처럼 내 어찌 하리드와르라는 이름을 잊겠는가.

팔뚝 위에 불로 계를 준 스승을 어찌 잊겠는가.

자신의 천국을 소개한 노인은 이미 낡은 옷을 벗어 이승사람이 아닐 터, 잠시 그를 위한 만뜨라를 외운다.

만뜨라가 가슴에서 굴러가는 동안 따뜻하고 자애로운 기운이 생동하는 것으로 보아 노인은 야마가 아닌 비슈누의 손길에 의해 천상에 이르렀음이 틀림없다.

"옴 스리 강가지!"

찬탄이 강변에서 끊이지 않는다.

하리드와르라는 이름의 일주문
● ● ●

히말라야의 여러 빙하에서 발원한 물들은 거친 계곡과 험한 지형을 지나 흘러내려오면서 하나둘씩 서로 반갑게 만난다. 자신의 속성을 버리고 새롭게 만남으로 다시 태어나는 자리들, 즉 두물머리, 세물머리는 모두 프라약(prayag), 즉 합수(合水)라는 어미(語尾)를 달고 당당하게 힌두교 성지가 되어 있다. 결국은 하나의 물줄기가 되어 히말라야 하향을 마감하고 이제껏 품었던 산지(山地)와의 각(角)을 내버리며 힌두쿠시 평원으로 내려선다.

이렇게 강물 흐름이 통합을 이루어내며 산이라는 숨가쁜 지형을 벗어나 막 평원으로 들어가기 시작하는 자리가 바로 하리드와르다. 성스러운 쉬바 신의 머리카락에서 지상에 내려온 강가(Ganga)가 산에서 내려와 인간세상을 위해 대지를 적시기 시작하는 곳이니 도시 전체가 당연히 성지가 된다.

그 지점을 정확히 말하자면, 하리드와르를 관통하는 갠지스 강의 상류에 해당하는 하르키파이리(Har-Ki-Pairi)로 성속(聖俗)의 구분점인 일주문과 같은 역할을 떠맡는다. 역으로 보자면, 세속(世俗) 평지에서 천국(天國) 가르왈 히말라야의 출발지가 되는 셈으로 힌두 신들이 거주하는 판테온〔만신전(萬神殿)〕으로 들어가는 문이다.

드와르는 입구(入口), 혹은 문(門)을 의미하는 단어로 결국 하리드와르는 '비슈누로 향하는 입구', '천국의 문'이라는 의미를 품고, 고대 문헌에 기록된 다른 이름인 강가드와르는 '갠지스의 입구', '갠지스의 문'이라는 의미다.

내가 앉은 자리는 바로 하르키파이리 건너편이다. 우측으로는 히말라야가 되고 좌측으로는 평원인 셈이며, 우측으로는 힌두 신들의 거주지이고 반대편은 인간들의 삶의 터전이다.

하리드와르 크기는 서울시 중구보다 약간 넓은 12.32 평방킬로미터에 불과하고 평소 인구는 20만 정도로 그렇지 않아도 빠듯하다. 문제는 순례의 계절. 어마어마하게 몰려들어 풍선처럼 부풀어 올라 매 12년마다 열리는 꿈부멜라라는 거대한 축제 때는 아예 터져 나간다. 1998년에는 1천만 명이나 찾아왔으니 서울 시민 남녀노소 전체가 빠짐없이 중구 광화문으로 몰려온 격이다.

밤이면 강변에서 수많은 오일램프에 불을 밝혀 축복을 내리는 성스러운 빛이라는 의미를 가진 아르티(Arti) 뿌자가 볼 만하다. 강변은 휘황찬란해져 사람들 눈빛은 모두 불빛이다. 자신의 기원을 담은 디아, 즉 바나나 잎사귀로 만든 배에 촛불과 꽃잎을 담아 존경하는 어머니 강가 위에 띄워 흘려보내는 의식은 바라보기만 해도 몸서리처질 정도로 아름답다.

흘러가는 물〔水〕 위에 하늘거리는 촛불〔火〕을 띄우는 아름다움이라니.

더불어 모두가 하나 되어 강가가 흔들리도록 울려 퍼지는 신을 찬양하는 노랫소리라니.

낮추면서 흐른다. 그 위에 어느 누구도 무엇을 남길 수 없도록 쉬지 않고 흐른다. 명예와 지위는 부질없다고 낮은 곳을 찾아간다. 정처 없는 시간 안에서 집착은 허망한 일이라며 하리드와르 강물은 법문을 남기며 지나간다. 잘 새겨들을 일이다.

그러나 옛 자리는 이미 예전 모습을 가지고 있지 않다. 물소리 이외 적막이 지배하던 강변은 오간 곳이 없다. 성스러운 강물을 담아가라며 플라스틱 물통을 파는 장사치들이 거지들 못지않게 소란하다. 그러나 반본환원(返本還元)하면서 흘러가는 강물 소리는 아득한 그날, 노인이 자신의 천국을 소개하던 목소리 배경처럼 조금도 변함없어 위안이 된다.

"당신도 우리들의 천국에 한 번 가보시게."

환청처럼 그렁거리는 노인의 목소리가 강물 소리와 뒤섞인다.

핏기 하나 없던 초췌한 노인의 충고를 따라 산에 오른 지 한 세월. 그 후 내 삶은 어떻게 변화되어 왔을까.

강물은 대양을 가기 위해 이제 대지로 내려섰으나 바다까지는 이제 끔찍이 멀고 먼 여정이 남아 있다. 강물은 그 사실을 알기나 한다는 듯이 매우 빠른 유속으로 하리드와르를 서둘러 빠져 나간다.

세속으로 내려서기 전, 아직 천국의 영역에 속하고 있는 강물에 발을 담그고 질문들을 보듬어 안는다.

"아자밀라 이야기는 무엇을 의미하는가?"

"이야기의 중심점이 왜 하리드와르인가?"

질문으로 가득했던 파릭시트의 마지막 일곱 날

● ● ●

내가 나를 바꾸기 시작한 출발점에는 질문들이 있었다.

처음 하나의 질문이 수면 위에 올라왔을 무렵 적지 않게 당혹스러웠다.

"나는 누구인가?"

순자(荀子)는 '길 잃은 자는 결코 길을 묻지 않는다〔迷者不問路〕'고 했다. 뒤집어 말하자면 길을 잃지 않기 위해서는 쉼 없는 질문이 필요한 셈이다. 여기는 어디에요? 또 여기는 어디에요? 이렇게 물으며 고향으로 가야 한다는 이야기다. 그동안의 삶은 질문조차 없었으니 혼미한 안개 속, 혹은 화이트아웃 안에서 길 잃고 제자리걸음이나 하고 있었다고 할까.

처음 찾아온 질문을 거부하지 않았다. 너무 강력해서 거부할 여력조차 없었다. 결국 질문들이 나를 집 밖으로 잡아당겼다. 끌림에 의해 인도로 들어와 본래의 나로부터 한 발자국 물러나 바라보니 그간 내가 눈뜨고 깨어 있는 동안의 행위들은 무엇이든 구하기 위함이었다. 버리기는 단 한 번도 시도되지 않았다.

깊은 밤에 찾아오는 꿈이라고 안 그랬을까. 욕망이 어김없이 반영된 상징들이 밤새 난무하며 꿈속에서까지 성취하고 획득하고자 바동거리며 애썼다. 꿈에서조차 이루지 못하면 실망으로 서글퍼하며 울었다. 더불어 항상 곁에 두어야 했던 노곤함과 무력감.

묻지 않을 도리가 없었다.

"내 인생의 목적이란 겨우 이런 것인가?"

세계 최고의 대서사시 『마하바라타』에서 전쟁을 승리로 이끄는 영웅 중에 하나는 활을 기막히게 쏘아대는 아르주나(Arjuna)였다. 아르주나의 아들은 아디만유(Adhimanyu)이고 그의 아들이 파릭시트(Parikshith)다. 파릭시트는 전무후무한 커다란 전쟁이 끝난 후에 엄마의 자궁 속에서 적에게 일족이 살해되는 소리를 듣게 된다. 이어서 그 참극의 현장에서 살기 위해 울부짖는 젊은 과부 엄마 우타라(Uttara)의 비명소리를 듣는다. 자궁 속의 태아는 신에게 자비를 간구하니 이 절박한 순간에 신이 와서 아이를 안심시키고 축복한 후 사라진다.

유복자로 태어난 아이는 후에 이 신이 비슈누의 화신 중에 하나인 크리슈나였다는 사실을 알고 삶을 크리슈나를 위해 헌신하게 된다. 자궁 안과 밖에서 모두 신을 알아볼 수 있다는 의미로 파릭시트로 이름이 붙여졌다.

이들 왕가의 이름은 판다바(Pandava) 가(家). 가문의 소중한 전통 중에 하나는 삶의 마지막 부근에 성산 카일라스(Kailash)로의 순례에 있었다. 그리고는 일단 순례를 떠나서는 결코 왕궁으로 되돌아오지 않고 신과의 진정한 합일을 구하는 수행자 모습으로 살다가, 이 산 부근에서 삶을 마감해야 했다. 따라서 카일라스로 떠나기 전에 한동안 왕위에 올라 나라를 통치한다. 파릭시트는 카일라스로 떠나기 전에 판다바 가문의 왕으로서의 의무, 다르마[法(법)], 그리고 덕행을 실천하며 살았다. 지상에 있는 모든 존재들이 그를 칭찬했다.

파릭시트는 어느 날, 숲속에서 길을 잃고 갈증으로 물을 찾아 헤맨다. 아무리 노력해도 물을 찾지 못하던 중에 한 움막에 도달했다. 마침 그 안에서는 사미카 마하무니(Samika Mahamuni)라는 한 노인 수행자가 깊은 명상에 몰입해 있었다. 그 명상은 심오한 상태에 도달해 있었던지라 외부의 어떤 자극에 대해서도 감각이 반응하지 않았다.

파릭시트는 자신의 간청에도 들은 체하지 않자 무례하다고 오해한 나머지 죽은 뱀으로 목걸이를 만들어 걸어놓고 되돌아왔다. 제 아무리 평소의 덕을 쌓았어도 치명적인 행동이었다.

사미카 마하무니의 아들 스링기(Sringi)가 움막에 돌아와서 아버지 목에 걸린 뱀을 보고 울기 시작했다. 그리고는 아버지 목에 뱀을 건 사람은 '일곱 날 안에 죽으라' 저주를 내린다.

결국 명상에서 깨어난 사미카 마하무니는 자초지종을 알게 되었다. 그는 자신이 깊은 명상에 들어가 물을 찾던 파릭시트에게 무례를 범한 것을 알고 죄송한 마음이 들었다. 그리고 성급했던 아들을 꾸짖었으나 저주는 이제 풀 수가 없는 상태였다. 사미카 마하무니는 되돌릴 수 없는 저주로 인해 고귀하고 정의로우며 숭고한 인물이 한 주일 후에 죽어갈 수밖에 없음을 알고 슬픔에 잠겼다.

그는 파릭시트를 찾아가 곧바로 닥쳐올 위험을 경고한다.

"파릭시트여! 당신의 삶은 이제 일곱 날의 낮이 남았습니다!"

파릭시트는 주저 없이 왕위를 넘기고 왕궁을 나서 갠지스 강변으로 나간다. 그가 강둑에 자리 잡자 많은 수행자들이 소식을 듣고 구름처럼 몰려들었다. 그는 자신의 수명이 이제 겨우 일곱 날이 남았음을 이야기하며 남은 삶, 죽음 이후의 삶에 대해 조언을 구했다.

이때 마침 실오라기 하나 걸치지 않고 벌거벗은 수카(Suka) 브라흐마라는 성자가 등장했다. 그는 한곳에 머물기를 싫어하는 소년이었다. 배고프면 우유 짜는 사람을 찾아가 얻어 마시고는 곧바로 다시 길을 방랑했다. 그가 낮에 움직이지 않는 시간은 우유가 짜지기를 기다리고 그 우유를 마시는 시간뿐이었다고 전해질 정도였다.

성자 수카는 파릭시트의 딱한 이야기를 듣는다. 그리고 '해탈을 구하기에 일곱 날이면 충분한 시간이며, 일곱 날은 사실 필요 이상의 시간'이라며 그의 옆에 앉았다. 항상 떠돌고 멈추지 않았던 사람이 앉았으니 수카로서는 예외적인 행동이었다.

히말라야에 처음 발을 들여놓을 무렵 이 파릭시트의 이야기를 읽었다. 온통 질문으로 채워진 글이었다.

"나는 누구인가"

나는 파릭시트처럼 왕가 출신이 아니고, 의무, 다르마, 덕행과는 무관한 중년 입구의 한 남자였다. 그러나 죽음에 임박한 그가 쏟아낸 질문들이 당시의 내 궁금증과 너무나 같아 가슴이 찌잉했다. 내가 마치 한 주일 후면 세상을 떠나야 하는 사람처럼 오가는 질문과 답변에 돋보기 초점을 맞추듯 몰두하며 집중했다.

질문이 중요하다는 사실을 절감한 순간이었다. 질문을 시작함으로써 대답이 드러나고, 대답이 오면서 배후는 구체화되며 의미를 갖기 시작했다.

매춘부 시선에 이끌린 아자밀라는 평소 질문을 던지지 않고 살았다. 질문이 일어나도 무시했을 가능성이 있다. 재판장에서는 질문에 답하지 않고 묵비권을 행사하면 괘씸죄가 추가되지만, 삶에서 질문이 없는 사람은 신성

수카는 삶이 일주일 남은 파릭시트에게 가르침을 준다. 질문이 있는 자리에 대답이 존재하는 법. 궁금증을 품고 있는 파릭시트는 불멸의 지혜를 얻는다.

에 의해 버림받는다. 질문이 없는 사람과는 도반이 될 수 없으니 이들은 목적이나 의미를 모르고 무거운 짐을 지고 인생이라는 산길을 오르는 노새와 같을 따름이다. 나는 노새로 서른 그리고 몇 해를 더해 살아왔다. 생명을 낭비하며 살았던 시간이었다.

파릭시트는 말한다.

"인간은 육체를 가지고 살고 있습니다. 그러나 인간은 육체에 머무는 시간이 매우 짧습니다. 인간은 길든 짧든 상대적 시간의 차이는 있지만 결국 육체를 떠나야 합니다."

삶이 유한하다는 이야기다. 유한하면서도 짧다는 명제다. 세상에 어느 누구도 죽지 않는 사람은 없으며 지상의 존재들과 이별하지 않을 도리가 없다는 말이다. 내 몸 하나 역시 언젠가 이 세상을 훌쩍 뜰 터이니 낡아지는 육신이라는 옷을 버리거나 갈아입지 않을 방법이 있겠는가.

이제 파릭시트는 성자에게 궁금한 점을 묻는다.

"인간은 육체에 머무는 이 짧은 시간을 최대한 유용하게 활용하기 위해서, 무엇을 해야 합니까?"

"무엇을 들어야 합니까?"

"무엇을 믿고 의지해야 합니까?"

"어떻게 하면 이 군대 막사와 같은 이 세상에 다시 돌아오지 않을 수 있습니까?"

"어떻게 하면 이 삼사라(Samsara), 생의 윤회로부터 더 이상 괴로움을 당하지 않을 수 있습니까?"

"어떻게 하면 자유를 얻을 수 있습니까?"

"무엇을 깊이 생각해야 할 것입니까?"

"무엇이 우리가 계속 반복해야 하는 것입니까?"

수카는 앵무새라는 의미로 그의 목소리는 마치 잘 자란 새가 노래하듯이 매우 아름다웠다고 한다. 그의 아버지는 비야사(Vyasa), 즉『리그베다』·『아주르베다』·『사마베다』·『아타르바베다』와, 18개로 구성된 서사시『푸라나』를 저술한 마하르시—위대한 성인이다. 그는 후에 이 수준 높은 베다와 푸라나를 읽을 수 없는 사람들을 위해 전쟁사『마하바라타』를 저술하기도 했으니,『마하바라타』는 5번째 베다라고 불리기도 한다.

아버지 비야사는 모든 것을 어린 아들 수카에게 가르쳤다. 결국 그의 이름에는 마하르시가 붙을 정도로 뛰어난 수행자 중의 수행자가 되었다. 소년은 늘 신과 함께 살았기에 세상에 두려울 것이 없었다. 아름다운 목소리로 설법을 하였기에 앵무새라는 이름을 가지게 된 그는 발가벗은 채 세상을 떠돌았다.

어느 날 비야사는 아들의 뒤를 따라가다가 천상의 요정들이 발가벗고 목욕하는 호숫가를 지나게 되었다. 아들이 지나갈 때는 아무 문제 없던 요정들이 아버지 비야사가 지나는 동안 몸을 숨기고 도망가면서 호들갑을 떠는 것이 아닌가. 비야사는 참지 못하고 한 요정을 불러 세웠다.

"그대들은 이미 소년이 되어 건장한 몸을 가진 내 아들이 발가벗고 지나 갈 때는 수줍어하지 않았다. 그대들은 그대로 벗은 채 목욕을 했다. 그런데 보라, 나는 노인이고 옷을 입고 있지 않은가. 그대들은 이런 나를 보고 도망을 치고 있다. 그대들이 이 두 남자를 보고 그렇게 다르게 행동하는 이유는 무엇인가?"

그러자 요정은 말했다.

"당신의 아들은 당신과는 달리 남자 혹은 여자를 모른다. 그는 여자를 보더라도 조금도 동요되지 않는다. 당신과 아들 사이에는 서로 다른 대양(大洋)이 존재한다."

수카는 순수일원(純粹一元)이다. 가는 곳마다 가르침을 내렸고 모든 수행자들이 수카 마하르시 앞에서 무릎을 꿇었다.

강변에서 파릭시트, 성자 수카 브라흐마 그리고 주변의 수행자들이 어울려 앉아 파릭시트가 해탈에 도달하도록 지혜를 나누기 시작했다. 엿새가 지나자 소년 성자 수카 브라흐마는 가르침이 충분히 전수된 것을 알고 앉은 자리에서 일어나 다시 유랑을 떠났다.

일곱째 되는 날, 수행자 하나가 파릭시트에게 라임 열매 하나를 공양했다. 그가 공손하게 두 손으로 받아 즙을 짜는 순간, 작은 곤충이 바깥으로 나왔다. 그러더니 순식간에 거대한 뱀으로 변해 파릭시트를 물었다. 죽은 뱀으로 목걸이를 만들어 명상하는 성자 목에 건 덕분에 발현된 저주가 실현되는 순간이었다. 저주는 완성되었으나 파릭시트는 이미 '위대함이란 획득에 있지 않고 모든 것을 포기하는 데 있다' 는 대명제를 알아차린 후였다. 그는 신의 계획에 따라 현상계에서 떠나갔다.

질문이 시작되면 자신의 모습이 보이기 시작하는 것은 사실이다. 얼마나 시간을 낭비하며 그릇되게 살았는지, 남을 생각하지 않고 이기적이었는지, 조금씩 노출되기 시작한다.

파릭시트의 질문 하나하나는 잘 짚어보면 깊은 철학처럼 보이지만 사실 모든 질문의 과녁은 자신에 향하고 있는 셈이다.

현재 인도에는 크게 일곱 개의 철학 체계가 있는 것으로 알려져 있다. 이름을 나열하면 베단타, 요가, 샹키야, 바이세시카, 미맘사, 니야야 그리고 불교다. 베단타 철학의 가장 큰 스승으로 알려진 알라하바드 대학의 라나드(Ranade) 교수에 의하면 이 모든 철학의 밑바닥에는 기본적으로 여섯 개의 질문이 자리 잡고 있다고 한다.

그는 이렇게 소개한다.

1. 나는 누구인가? 나는 어디서 왔으며, 왜 왔는가? 현상계 및 인간과 나의 관계는 무엇인가?

2. 내 생명의 근원은 무엇이며, 현상계의 근원은 무엇인가?

3. 의식의 중심과 세상 사물의 관계는 무엇인가?

4. 현상계의 사물이 지니고 있는 이름과 형태[名色(명색)]의 성품은 무엇이며, 그들은 인간 및 우주 의식에 어떤 의미를 지니고 있는가?

5. 육체가 살고 있는 동안 어떤 행위를 해야 하는가? 사후에도 삶은 지속되는가?

6. 진리란 무엇인가? 어떻게 진리의 의문에 대한 올바른 해답에 도달할 것인가?

이 질문을 생각하면 아직도 가슴이 뛰며 얼굴이 따뜻해진다.

왜 그럴까?

우주에 편재한 신성(神性) 브라흐만〔梵〕과 내 안에 자리 잡은 '아름다운 신성' 아뜨만〔我〕이 질문을 통해 서로 교통하고 교류하기 위해 주파수를 맞추기 때문이다. 사랑하는 존재와 통화하는 기쁨을 상상해 보라. 온갖 먼지를 뒤집어쓰고 혼탁한 모습의 아뜨만이 본래면목으로 가기 위해 움직이며 의식과 무의식이 동(動)한다. 이때 몇 번 질문만으로 통화를 멈추면 가질 수 없다. 모든 일은 수포로 돌아간다.

아뜨만은 서양철학에서는 자아(Ich, self)에 해당한다. 한자로 쓰자면 창〔戈〕을 가지고 자신의 몸을 지킨다는 아(我)지만 아뜨만의 의미와는 정확하게 일치하지 않는다. 아뜨만은 소우주와 대우주 사이의 유사 관계를 설정하려는, 즉 인간과 우주 사이의 상즉(相卽)을 나타내니 개인적인 자아는 우주의 제1원리인 브라흐만과 같다고 보는 시각이다. 쉽게 표현하자면 브라흐만이 바닷물일 경우 개개인은 바닷물을 담은 작은 그릇이다. 죽음으로 바닷물의 담긴 그릇이 깨지면 우리는 다시 바다로 회귀한다.

힌두교에서 영원히 변하지 않고, 순수하며 스스로 빛나는 인간의 아뜨만은 세속적인 인간의 사유에 의해 가려져 있다고 말한다. 나는 부자가 되기를 원한다, 나는 유명해지기를 원한다, 나는 행복하기를 원한다, 나는 아름답고 정숙한 부인을 원한다, 나는 내 아이들이 잘되기를 원한다, 나는 승진해서 최고의 자리로 오르기를 원한다, 나는 건강한 육체를 가지기를 원한다. 이런 사유들이 정신적인 파장을 만들어 아뜨만을 가린다고 한다. 단 몇 초만이라도 이것을 멈추게 되면 신은 빛나고 아뜨만은 본래의 빛을 내뿜을 것이라 가르친다.

더구나 인간의 삶이란 끊임없이 일에 몰두한다. 돌아보면 깨어 있는 동안 사람들이 하는 일이란 무엇을 구하기 위함이다. 집을 사야 하기에 힘들게 일하고, 먹을 음식을 위해, 옷을 사기 위해, 핸드폰, 컴퓨터, 물론 자신 하나뿐이 아니다, 가족들의 무엇 무엇을 구해주기 위해, 교육시키기 위해서 일을 한다. 깨어 있지 않은 밤이라고 자유로운가. 꿈에서조차 이 일을 추구하기 위한 욕망들이 끈질기게 거친 파장을 만들어낸다. 물론 자유롭게 의도한 대로 족족 얻어지지 않고, 얻어진다고 해도 목표는 또다시 수정되어 다음 목표치를 높여 나간다. 결국 얻어낸 것들은 속박과 불안의 원천이 된다. 얻건 얻지 못하건 만족이란 없다.

멈춰 질문을 해야 한다.

"과연 내가 누구인지 생각해 보았는가?"

성자 수카는 파릭시트의 삶에 관한 질문에 답한다.

"삼사라에 매달려 사는 일반적인 가장들은 그들 자신에 관하여 조금도 알지 못한다. 그들은 참다운 자아가 무엇인지 모른다. 그들은 항상 그들의 아내, 아이들 등에 얽매어 있다. 그들은 밤에는 잠자기에 바쁘고, 돈 벌고, 쓰고, 저축하고, 손님 안내 등을 하느라 바쁘게 지낸다. 그리고 이 모두를 '진정한 의무'라고 생각한다. 이처럼 그들은 짧은 시간 동안 일하고 죽어버린다. 그러나 이러한 장애물 경주 뒤에 숨겨진 그들을 움직이고 있는 보이지 않는 시간에 대해서는 결코 알지 못한다."

"이 세상은 이런 '진정한 의무'를 위해 피투성이로 싸우는 장소다."

힌두교 경전에서는 곳곳에서 같은 뜻을 전하니 바라타는 당시의 왕에게 이 세상을 정의한다.

이 표현이 정말인가? 세월은 예나 지금이나 변치 않아 오늘 아침에 배달된 신문 한 장을 펼쳐보면 진위를 안다.

"삼사라인 이 세계의 모습은 성적 쾌락, 욕망 그리고 성냄이 대부분으로, 이곳은 물건을 약탈하는 강도들이 들끓고 상인들이 우글거리는 시장과 같은 곳이다. 이곳은 인간이 살아 있는 여우를 잡아먹는 것처럼 감각이 모여 있는 숲과 같은 곳이다. 요술을 부리는 마귀들과 모기들이 오직 그들 자신만의 이익을 위해 가장들을 물어뜯는 곳이다. 이곳은 벌레만도 못한 인간들이 다른 사람들의 돈을 훔쳐 달아나는 곳이다. 사람들은 천박하게 먹을 것을 간청하고, 왕국을 차지하기 위해 친구와 선한 이웃과의 관계를 파멸시키고, 세상의 헛된 욕구와 환상에서 행복을 느끼면서 살아간다. 그럼에도 불구하고 사람들은 이런 세상 안에서 바늘과 송곳에 찔리는 듯한 불안과 고통 속에서 불만족스럽게 산다. 사람들은 사소한 이익을 가지고 다른 사람들과 다투며 실망을 거듭하고, 명예스럽지 못한 일을 반복한다. 그들은 자유로 향하는 길에 가까이 가지도 못하며 그 길을 찾지도 못한다."

일곱 개의 학파는 결국 '나는 누구인가?' 라는 질문에 대한 해답으로 가는 길이며, 해결책이고 더불어 브라흐만과 아뜨만의 적극적인 합일을 돕는 방법이다. 일곱 학파는 모든 근본은 일치하면서 방법론과 해석이 다를 따름이다.

힌두교에서는 우리 모두에게는 '아름다운 신성' 이 있는 것으로 말하고 있다. 이것은 숨겨져 있다고 한다.

스와미 치트아난다 사라스와티(Swami Chidananda Saraswati)의 이야기는 이렇다.

순수한 자아는 항상 이 세속적인 본성을 가진 인간의 사유에 가려져 있다. 나는 유명해지기를 원한다, 나는 승리하기를 원한다, 나는 부자가 되기를 원한다, 나는 어린아이를 원한다, 나는 승진하기를 원한다, 나는 행복하기를 원한다, 등의 이러한 정신적 사유의 파장이 항상 영원히 광휘로운 자아를 가리고 있다.
이러한 정신적 사유의 파장들이 오직 일초의 몇 분의 일이라도 쉬고 정지한다면, 신은 빛나고 우리의 자아는 본래의 빛을 발할 것이다. 자아에 대한 통찰은 내재적(內在的)이다.

강변에 앉아 몇 가지 질문을 더듬자니 파릭시트의 절실한 질문을 읽으면서 전율했던 기억이 새롭다. 또한 질문을 통해 대답을 구하며 바뀌어 나간 내 모습이 그려졌다.

질문을 시작하니 명성, 승리, 승진, 행복에 관한 그 어떤 사유도 이른 아침의 별빛처럼 가치를 잃어갔다. 더구나 노인의 충고에 따라 올라선 히말라야에서는 풍경에 압도되며 생각이 멈추었다. 우주를 향해 하얗게 일어서 결코 보리좌를 떠난 적이 없는〔而恒處此菩提座〕 백색 연꽃. 그 연화좌(蓮華坐) 밑을 서성이는 작은 존재에게 어찌 형이하학적인 생각이 터럭 끝만큼이라도 일어날까. 마음이 스스로 단속되며 고정되었다.

하리드와르, 내려놓아야 오른다
● ● ●

하리드와르의 아자밀라 이야기에는 많은 상징이 숨어 있다. 그 중 하나는 집착을 버려야, 그것도 자신의 가장 중요한 것을 버릴 수 있어야, 즉 자식마저 버릴 수 있는 마음가짐이 꽃피어야 신의 길에 오른다는 점이다. 마치 자신의 독자(獨子) 이삭을 모리아 산에서 선선히 번제(燔祭)로 바치는 아브라함의 깊은 의중과 다르지 않다.

아자밀라의 경우를 보면 자식이 가장 육중한 비중을 차지했기에 죽는 순간까지 자식의 이름을 불렀다. 남의 일 같지 않다. 우리네 삶이란, 자식을 학원에 보내고 조금이라도 더 좋은 성적과 진학을 위해서 부모가 쉬지 않고 뼈를 깎는다. 자신의 종족이 훗날 평안한 삶을 누리고, 남보다 월등한 자리

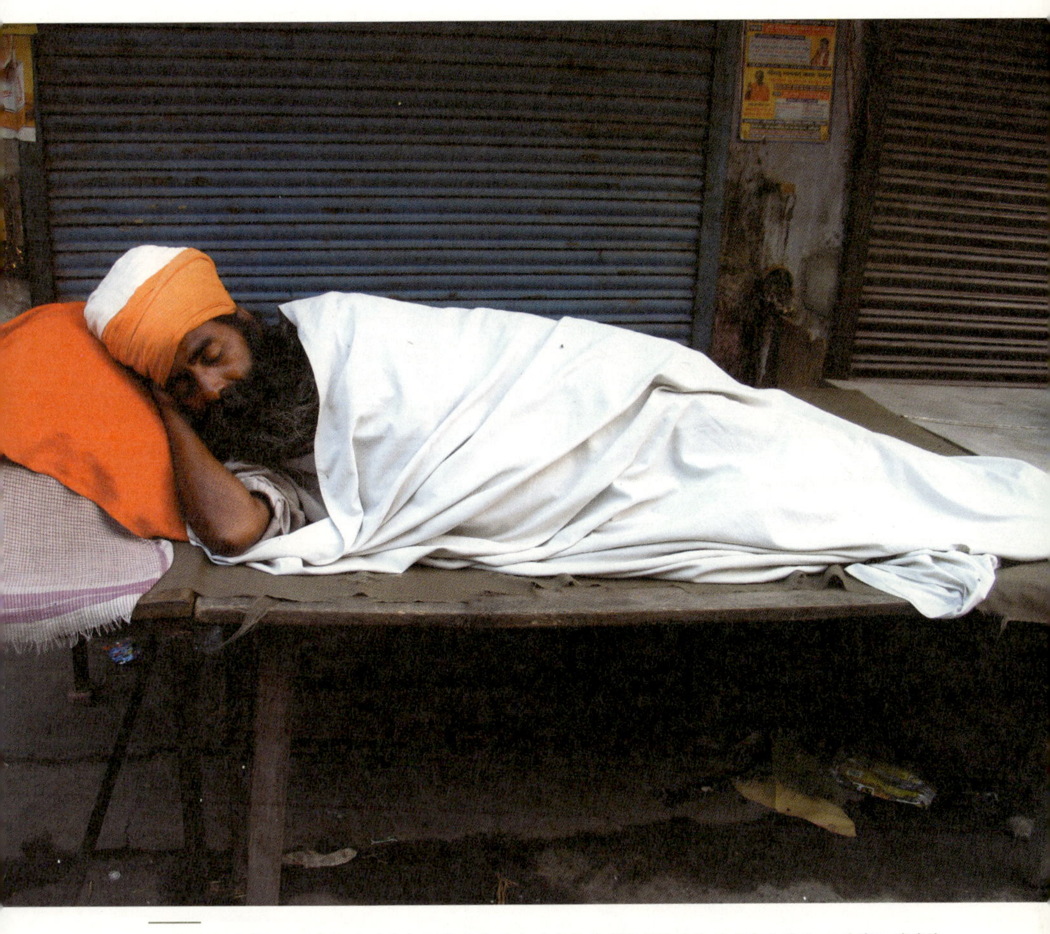

모든 것을 내려놓고 떠나온 순례객이 곤한 밤을 지나 이어서 편안한 새벽까지 맞이하고 있다. 그에게는 신과의 만남이 제일 중요할 뿐 가족이나 명예와 같은 다른 책무는 가지고 있지 않다. 한가하고 깊은 휴식은 이런 마음자리에 온전하게 찾아든다.

에 올라서도록 도와주기 위해 '부모의 자식 사랑'이라는 이름의 DNA 생물학적 노릇은 어느 때는 딱할 정도다.

"내 안에는 아자밀라적인 요소는 없는가?"

신화를 접하고 나서 가부좌로 앉아 자식 사랑이 일어나는 마음자리를 살펴보면서, 내 아이들이 남의 아이들보다 잘되어야 하는 이유를 열 가지 정도 나열해 보았다. 열 개를 찾아내기도 어려웠지만 그나마 맹목(盲目)에 속하는 부모 사랑이 여러 개 헤아려졌다. 붓다의 아들 라훌라〔苦痛(고통)〕와 성철 스님의 여식 불필(不必)의 의미의 무게를 그대로 받아들일 수 있었다.

물질적인 것〔色〕 중에 영원한 것이 있을까. 물질이 무상으로 그러하듯이 수상행식(受想行識) 역시 변해가는 생멸법(生滅法)의 손아귀에 있다. 영원하지 못하고 소멸하는 견고하지 못한 변역법〔無常磨滅不堅固變易法〕은 사실 세상 인연이란 덧없으므로 욕심을 버리라는 이욕지법(離欲之法)을 숨겨서 말한다.

그러나 나라는 존재는 10년이 훨씬 지나 신화의 숨겨진 뜻을 이해하기 시작했지만 실천에는 아직 머뭇거리는 범부에 불과하다. 그 사이 변화는 이제 행간의 진의를 파악했다는 정도다. 히말라야 덕분에 욕심의 크기를 줄이기는 줄였지만 마음을 청빈하게 만들고 욕심과 집착을 내려놓는 일은 첫번째 요소일 뿐 이제 더욱 긴 고행이 필요하다. 막 사미계를 받았다면 이제 선학을 익히며 깨달음까지 가야만 하며, 지금 이렇게 대지로 내려선 강물이 속성을 버릴 수 있는 대양까지는 먼 길을 가야 한다. 이제 막 동이 트는 여명이다.

"얼마나 더 세월이 필요할까?"

자신을 바다 안에 들여놓기 위해 하류로 향하는 강물을 눈으로 배웅하며 묻게 된다. 시선은 물살의 끝자락을 따라간다.

더불어 제기되는 상징은 어느 때가 삶의 종지부인지 알겠느냐는 점.

"나라야나, 나라야나, 나라야나!"

아자밀라는 죽는 순간 신의 이름을 부르는 바람에 지옥행을 모면했다. 우리 목숨이 갑자기 덮치는 눈사태처럼 어느 순간에 일어날지 예측이 불가능한데 언제 나라야나, 비슈누의 이름을 불러야 하는가.

이 해결책은 의외로 간단하다. 흘러가는 순간순간이 마치 마지막 순간인 것처럼 항상 비슈누의 이름을 암송하면 된다. 일주일이라는 지극히 짧은 삶의 여분을 가지고 용맹정진 하는 파릭시트처럼 한 순간을 마지막으로 생각하며 살라는 주문이 아닐까. 삼일수심천재보(三日修心千載寶)라는 말은 단 3일을 닦아도 천 년의 보배가 된다는 이야기이니, 오늘이 삶의 마지막 날, 혹은 일곱 날 후가 내 삶의 마지막 날로 삼아 찰나(刹那)의 중요성을 영원(永遠)과 같이 두라는 말씀이리라.

하리드와르의 진정한 의미는
● ● ●

히말라야에서 내려온 강물이 차다. 옷을 입은 채 강물에 들어간 사람들이 외치는 만뜨라가 강변에 울린다. 해가 솟아 사방이 밝아지면서 목소리들이 커진다. 마음으로 음률을 따라간다.

"옴 스리 강가지!"

하리드와르. 내게는 잊을 수 없는 도시다. 나를 히말라야로 송출했던 이 도시가 내게 주는 큰 가르침은 질문하라, 내려놓아라, 그리고 늘 신을 기억하라, 세 가지로 압축된다.

질문하지 않으면 신을 알 수 없고, 내려놓고 버리지 않으면 신에게 다가설 수 없으며, 신성이라는 목표가 없으면 신성으로 갈 수 없다는 지극히 당연한 명제를 하리드와르는 누차 말한다. 이 자세가 없으면 히말라야, 신들의 처소에 오를 자격이 없으며 오른다 해도 아무 의미가 없다.

이 도시는 내게 충고한다.

"진짜 주인을 왕위에 앉히기 위해 질문을 통해 고정화되었던 틀을 박차고 나와 이제 반역(反逆)하고 혁명(革命)하라."

"그리고 새롭게 옹립된 왕을 흔들림 없이 모시고 죽음이 들이닥치도록 충성하라."

"백년탐물일조진(百年貪物一朝塵), 백 년을 모아도 먼지가 된다. 그대 천상에 들기 위해서는 자식의 이름과 같은 삶의 집착 요소의 이름을 부르지 말고 이제 신의 이름을 부르며, 결국은 소유하지 못할 것들에 대한 집착을 여의고 시선을 거두어 영원한 신성에 귀의하라."

이런 설산청규(雪山淸規)의 마음 자세가 준비되면 이제 가르왈 히말라야로 올라가는 차표를 손에 쥔 것과 마찬가지다. 순간순간 환한 향상일로(向上一路)의 길이 기다린다.

아자밀라의 후일담은 이렇게 진행된다. 아자밀라는 자신의 삶을 거듭

후회했다. 부모와 아내를 버리고, 자신의 의무를 제대로 완수하지 못한 점을 깊이 뉘우쳤다. 또한 자식에게 집착한 나머지 삶이라는 시간에 자신 스스로에게 소홀했던 점도 반성했다. 그는 신에게 자신을 진정으로 참회했고 비슈누는 그것을 기꺼이 받아들였다. 그에게는 약간의 수명이 선물로 주어졌다.

아자밀라는 가족과 작별하고 하리드와르 강변으로 홀로 나갔다. 이제부터 죽음이 찾아오는 순간까지 신의 이름을 외우며 지극한 고행을 할 예정이었다. 그가 앉았던 자리는 바로 이 부근이었으리라.

시간이 지나면서 늙은 몸이었지만 맑은 정신이 찾아오고 견자(見者)의 성찰(省察)이 시작되면서 사방이 훤히 보이기 시작했다. 집착을 버리니 진정한 가치를 가진 것들이 드러나기 시작했다. 얼마 지나지 않아 그의 눈에는 비슈누의 부하 넷이 자신을 천상으로 데리고 가기 위해 수레를 타고 내려오는 모습이 보였다. 야마의 부하는 그 어디에도 그림자조차 눈에 띄지 않았다.

아자밀라는 지복에 가득 차 낡고 낡은 육신의 옷을 하리드와르 강변에 내려놓고 히말라야처럼 밝은 바이쿤다를 향해 빛나게 날아올랐다.

"옴 나모 바가바테 바수데바야,"

대부분의 종교에서 우리는 신성을 가진 빛나는 보석으로 평가되고 있다.
그런데 우리는 지금 기억상실에 눈까지 멀어 있다. 우리는 집에서 멀리
떨어진 성채(城砦)에 유폐되어 있으며 사실 이 성곽 안은 고향과는 달리
낯설고 부조리하다.

신들의 나라, 고행자의 천국

• • •

첫 목적지는 가르왈 히말라야 서쪽 끝에 자리 잡은 해발 3천235미터의 야무노뜨리(Yamunotri). 이곳에 이르는 방법은 여러 가지 방법이 있겠지만 일행이 3명 이상이라면 데라둔(Dehradun)에서 차를 대여하는 일이 편하다. 흥정에 따라 비용도 생각보다는 저렴하고 산길이라 버스보다 훨씬 빠르다. 제일 큰 장점으로는 풍경이 좋은 자리에서 가던 길을 멈추고 차를 마시며 감상할 수 있는 호사까지 누릴 수 있다는 점이다. 일단 자동차가 진입할 수 있다는 2천400미터의 하누만차티(Hanuman Chatti)까지 가야 한다.

데라둔에서 언덕을 올라서면 멀리 히말라야가 밝게 조망되는 무수리에 도착하고 이어 지그재그 길을 따라 내려서게 된다. 커브를 돌 때마다 낡은 브레이크 패드가 삐이삑 소리를 내지른다. 산길 1킬로미터는 평지 10킬로미터와 비중이 맞먹어 속도를 전혀 낼 수가 없다. '시간은 금이지만, 당신 생명

하얀 산이 솟아오르고, 그 사이 물이 흐르며, 푸르른 풀들이 자라나는 일은 무목적(無目的)이며 무의식(無意識)인 일련의 사건이다. 이 일체의 무심(無心)은 바로 대심(大心)으로 힌두교 용어로는 브라흐만이다. 히말라야에서 브라흐만을 만나는 일은 원하기만 한다면 시간문제다.

은 금보다 소중한 보석입니다' 라는 문구가 급박한 계곡에서의 안전 운전을 주문한다. 야무나 다리를 넘어설 때까지 자동차는 이런 식으로 꾸준히 주행한다. 그 후 푸르고 맑은 야무나 강줄기를 따라 꾸준히 오르기만 하면 된다.

인도 북쪽에 전설 같은 땅이 있다. 깊이 들어갈수록 사방은 빛나는 만년설로 치장한 봉우리들이 숲처럼 빽빽한 지역. 아래로는 가끔 수박이 갈라지는 듯 쩌억 소리를 내지르지만 가까이 다가서면 도리어 동굴처럼 오묘한 음을 품고 있는 신비로운 빙하가 수십 킬로미터 펼쳐져 있고. 그것뿐인가. 울퉁불퉁한 바위를 품은 근육질 언덕들, 누군가 애써 펼쳐놓은 듯한 야생화와 고산초들의 색색초원지대, 천 길 낭떠러지를 하얀 비단 폭처럼 자유롭게 곤두박질치는 폭포, 더불어 그 물을 고스란히 받아 하류로 내빼도록 만드는 강물들이 어우러지는 대지.

아주 오랜 과거로부터 인도의 수많은 출가자들은 이 전설 같은 지역의 구석구석까지 찾아들어 은거했다. 집을 나와 아란야[森林(삼림)], 즉 울창한 숲속에 터전을 잡고 신성을 찾아 의식의 깊은 자리를 더듬었다. 그러다가 북쪽 낮은 산부터 눈이 녹아내리는 계절이 오면 이제는 보다 높이 하늘에 가까운 지역으로 맨발로 걸어올라 빙하를 가로질러 설산을 배경으로 결가부좌를 틀었다. 낮이면 피할 곳 없는 태양으로 타버리는 듯한 열기, 밤이면 사방에 얼음이 내려앉는 혹독한 환경 속에 몸을 맡겨 정신을 집중시켰다.

가르왈 히말라야 지역을 데브호미(Dev Bhumi), 즉 신(神)의 땅, 신의 나라라고 부르는 이유는 단 한 번이라도 주변을 진지하게 둘러본 사람이라면 단번에 알아차린다. 또한 어렵사리 찾아와 수행하는 사람들을 보게 되면 타파부미(Tapa Bhumi), 고행(苦行)의 땅, 명상처(冥想處)라는 명성을 쉬이 긍정하게 된다.

힌두 경전 안에는 힌두 남녀 제신, 영웅들, 성자들, 그리고 이들을 추종하는 수행자들이 이 땅 곳곳에서 많은 시간을 보낸 이야기로 할애되어 있다. 『마하바라타』의 판다바 가(家)의 다섯 형제들은 이곳에서 순례를 마치고 지상에서의 삶을 마감하며 천국으로 향했고, 힌두교 삼신인 브라흐마, 비슈누, 쉬바는 모두 이곳을 그들의 주무대로 삼고 있다. 『라마야나』의 원숭이 신 하누만 역시 가르왈 히말라야에서 엄격하고 혹독한 수행을 한다. 가르왈 히말라야와 인연 맺은 존재를 모두 다 나열하기에 숨이 벅찰 정도다.

가르왈 히말라야에서 발원한 갠지스가 먼 여행을 하다가 잠시 쉬어가는 성지 바라나시 혹은 르시케쉬에서 주황색 샤프론을 입은 수행자들에게 이렇게 말해본다.

"나는 이제 데브호미, 타파부미에 간다."

또는 이렇게 말한다.

"나는 이제 막 짜르담 야뜨라, 즉 '사대(四大) 성지순례'를 마치고 데브호미, 타파부미에서 돌아왔다."

그들은 즉각 꿈꾸는 시선으로 먼 북쪽 하늘을 더듬는다. 가르왈은 고대로부터 모든 수행자들의 궁극적인 목적지인 탓이다. 아뜨만이 브라흐만과 가장 쉽게 접근할 수 있는 지역인 탓에 얼굴에 나타나는 부러움을 애써 숨기지 않는다.

더불어 가르왈 히말라야는 동양 종교의 근원지가 된다. 기원전 6세기, 인도에서 붓다라는 걸출한 인물이 배출되어 불교라는 새로운 종교를 열었다. 붓다의 초반 수행은 힌두교의 젖줄에 의탁했다. 힌두교의 대부분이 이 산지를 중심으로 일어나고 다듬어진 점을 생각한다면 가르왈 히말라야의 전통이 불교 안으로 심어진 셈이다. 동양의 많은 사람들이 믿고 따르는 종교들, 힌두교와 불교의 고향(故鄕)과 자궁(子宮)은 누가 뭐라 해도 가르왈 히말라야며 자이나교, 시크교라고 예외는 아니어서 가르왈 히말라야가 자신들 종교의 재질로 쓰였다.

문명사회의 거친 풍파, 엄청난 물질의 세례를 받아온 사람에게는, 히말라야의 범상치 않은 풍경과 함께 그곳까지 접근하기 위해서는 힘든 노력이 필요하다는 점을 감안한다면, 발을 들여놓는 자체가 이미 명상이자 정신적 육체적 고행의 시작이다.

야무나 강을 거슬러 오르면 시간이 지나면서 차차 성지로의 접근이 피부에 느껴진다. 풍경이 조금씩 변화한다.

가르왈 히말라야에서 풍경에 예외 없이 등장하는 모습이 있다. 한 손에는 물통, 다른 손에는 지팡이를 들고, 어깨에는 담요를 걸치고 히말라야로 걸어 들어가는 수행자 모습이다. 이들은 대부분 맨발로 강을 따라 험한 산길을 주저없이 오른다. 이들을 보면서 가슴 뭉클한 적이 한두 번이었을까.

"도대체 왜 저런 가시밭길 고행을 할까?"

● ● ●

타파스(Tapas), 즉 고행(苦行)이라는 말은 이 가르왈 히말라야의 뼈대이며 힌두교에서의 기본이 된다. 모든 힌두교도들은 숲에서 열성과 신념에 가득 찬 기도와 함께 육체에 극심한 절제를 통한 두타행을 통해 신성과 합일을 시도한다. 숲에서 홀로 앉아 시행하는 고행은 도피(逃避)가 아니라 도리어 자신과 신성을 찾기 위한 적극적인 도전(挑戰)이다.

수행자 눈에는 날 새고 나면 백전(百戰)의 산하(山河)에서 다람쥐 쳇바퀴를 도는 사람들, 저잣거리에서 어제는 물론, 한 달 전, 한 해 전과 조금도 다름없이 똑같이 반복하며 사는 사람을 보면 '왜 저러고 살까?' 궁금할 것이다. 나 같은 사람이 도리어 신성을 요리조리 회피하는 도피자로 보일 수 있다.

한 구루지가 비베카난다에게 이야기했다.

"세상에서 신을 믿는 사람은 2천만 명 중에 한 명도 안 되는 것 같아요."

비베카난다가 이유를 물었다.

"이 방에 도둑이 있다고 가정해 봅시다. 그리고 바로 옆방에 엄청난 양의 금덩이가 있고, 이 방과 옆방은 서로 훤히 보이는 칸막이가 있다고 칩시다. 그렇다면 도둑의 심정은 어떨까요?"

"그는 결코 잠을 이룰 수가 없습니다. 그의 머리는 온통 금을 얻을 방도를 궁리하느라 여념이 없을 겁니다."

그러자 구루지가 말했다.

"인간이 신을 믿었는데도 미치지 않았다는 것이 믿어집니까? 그가 진

분류를 넘어서기 위한 시도. 마치 강줄기가 하나씩 합쳐져서 기어이 바다에 도달하듯이, 분류를 초월하여 영원한 하나로 가기 위한 인간들의 시도. 힌두교에서는 바로 출가가 첫걸음이 된다. 이제 이들은 적당한 수행처에서 타파스를 시작하여 합일을 위해 정진한다.

정 축복이라는 거대하고 무한한 금광이 있음을 믿는다면, 그리고 그곳에 도달할 수 있다면, 그것을 얻기 위해 필사적인 노력을 기울이며 미치지 않을 수 있겠습니까?"

그들의 눈에는 이렇게 식량만을 축내는 밥도둑이 신기할 터이다.

"수행자는 왜 고행을 할까?"

타파스의 근원은 힌두 신화에서 브라흐마가 대답을 준다.

하루는 성자 나라다가 힌두교 삼신 중에 하나인 브라흐마가 타파스를 시행하는 모습을 본다. 그리고 왜 그리해야 하는지 궁금증에 브라흐마가 타파스를 끝낼 때까지 기다린다. 그리고는 타파스에 대해 여러 가지를 묻는다.

브라흐마가 타파스 근원에 대해 설명하는 부분은 이렇다.

"구현의 시초에 나는 연꽃 안에 놓여 있었다. 나는 나의 존재를 위하여 보충해야 할 기본적인 것을 찾기 시작했다. (연꽃이 있다면 당연히 물이 있을 터라) 내 주변의 모든 곳에서 물〔水〕을 찾았으나 연꽃줄기의 원천을 발견하지 못했다. 나는 초조하고 불안한 채 되돌아와 연꽃 안에 (다시) 앉았다. (근원을 찾자 못하자 어미를 잃은 아이처럼) 혼란스럽고 불안해졌다. 그때 나는 (어디서 있는지 모르지만 흘러가는) 물로부터 두 철자가 발음되는 소리를 들었다. 바로 '타'와 '파'였다. 그것은 타파스를 의미했다."

브라흐마는 연꽃 위에 앉았다가 연꽃이 어디서 나왔는지 찾아 나서나 온갖 노력에도 불구하고 근원을 찾지 못했다. 어디선가 들려오는 타파라는 소리를 듣고 근원을 찾기 위해 타파스, 고행을 시작했다는 이야기다.

인도 종교에서 연꽃의 중요성은 매우 크다. 연꽃은 진흙탕 안에서 수면

위로 뛰어올라 꽃을 피워내지만 더러
움에 조금도 물들지 않기에 청정무염
(淸淨無染)과 탈속(脫俗)의 상징으로
비유된다. 그러나 고대 인도에서는 이
보다는 연꽃＝생명(生命)이라는 개념
이 정립되어 있다. 무수한 꽃잎으로
이루어진 연꽃은 하나하나의 작은 생
명들이 모여 거대한 하나의 생명체를
만드는 우주의 상징이었고, 더불어 다
산(多産)이라는 여성 생식, 생명 창조
의 은유였다.

고대 인도에서 연꽃은 생명이자 우주였다. 신들이
연꽃을 들고 있는 모습은 신의 손안에 우주가 있
음을 나타내는 의미다.

　　싯달다의 어머니 마야부인은 어
느 날 여섯 개의 흰 상아를 가진 흰 코
끼리가 연꽃을 들고 나타나는 꿈을 꾼다. 인도에서 연꽃이 생명을 상징한다
는 사실을 아는 사람이라면 이 꿈이 곧 아이를 낳으리라는 태몽(胎夢)임을
쉬이 안다. 또한 싯달다가 태어나 동서남북으로 각각 일곱 발자국씩 걸어가
자 그 걸음걸음마다 연꽃이 피었다는 설화 역시 위대한 영혼의 생명의 획득,
즉 탄생(誕生)의 표현이 된다.

　　또한 연꽃은 세상을 상징한다. 많은 힌두 신들의 손에 연꽃이 놓여 있거
나 연꽃 위에 앉아 있다〔蓮華坐〕. 연꽃은 장식품으로 그냥 들고 있는 것이 아
니라 의미가 있다. 세상과 생명의 연꽃이 신의 손에 있다는 사실은, 세상이

신을 떠받치는 것이 아니라, 만물이 거주하는 세상이 신의 손에 있음을 말한다. 세상에 신이 있는 것이 아니라 신의 손에 우리들이 거주하는 세상이 있다는 표현이다.

브라흐마가 연꽃 위에 앉았다가 내려가는 행위는 그리하여 생명(生命), 우주(宇宙)에 대한 근원 탐색이며, 결국 그 근원을 정확히 알기 위해 타파스, 즉 고행을 시작하게 된다는 이야기다.

"인간은 누구인가?"

"나는 누구인가?"

"이 모든 것의 근원은 어디서 왔는가?"

힌두교에서는 근원을 찾아들어 가려면 우선 가부좌를 틀고 눈을 감으며 마음이 이곳저곳으로 요란하게 튀어나가지 않게 집중을 시키기 위한 고행이 필요하다 말한다. 그 다음에는 질문을 탐구하게 된다.

타파스의 타파는 열(熱)이라는 의미다. 만물의 근원이기도 한 열—에너지는 햇볕처럼 모든 것을 생성하고 키우며 산불처럼 모든 것을 태워버려 초토화시키는 힘이다. 열행(熱行)으로 번역하기도 하는 이 행위는 호흡을 오래 끊거나, 곡기를 멀리하고, 수면을 조절하는 등, 육신에 고통을 주어가며 열을 발생시켜 정신을 다듬어낸다. 또한 남에게 공격적인 말을 하지 않고, 항상 진실만을 말하며, 남을 헐뜯지 않고, 더불어 신을 찬미하는 말을 하는 언어적 타파스와 함께, 자신을 절제해서 마음의 평정을 추구하고 늘 고요한 마음자리를 유지하는 마음의 타파스를 동시에 수행 도구로 삼게 된다.

붓다 역시 출가 초기에 이 수행을 했다. 처음에는 요가수행을 통해 스승

알라라칼라마로부터 무소유처정(無所有處定), 그리고 다른 스승 웃다카라 마풋다로부터 비상비비상처정(非想非非想處定)에 이르는 길을 닦는다. 이 어 전례 없는 극심한 타파스를 수행하다가 종극에는 이 모든 것을 버리고 중 도(中道) 길을 택해 니르바나(Nirvana)를 얻어 전륜성왕에 이른다.

가르왈 히말라야는 이런 고행을 거듭하는 자리다. 결국 이런 시련의 실 천 끝에 우주 삼라만상의 근원인 신성을 찾아낸다.

브라흐마가 나라다에게 이야기한 이 대목은 고행의 땅이 신의 땅과 같 음을 이야기한다.

"타파스가 브라흐만이다. 타파스의 열매는 구현주 브라흐마가 얻은 것 이다. 다시 말해서 타파스는 신적인 발견이다. 브라흐만은 타파스를 하기 위 한 원천이며 그것이 해결이다. 타파스는 모든 지식과 행동을 포기하고 정지 된 상태에서 기도해야 한다."

타파스를 고행, 브라흐만을 신으로 바꾸어 다시 읽으면 이해가 쉽다.

히말라야 빙하 끝에서 타파스를 수행하는 수행자를 만나 이렇게 묻는다.

"당신은 왜 그런 고생을 사서 하세요?"

그들의 대답은 늘 일정하기 마련이다.

"샤타파타 브라흐마나 — 우리는 신(브라흐마)들이 태초에 했던 것을 해 야 한다."

"타잇티리야 브라흐마나 — 신들이 했던 것처럼 인간도 그렇게 한다."

타고 오르는 자동차 역시 사람처럼 가끔 쉬어주어야 한다. 앞 뚜껑을 열 어놓고 엔진룸을 식히는 모습을 보면 사람과 짐을 실어 나르느라 열행을 거듭하는 차의 수고로움이 눈에 들어온다. 저렇게 열을 뿜어야 결과가 이루어지다니. 물리법칙에도 어긋나지 않은 타파스다.

이름을 알 수 없는 보랏빛 꽃을 품은 나무, 하늘에 가 닿을 정도의 드높은 대나무 숲.

야무나 다리를 넘어서 고도를 올리는 풍경 안에서 소란한 모습들은 서서히 상실된다. 이제는 제법 멀리 왔다는 생각이 든다. 하리드와르를 지나 데라둔, 무수리. 더구나 내가 사는 집은 동천(東天)으로 아득하기만 하다. 돌아가기에 너무 멀다는 생각에 안도감이 드는 이유는 무엇일까.

"되돌아갈 수 없으면 전진하라."

마음 안에서 조용히 말하는 녀석이 있어 왔던 길 대신에 올라야 할 길을 바라본다. 꿈은 늘 산으로 들어섰지 않은가. 이제 산들은 꿈속처럼 높아진다.

분류가 옳기는 옳은 것일까

• • •

그렇다면 이렇게 각별한 신성을 쉬이 찾을 수 있는 가르왈 히말라야는 어디에 있을까.

히말라야는 약 2천500킬로미터의 길이와 200~300킬로미터의 폭을 가진다. 동쪽에서부터 아샘 히말라야, 시킴—부탄 히말라야, 네팔 히말라야, 가르왈 히말라야, 편잡 히말라야로 구분하고 있으니 동쪽으로부터 서쪽을 향해 달려오면 4번째에 해당한다.

쉽게 이야기하자면 오른손잡이가 칼로 히말라야라는 생선을 좌측으로 부터 세 토막 낸다고 할 때, 첫째 토막을 내기 위해 칼이 들어가는 부분 근처가 된다.

남선우의 『역동의 히말라야』를 참고하면 가르왈 히말라야를 정확히 개념화할 수 있다. 문장을 그대로 옮겨 본다.

네팔 서쪽 국경에 있는 칼리 강에서 인도의 수틀레지 강까지 길이 320킬로미터에 이르는 지역을 가리킨다. 인도의 우타르 푸라데시 주에 속하며 인도 최고봉이자 성역인 난다데비(7천816m)가 이곳에 솟아 있다. 이 지역은 히말라야 산맥 중 접근이 쉽고 아름다운 암봉들이 많이 솟아 있어 일찍이 활발한 등반활동이 시작된 곳이다.

같은 책에 의하면 가르왈 히말라야는 다시 동부, 중부, 서부, 세 부분으로 나뉜다.

1. 동부 가르왈 지역은 쿠마온(Kumaon) 히말라야라고 부르는데 동쪽 파니출리에서 서쪽 난다데비 산군이 여기에 속한다. 이 지역에는 판치출리(6천904m), 난다 코트(6천861m), 트리슐(7천120m), 창가방(6천864m), 두나기라(7천66m) 등이 솟아 있다.

2. 중부 가르왈 지역은 중국 티베트 자치구와 인도와의 국경에 있는 마나 고개에서 남쪽으로 흐르는 사라스와티 천 주변에 비교적 좁은 산군을 이루고

있다. 국경 근처에 무쿠트 파르밧(7천242m)과 아비 가민(7천355m)을 비롯
해서 남쪽으로 2킬로미터 떨어진 곳에는 이 산군의 맹주이자 가르왈 제2고
봉인 카메트(7천756m)가 솟아 있다.

3. 서부 가르왈 지역은 바기라티 천 좌우측의 고봉군을 말하는데 특히 동쪽
에는 거대하고 다양한 강고뜨리 빙하를 따라서 수많은 암봉들이 솟아 있다.
이 강고뜨리 산군에는 최고봉 차우캄바(7천138m)를 포함, 사토판스(7천
75m), 바기라티(6천856m), 케다리나스(6천940m), 쉬브링(6천543m) 등 6천
~7천미터 급의 유명한 암봉들이 밀집해 있다.

이렇게 나뉘는 산의 경계는 백두대간(白頭大幹) 바탕개념인 산자분수
령(山自分水嶺), 즉 '산은 물을 가르고 물은 산을 넘지 않는다' 는 대명제에
일치한다.

이렇게 한 지역을 동부, 중부, 서부로 나누는 고전적인 방법이 있으나
인도인들은 자신들의 종교적인 의미를 반영해서 북 가르왈, 난다데비, 강고
뜨리, 서 가르왈 네 지역으로 구분한다.

북 가르왈은 카메트, 무쿠트 파르밧을 포함해서 많은 고봉들이 자리 잡은 북
부지역으로 미답봉들이 즐비하다. 차우캄바, 쿠날링, 아르와 타워 등의 여러
봉우리를 포함한다. 히말라야에서 가장 비중 있는 힌두 사원인 바드리나트
사원을 품고 있다.

난다데비 성역은 르시 강가가 시작하는 성스러운 난다데비 봉우리를 중심으

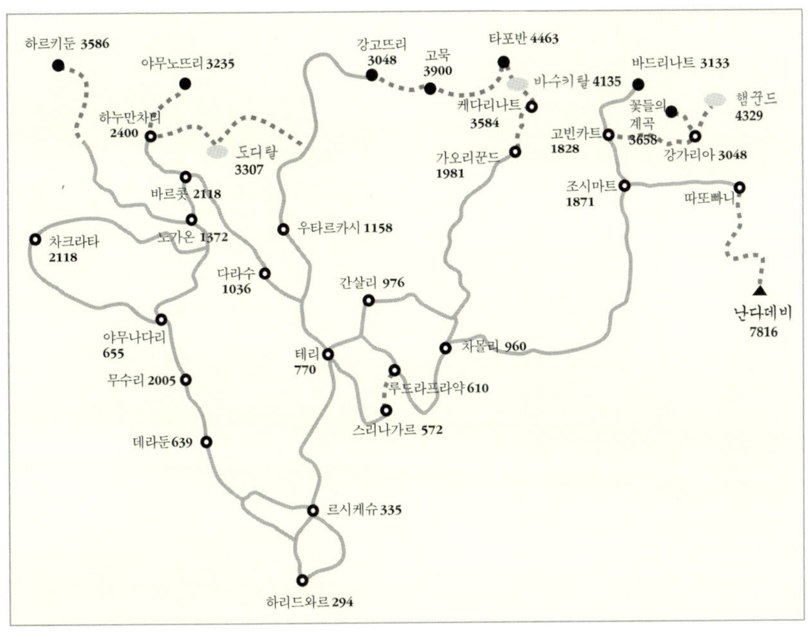

가르왈 지도

로 하는 지역이다. 난다데비는 인도인에게는 가르왈 일대에서 가장 아름다

운 산으로 추앙받으며 가르왈의 중심부에 놓는다. 산을 중심으로 한 바퀴 순

례하는 거리는 120킬로미터 정도며 창가방, 르시 파하르, 베타르톨리 히말

을 만날 수 있다.

강고뜨리 지역은 강고뜨리 빙하가 자리 잡은 지역이다. 갠지스의 시원이다.

탈레이 사가르, 브리구판스, 쉬브링, 사토판스, 차우캄바 연봉과 케다리나트

가 있다.

서 가르왈은 부드러운 사세를 자랑한다. 인도의 수도 델리에서 접근하기가

쉽기에 인도의 많은 산악학교가 이곳에서 훈련을 한다. 웨스트 반다펀치, 반다펀치 봉우리들이 있다.

산봉우리 이름을 들으면 산을 좋아하는 사람들은 은근히 가슴이 뛴다. 더구나 고도가 함께 나타나고 그럴 듯하게 산세에 대한 설명이 동반되면 산의 모습이 이미 3차원으로 그려지기도 한다. 보이지 않는 누군가의 손에 이끌려 벌써 배낭을 메고 그 산자락 아래에 서 있다. 산 이름과 구조를 살피고, 때로는 지도를 구입해서 바라보는 일은 빨리 걷기 위해서가 아니다. 도리어 걷기 과정에서 어디쯤에서 산과 더 어울릴 수 있을까 궁리하는 준비다.

곰곰하게 살피면, 가르왈 히말라야는 이곳저곳에서 행한 분류가 다르다. 산악인, 인도인이 본 시선이 다르고, 가이드북을 서술한 사람 역시 조금 다른 부분이 있다.

하나의 대상을 놓고 분류가 다르다는 사실은 흥미를 끈다.

"그렇다면 분류란 무엇인가?"

분류(分類)라는 단어의 본질에 의심이 가기 시작한다.

"분류의 형태, 분류의 수준 밑에는 무엇이 있는가?"

사실 분류라는 관점은 다소 경계심을 품게 만든다. 분류자의 관찰방식(Way of Seeing)이 개입되어 있어 이것은 더할 나위 없이 주관적(主觀的)인 탓이다.

지리적 분류는 기후, 토양, 지형과 같은 물리적인 요소를 바탕으로 삼을 수 있다. 분류란 서로 다른 것들에게서 나타나는 동일성을 하나로 묶는 일이다. 막스 베버가 이야기한 '경험적 사실들을 비교 측정하기 위한 보조 수단으로 하나의 혹은 몇 가지 측면을 강조한' 이념형(Ideal type)과 일맥상통한다. 가령 인종, 신장, 나이 등등이 모두 다르면서 거주하는 지역이 북아메리카의 미국이라는 이유만으로 미국인이라고 분류한다. 같은 방식으로 거주지는 달라도 무슬림, 힌두교도, 기독교도, 불교도로 나뉘어 분류된다.

"세상에는 인수봉을 올라본 사람과 그렇지 않은 사람으로 구분된다."

"이 세상에는 두 가지 종류의 사람이 있다. 하나는 무슬림이고 다른 하나는 무슬림 아닌 사람들로 구분된다."

분류에서 가장 극단적인 것은 나 아니면 너, 모 아니면 도, 흑백논리가 좋은 예가 된다. 등산학교에서 농담삼아 하는 이야기나, 이슬람 원리주의자들의 입을 통해 들려오는 이야기의 배후에는 세상 모든 사람은 하나의 기준으로만 구별된다는 생각이다.

전통적인 분류는 시간이 지나면서 새로운 장비, 새로운 발견으로 무너지기도 한다. 이렇게 분류했다고 이야기할 때, 조금 삐딱한 시선으로 의심하는 일은 세상을 넓게 보는 행위에 속한다. 그 누구도 충족할 분류란 존재하지 않으며 도리어 나 스스로 분류를 만들 수 있다. 정확히 말하자면 진정한 분류란 존재하지 않을 수 있다. 가르왈 히말라야의 분류는 그냥 개념만 알고 지나가면 된다. 셋으로 나누든 넷으로 나누든 별 문제는 없다.

분류하되 분류에 얽매이지 않는 법, 이것이 '본질은 하나'라며 분류를 무너뜨리고 초월하며 아뜨만, 브라흐만의 하나 됨을 제1 종지로 삼는 힌두교 정신과 다르지 않다.

브라흐민 계급의 아루나에게는 열두 살 짜리 아들, 슈베따께뚜가 있었다. 하루는 아루나가 아들을 불러 이른다.

"우리 집안은 말이다, 어느 누구도 공부를 하지 않고는 사제 일을 할 수 없단다. 그러니 스승을 찾아서, 그 문하에 들어가서는 열심히 공부하고 돌아오너라."

슈베따께뚜는 집을 나가 열두 해 동안 공부를 했다. 어느덧 나이 스물넷. 이제는 자신 있는 모습으로 귀향했다.

아버지는 아들을 반갑게 맞았다. 그리고 집을 떠나보낸 목적이 실현되었는지 알기 위해 아들에게 묻는다.

"사랑하는 아들아, 지금 네 모습을 보니 『베다』에 대한 공부를 모두 마친 것처럼 당당하게 보이는구나. 그래, 그렇다면 이런 가르침에 대해 스승께 여쭈어 보았느냐?"

여기에서 나오는 이야기는 또다시 질문의 중요성이다.

스승은 제자를 가르치기는 하지만 마구잡이 주입식이 아니다. 답부터 들려주어 뇌의 활동을 멈추게 만드는 사람은 스승이 아니라 먼저[先] 태어난[生] 사람[先生(선생)]에 불과하다. 스승은 제자가 스스로 일어나도록 도와주어야 하니 제자가 먼저 궁금한 점을 질문하지 않으면 종교의 깊은 뜻을 전해주지 않는다.

질문을 들어보면 그릇을 만든 재질의 됨됨이, 그릇의 크기를 알 수 있기에, 스승은 거기에 맞춰 지식을 전수한다. 마치 눈앞의 그릇을 눈으로 바라보고, 손으로 만져보고, 소리를 들으며 가볍게 두드려보면서 판단하는 일과 같다. 종이로 만든 컵에 화주(火酒)를 붓거나, 자그마한 컵에 양동이 분량의 물을 쏟아 넣을 수는 없는 법.

그런 연유로『고라크 바니』에서는 이렇게 말한다.

선생은 말을 아주 조심스럽게 하는 것이 중요하다. 그는 학생이란 그릇이 담아낼 수 있을 만큼만 줘야 한다. 만일 그릇이 담아내지 못할 만큼 많은 것을 억지로 전하고자 한다면 필경 그릇은 깨지고 말리라. 또한 그가 그릇 속에 내용물을 부주의하게 던진다면 그 중 상당 부분은 바닥에 떨어져 못쓰게 될 것이다.

제자가 물었다.

"내용물은 크고 그릇은 작습니다. 오, 스승이시여. 이 문제를 어떻게 해결할지 알려주십시오."

스승은 말한다.

"순리대로 전해 주고, 순리대로 전해 받았다면 그릇에선 내용물에 대한 흥미가 자연스럽게 나타날 것이다. 그런 흥미가 갈망과 사랑으로 변할 때, 그릇은 점점 더 성장하기 시작한다."

스승은 그것을 보고, 그릇의 크기에 맞게 자연스레 그 속에 부귀를 담아줄 것이다.

질문의 중요성을 아는 아버지는 '스승에게 무엇을 배웠느냐?'가 아니라 '스승께 여쭈어 보았느냐?' 묻게 된다.

『베다』라는 말은 원래 지식(知識), 그 중에서 종교적인 지식을 말하며, 일부는 이미 기원전 1500년에서 기원전 1000년, 늦은 것은 기원전 500년경에 성립된 종교문헌을 일컫는다. 성인이 하늘의 계시를 받아 귀로 듣고 영감으로 감응해서 쓰였다고 해서 인도인들은 하늘의 계시〔天啓(천계)〕라는 의미의 슈르티(sruti)라 부르는 것을 더 좋아한다.

아들 슈베따께뚜는 아버지 아루나 질문에 12년『베다』공부가 무색하도록 요샛말로 그야말로 버벅거린다.

아들은 아버지의 이어지는 어려운 질문에 이렇게 답한다.

"아버지, 저의 존경스러운 스승님들은 그런 가르침에 대해서는 알지 못했습니다. 그분들이 알고 계셨다면 어찌 저에게 말씀해 주시지 않으셨겠습니까? 존경하는 아버지, 아버지께서 말씀해 주십시오."

슈베따께뚜는 그동안 자신을 키워낸 스승들보다 깊은 학식을 갖춘 아버지 아루나에게 가르침을 하나둘 받기 시작한다. 사실 12년이라는 오랜 집 밖 공부는 이런 내용을 담을 수 있는 크고 단단한 그릇이 만들어지는 과정이었는지 모른다.

그 중에 흥미로운 설명이 있다.

"총명한 아들아, 벌들은 사방 여러 곳에 있는 여러 나무들에서 그 즙을 가지고 온다. 그 여러 즙을 모아서 하나의 꿀로 만든다. 이렇게 꿀이 만들어지고 나면 꿀을 이룬 즙들은 '나는 이 나무의 즙이오', '나는 저 나무의 즙이

오’ 하는 개별의식(個別意識)이라곤 없다. 그처럼 모든 세상이 그 존재에 가 잠기고 나면 ‘우리는 그 존재에 잠겨 있구나’ 하는 의식이란 없는 것이다.”

아루나의 비유가 이어진다.

“총명한 아들아, 동쪽으로 흐르는 강들은 동쪽으로 가고, 서쪽으로 흐르는 강들은 서쪽으로 가니, 그들은 바다에서 나와 바다, 그 자체로 가는 것이다. 그들은 그렇게 다시 바다와 하나가 된다. 그러나 그들은 개별의식을 가지고 ‘나는 이 강’ ‘나는 저 강’ 이라는 의식을 하지 않는다.”

이 이야기는 개별 영혼인 아뜨만이 우주의 영혼 브라흐만과 하나가 되는 과정에 대한 비유다. 아들에게 이 강 저 강의 분류로 인한 개별의식이 사라진 후 진정으로 알아야 할 실재의 본성을 설명하는 대목이 된다.

가르왈 히말라야에서 발원하는 강물은 산의 크기에 비례해서 꽤나 여럿이다. 다울리, 기르티, 르시, 만나키니, 바기라티, 발강가, 비랑그나, 사라스와티, 아르와날라, 아라크난다, 키라오, 그리고 부이다르.

이 강물들은 흘러가다가 서로 몸을 뒤섞으면서 자신의 이름은 물론 고유의 속성을 상실한다. 강물들이 합쳐지는 지점, 상감(Samgam)은 프라약이라 부른다. 비슈누프라약, 난다프라약, 카르나프라약, 루드라프라약, 그리고 마지막으로 데브프라약.

데브프라약을 지나면 이제 그 어떤 사람도 과거의 상류 이름을 부르지 않고 바다에 이르기까지 강가(Ganga)라 일컫는다.

힌두교에서 프라약이 성지가 되는 이유는 분류를 스스로 상실하기 때문이고, 당연히 그 자리에는 힌두 사원이 건립되어 먼 길을 축복한다.

하나의 성질을 잃어가며 새로움에 합류하고, 흐르다가 또 속성과 자신의 이름 역시 버리며 다른 물줄기와 합류하면서, 결국 거대한 대양까지 나가는 모습. 도(道)는 골짜기의 물이 강과 바다로 흘러들어가는 것과 같다〔猶川谷之於江海也〕고 했던가. 낮은 곳을 찾아가면서 이루는 존재의 통일성이야말로 이런 도와 마찬가지로 힌두교에서는 가장 큰 덕목이다.

그리하여 아루나가 말했던 것이다.

"총명한 아들아, 동쪽으로 흐르는 강들은 동쪽으로 가고, 서쪽으로 흐르는 강들을 서쪽으로 가니, 그들은 바다에서 나와 바다, 그 자체로 가는 것이다. 그들은 그렇게 다시 바다와 하나가 된다. 그러나 그들은 개별의식을 가지고 '나는 이 강' '나는 저 강'이라는 의식을 하지 않는다."

그렇다면 나 역시 분류해 볼 필요가 있다. 이것은 실재론을 보는 일이 된다. 한때, 내가 누구인지, 도대체 나라는 존재가 누구인지 알 수가 없어 전전긍긍할 무렵 사용했던 방법 중에 하나가 바로 '스스로에게 물어보기'였다.

"나는 누구지?"

"나는 임현담이야."

성명학적인 분류.

"그건 내가 될 수 없어, 세상에 어떤 누구도 임현담이라는 이름을 가질 수 있어."

"나는 남자야."

"그것 역시 내가 될 수 없어. 지구상에 반은 남자로 채워져 있어."

"신장 175 그리고 몸무게는……."

"아니야, 그것은 빌려 입은 옷가지야. 그것이 너라고 말할 수는 없어."

"그렇다면 나는 두 아이의 아버지야."

생물학적인 분류.

일단 이런 질문을 스스로에게 던지며 적이 놀란 것은 내가 내 스스로에게 주어질 질문이 많지 않다는 점. 내가 나라는 존재를 끌고 지구라는 푸른 혹성에서 수십 년을 살아왔는데 막상 질문을 던지기 시작하니 미처 20가지에 이르기도 전에 질문이 바닥나고 말았다. 이렇게 모르고 살았다니.

"도대체 나에 대해 알고 있는 게 뭐야?"

어이가 없어 스스로 투정을 부릴 수밖에.

은근히 놀라게 만든 또 다른 점은 내 존재가 특성(特性)이 없다는 점이었다.

이 질문법이 바로 이미 누군가 분류 혹은 관계의 장(場)을 통해 이루어 놓은 그룹에 나를 적용시켜 본 방법이었다. 그러나 이름, 나이, 키, 신장, 직업, 가족관계, 등등의 이런 분류를 통해서 진정한 나에게 접근한다는 것은 어림 반 푼어치도 없지 않은가. 꾸준히 무거운 짐을 지고 그 이유조차 모르는 노새 혹은 말[馬]로 살아온 내 머리의 한계였다.

결국 '나라고 할 만한 것이 없다는 사실이 있다'는 점만 만났고.

"이게 아니야, 저것이 아니야, 그것 역시 아니야."

과연 아니다 끝에는 무엇이 있을까.

힌두교에서는 이 방법으로 신성을 설명하기도 한다.

힘들게 올라선 언덕 위에서 고아한 모습을 슬며시 일으키는 백탑(白塔)을 만난다.
수만 년 결가부좌로 자리를 틀어 풍상 속에 뼈대가 드러나고 그대로 전신사리가 되어버린 모습.
이런 풍경 안에서, 오묘로다, 작은 웃음이 터져 나온다[悟妙 忽發笑].

샤깔라의 아들 샤깔리아 비다그라가 브라흐만과 아뜨만에 대해 묻자 현자인 야쟈발끼야는 '오직 네티(아니요), 네티(아니오)' 즉 '이것도 아니다, 저것도 아니다'로만 기술될 수 있다고 설명한다.

남전스님 이야기도 맥이 닿아 있다.

"사람들에게 설하지 못한 법이 있습니까? 어떤 것이 사람에게 설하지 못한 법입니까?"

남전스님이 답했다.

"마음도 아니고, 부처도 아니고, 물건도 아니다〔不是心, 不是佛, 不是物〕."

가까이에는 만공스님 설법도 있다.

"비록 우주가 괴멸할지라도 순일하고 깨끗한 한 물건이 있어 마침내 멸하지 않는 것이니, 불에 들어가도 타지 않고 물에 들어도 젖지 않는다. 모난 것도 아니요, 둥근 것도 아니요, 짧은 것도 아니요, 긴 것도 아니요, 나는 것도 아니요, 멸하는 것도 아니요, 꿈도 아니요, 깸도 아니다. 누가 꿈도 없고 깸도 없는 이 경계를 아는가?"

내친 김에 하나 더.

이번에는 혜암스님.

"이것은 맺는다 해도 안 되는 것이요, 이것은 푼다 해도 안 되는 것이며, 이것은 모인다 해도 안 되는 것이요, 이것은 흩어진다 해도 안 되는 것이며, 이것은 간다 해도 안 되는 것이요, 이것은 온다 해도 안 되는 것이며, 이것은 새롭다 해도 안 되는 것이요, 이것은 묵었다 해도 안 되는 것이며, 이것은 변한다 해도 안 되는 것이요, 이것은 변하지 않는다 해도 안 되는 것이니, 이것이 모두 안 되는 것이라면, 결국 이것은 무슨 도리인가?"

물론 브라흐만이 불성과 정확하게 일치하는 것은 아니다. 그러나 이해를 하기 위한 방편이기에 끝 길에 이르러 '아니다' 부정으로 제 길을 보면 되리라. 신기한 일은 이것도 아니고 저것도 아닌 생각의 끝에 공(空)이라는 아름다운 개념을 만난다는 점이다.

부정하고, 부정하며, 또다시 부정하면서 점점 접근하는 세상.

인연을 하나씩 끊어가고, 관계를 제거하다 보면 네티, 네티 끝에 궁극에 도달하는 자리.

'나'라는 존재는 신성 가득한 하늘을 날다가 거미줄에 걸려 감긴 먹잇감에 불과하다. 탐욕, 증오, 미혹이라는 거미 독에 중독되어 정신을 잃고 더러운 거미줄에 몸이 칭칭 감겨 있어, 아름다운 바깥세상을 볼 수 없음은 물론 언제 거미가 다가와 나를 자신의 먹이로 삼아 죽음으로 이끌고 갈지 알 수 없다. 우선 독을 풀어 미망에서 깨어나고, 감긴 것들을 거두어 내며 아름다운 세상을 바라보며, 거미줄을 하나씩 끊어 속박에서 벗어나 날아야 한다.

네티, 네티는 바로 공, 아뜨만, 브라흐만으로 향하는 시발점이다. 네티 한 번에 옥죄고 있던 거미줄 하나씩 툭툭 끊겨 나간다. 분류를 하나씩 제외해 나가면 만나는 마지막 원형질이 신성이며 공이다. 분류되지 않은 채 존재하는 존재다.

요즘 우리 사회를 지배하고 있는 끊임없는 편 가르기와 분화는 신성에서 반대에 이르는 점차 본질에서 멀어지는 거미줄에 빠져드는 길이다. 정치

에 몸담은 사람들과 그들과 공명하는 집단이 벌이고 있는 모습은 거미줄에
스스로 포박되는 형태다.

이런 지역으로의 여행은 늘 마음을 곧추세우게 만든다.
가르왈은 어떻게 구성되어 있을까?
왜 그런 식으로 구성했을까?
이런 여러 가지 생각이나 아무런 마음 준비 없이 신의 땅, 고행의 나라
에 노새처럼 등짐을 지고 쉬이 발을 들여 놓을 수는 없다. 차를 타고 이런 질
문을 다시 반복할 수 있음은 이 자리가 범상치 않은 탓이다.

우리는 간다라로 간다
• • •

아버지 아루나는 아들 슈베따께뚜에게 또 다른 비유를 말한다. 아버지
라면 아들에게 남보다 사회적 지위가 올라서는 처세술이나 경제적 위치를
높이는 돈 버는 기술을 배워주는 일보다 이런 지혜와 길을 알려주는 역할을
해야 하지 않겠는가. 초등학생에게까지 부자가 되는 법을 가르치고 그것을
자랑스럽게 말하는 부모들. 그 아이가 커서 진정한 부자가 될 수 있을까.

"총명한 아들아, 간다라라는 나라에 어떤 사람이 있다고 치자. 누군가
이 사람의 눈을 천으로 묶어서, 간다라에서 아주 멀리 떨어진 외딴 곳에 버
렸다고 하자. 어떻게 해야 할까. 그 사람은 어디가 어디인지 모르기 때문에

동서남북 사방을 향해 소리를 지를 것이다. '나는 간다라 국(國) 사람이오! 누군가 간다라에서 나를 납치해서 눈을 가린 후에 이곳에 내버렸소!' 외치는 소리를 듣고 누군가 오겠지. 눈을 풀어주고 '간다라는 저쪽 방향에 있다오. 그리로 쭉 걸어가시오' 하겠지."

슈베따께뚜는 고개를 끄덕인다.

"그 사람이 현명한 사람이라면 이제부터 그 방향으로 걸어가면서 나타나는 마을마다 물을 것이다. '어디가 간다라입니까?' 그렇다면 결국 자신의 고향인 간다라에 찾아갈 수 있지 않겠느냐."

처음에 누군가 다가와서, 눈가리개를 떼어주고 이제 집으로 가는 정확한 방향을 알려준다. 덕분에 남자는 마을 마을마다 길을 물어가며 무사히 자신의 집에 돌아오는데 성공한다. 눈가리개 제거는 아비드야〔無知(무지)〕의 암흑(暗黑)에서 광명(光明)을 주는 일이며, 정확한 방향을 알려주는 것은 삶을 올바른 방향으로 인도해주는 가르침으로 이 두 가지는 바로 구루―스승의 역할을 말한다.

아루나는 그런 연유로 스승의 중요성을 덧붙여 말한다.

"세상에서 그러한 (간다라가 어디 있는지 알고 있는) 지혜를 (네게) 줄 수 있는 사람이 바로 스승이다. 스승을 제대로 만난 사람은, 이제 속박을 푸는 일은 시간문제다. 그리고 나면 결국 그 존재(存在)를 발견하게 된단다."

스승은 둘째 치고 아루나가 이야기하는 간다라라는 마을은 무엇일까?

발견한다는 존재는 또 무엇일까?

바로 브라흐만이다. 간다라는 바로 우리의 본향인 브라흐만을 상징하

천하가 소란해도 그런 소음들이 쉽게 닿지 않는 지역이 있다. 히말라야 고립된 마을이다. 아직 상성(常性)과 동덕(同德)이 남아 있어 자연의 뜻에 따라, 자연에 맞추어 살아가는 천방(天放)이 살아 있다. 소위 문명사회에 몸과 마음을 두고 있으니 이런 사람들과 대화는 본성 회복의 시간이다.

는 표현이다. 그 남자는 이제 수행과 고행을 통해서 브라흐만이라는 집을 찾아갈 수 있으니 무사히 귀향하는 일이 바로 범아일여(梵我一如)에 이르는 길인 셈이다.

종교학자 엘리아드의 책에는 그노시스 학파의 신화 중에 하나인 〈진주찬가〉가 부분적으로 소개되어 있다.

동방에서 한 왕자가 '바다 가운데 큰 소리로 숨 쉬고 있는 뱀이 지키는 진주'를 구하기 위해 이집트에 오지만 이집트 사람들에게 발각되어 기억상실의 음식을 먹게 된다.

"나는 왕들의 자식이었다는 것을 잊고, 그들의 왕에게 봉사하였다. 그리고 나의 부모가 그것을 찾기 위해서 나를 보낸 진주를 잊어버리고 그들의 압박에 눌려 깊은 잠에 빠졌다."

부모는 돌아오지 않는 왕자에게 편지를 보냈다.

"왕중의 왕인 너의 아버지, 동방의 여왕이 된 너의 어머니, (서열로) 2위가 되는 너의 동생으로부터……. 네가 왕들의 자식이라는 것을 생각하라. 네가 지금 봉사하고 있는 노예상태를 보아라! 네가 이집트로 보내진 목적인 진주를 기억하라!"

독수리 모습으로 날아온 편지를 읽으며 왕자는 기억을 되찾는다.

"그 목소리와 버스럭대는 그 소리로 나는 놀라 잠에서 깨어 일어났다. 나는 그것을 집어 들고 입 맞추며 읽기 시작했다. 그리고 편지의 말들은 나의 기억에서 잊힌 흔적을 일깨웠다. 나는 왕가의 자식임을 기억하며 나의 고귀한 출생이 그것을 나타낸다. 나는 이집트로 보내진 목적인 진주를 기억하고, 무섭게 큰 소리로 숨 쉬는 뱀에게 주문을 걸기 시작했다. 나는 뱀을 진정시켜 잠들게 하고 아버지의 이름으로 그의 몸 위로 이름을 부르며 진주를 탈취하였다. 그리고 나는 아버지의 집으로 되돌아왔다.”

대부분의 종교에서 우리는 신성을 가진 빛나는 보석으로 평가되고 있다. 그런데 우리는 지금 기억상실에 눈까지 멀어 있다. 우리는 집에서 멀리 떨어진 성채(城砦)에 유폐되어 있으며 사실 이 성곽 안은 고향과는 달리 낯설고 부조리하다. 이런 주제는 세상 곳곳에 신화로 퍼져 있지 않은가.

“그대는 여기 사람이 아니다.”

“그대의 뿌리는 여기에 있지 않다.”

‘나는 이 세계에 있지만 사실은 이 세계 사람이 아니다’ 라는 생각. 결국 유배된 곳에서부터의 브라흐만으로 귀환이 본래의 목적이 된다.

강물은 흘러 흘러 바다로 향한다. 이곳저곳에서 벌에 의해 운반된 꿀은 거대한 꿀통으로 들어가며 자신을 잃는다. 더러움과 깨끗함은 하나 되고, 밝음과 어두움도 자신의 성질을 버리고 하나가 된다. 원효스님의 『大乘起信論疏別記(대승기신론소별기)』에 ‘지극히 공평한 까닭에 움직임과 고요함이 함께 이루어지며, 그 사사로움이 없는 까닭에 더러움과 깨끗함이 하나 되고, 더러움과 깨끗함이 하나 되기 때문에 참다운 것과 속세의 것이 평등〔有至公故 動靜隨成 無其私故 染淨斯融 染淨融故 眞俗平等〕’ 이라는 대목은 무엇을 의미하는가. 힌두의 이야기와 비교하면 더 이상 말을 덧붙이는 일이 새삼스럽다.

지금 자동차는 강변 길을 따라 흐르는 강물을 역행하며 산으로 오른다. 바르콧(Barkot), 강가니(Gangani)를 지나면서 계곡과 강물의 안무(按舞)는 완벽하고 불가사의하게 보일 정도로 아름답다. 어떤 필연의 법칙 안에서 서로가 복종하니 어울리는 모습만으로 심원하면서 완전하다.

사야나차티를 지나자 멀리 삼각형 구도의 안정된 반다펀치 연봉이 계곡 사이에서 하얀빛으로 힐끗 보인다. 풍경에 목마른 사람에게 어서 '와서 보라(ehi-passika)'고 권하는 모습이다. 속(俗)의 체온이 떨어지고 성(聖)의 냉기가 오르는 가운데 자동차는 하누만차티라는 마을을 향해 마지막 고갯마루에 올라선다.

가르왈이 어디 있는지 알았지만 분류는 더 이상 중요하지 않다. 알고 나서 모두 지운다. 이제부터 마음공부의 정도에 따라 간다라 국으로 직통 내왕할 수 있는 신의 땅일 뿐이다.

야무나 계곡의 온천수

"우리가 살고 있는 이 인도에서는, 히말라야에서 큰 바람이 불어오고, 또 거대한 바다에서도 바람이 불어옵니다. 이렇게 우리를 정화시키는 바람은 우리의 마음을 어루만지며, 우리의 마음을 일깨우고, 우리의 귀에 속삭이지요. 그러나 우리들 가운데 누가 귀를 기울이고 있습니까?"

하누만차티 원숭이 가슴

• • •

하누만차티에 도착하니 해발 2천575미터의 자나카차티까지 도로가 생겼다고 이야기한다. 최신 가이드북에도 없었던 이야기다. 하루가 다르게 변모하는 인도 모습이 히말라야 산속이라고 예외는 아닌가 보다. 히말라야 산중에 새로운 도로가 생겼다면 걸어야 할 아주 특별한 이유가 없으면 포기하는 편이 속 편하다. 대부분 도로가 사람들과 동물들이 걸었던 길을 따라 생겨났기에 '히말라야에 도로가 생겼다' 는 말은 '트래킹 길이 없어졌다' 와 동의어다.

설혹 낭만을 위해 길을 따라 걸어 오른다 해도, 연이어 달려드는 자동차 소음, 인도 운전기사들 특유의 집요한 경적소리, 더불어 차가 지나가면서 아낌없이 일어나는 비포장도로 먼지로 인해 길 맛은 모조리 사라진 후가 된다.

다시 짐을 싸들고 7킬로미터 떨어진 자나카차티까지 차를 타고 오르기

산(山)이란 본디 물러남의 자리다. 사람은 태어나 강의 하류에 자리 잡은 도시로 나가고, 죽어서는 상류를 거슬러 찾아와 양명한 산자락의 봉분 아래 몸을 눕히기 마련이었다. 살아서 산으로 들어감은 일부에서는 호연지기(浩然之氣)를 앞세워 말하지만, 다른 일부에서는 소요(逍遙)에 기반을 두는 유심(遊心)을 중심에 놓는다. 힌두에서는 무엇보다 신의 거처를 방문하는 일이다. 힌두의 학생들은 그런 목적으로 깊은 산속 성지까지 수학여행을 온다.

로 한다. 40년 전쯤에는 제법 명성을 날리며 굴러다녔을 법한 조그마한 지프차. 앞좌석 뒤칸은 물론 지붕까지 사람과 짐으로 범벅이 돼서, 신통방통하다. 낡아빠진 몸통 어디에 그런 힘이 숨겨져 있었을까, 애를 쓰면서 비탈길을 오른다.

나무들이 건장하게 촘촘히 메운 계곡과 그 사이로 흘러내려가는 맑은 야무나 강물, 여기저기에 피어오른 찔레꽃들에 눈이 시리다. 이런 길을 자동차라는 녀석에게 빼앗겨 이제는 걷지 못하는 일이 영 섭섭하다. 발전이란 것이 도로와 관계있다는 생각은 비단 인도뿐이 아닐 것이니 그동안 전 세계적으로 사라졌을 무수한 오솔길들을 애도한다. 오가는 차량들이 밑바닥에서 남김없이 들춰내는 무지막지한 먼지로 산중 풍경은 자주 사라진다.

하누만차티를 벗어나기 전에 손가락 하나로 만뜨라를 암송하고, 이어 원숭이 신 하누만에게 소원을 말한다.

"가르왈 히말라야를 걷는 동안, 내내 맑고 화창한 날씨를 주세요."

하누만은 인도의 서사시 『라마야나』에 등장해서 주인공 라마를 돕는 원숭이 신이다. 여기에 차티가 붙으면 하누만 신의 가슴을 의미한다. 자나카는 『라마야나』 주인공 라마의 장인 이름이다. 지명을 그대로 풀자면, 낮은 곳의 하누만차티는 하누만의 가슴, 차로 올라서는 조금 높은 지역인 자나카차티는 자나카의 가슴이 놓여 있는 셈이다.

차티가 붙는 지형은 단어 자체가 제법 팍팍한 사내의 단단한 가슴을 의미하듯, 비교적 넓은 평지여야 한다. 지도를 보며 지명을 손으로 짚어내며, 히말라야 산속에 야생화 피어나고 중앙에는 시냇물이 흐르며 그림 같은 집들이 자리 잡은 넓은 평지를 상상했건만, 웬걸, 하누만차티는 고만고만한 크기의 집들이 겨우 이십여 채 들어선 좁은 지역이다. 노련한 농사꾼 반나절 일감도 되지 않을 평지에 신적 존재의 이름을 지명으로 모셨으니 히말라야 산중에서는 그 넓이만으로도 무척 고마웠던 모양이다.

여기에 더불어 히말라야에 하누만이라는 이름이 붙은 지역에는 약초가 많이 난다. 랑카의 전투에서 부상당한 락쉬마나(Laksmana)를 위해 하누만이 약초를 찾아다닌 지역이기 때문이다.

'해골을 가진 남자' 라는 이름의 하누만의 출생은 다소 애매하다. 일부에서는 힌두교 삼신 중에 죽음을 담당하는 쉬바의 아들이라 말하고 다른 신화에서는 바람의 신 바이유의 아들로 소개한다. 힌두 경전과 신화가 한 순간에 완성된 것이 아니라 세월을 지나오면서 이런저런 이야기들이 유입되며 완성된 결과다.

하누만은 출생과는 무관하게 일반 대중에게 지극한 사랑을 받는다. 힌두의 삼신인 브라흐마, 비슈누, 그리고 쉬바의 어마어마한 힘에 비해 보잘것 없는 능력을 가지고 있음에도 폭넓은 신도를 가지고 있고, 신문기사를 따르자면 가깝게는 한국외국어대학 힌디어 과의 랑그나트 파탁 교수 역시 힌두의 그 많은 신 중에 하누만을 섬긴다. 하누만의 세력은 인도를 뛰어넘어 동남아시아까지 이르러 있다.

이렇게 지위가 낮음에도 전폭적으로 사랑 받는 이유는 하누만의 평소 행적에 있다. 인간을 도와주고, 악의 세력을 무찔러 막아주며, 선행을 베풀고, 무엇보다 어려운 일 생기면 가차없이 해결한다. 어떤 일을 새롭게 도모

할 때 사람들은 하누만을 찾는다.

또한 하누만의 신속한 능력은 '가장 빨리 소원을 들어주는 신', '원하는 바를 빨리 이루어주는 신'으로 자리 잡게 만들었다. 하루 이틀 후, 한두 주 후, 혹은 한두 달 후의 소망을 몇 번의 계절이 지나가는 동안 극심한 고행으로는 구할 수는 없지 않은가.

인도에서 오랫동안 공부한 류경희 교수님의 글을 보면 하누만의 위치가 드러난다.

인도 교육이 빠르게 서구화되고 있음에도 불구하고 인도에서 가장 서구적으로 보이는 학생들도 시험에 앞서 그의 숭배일인 화요일과 토요일에 하누만 상 앞에서 예배를 드린다.

나 역시 힌두 문화권을 여행하는 동안, 급한 일이 생기면 가장 먼저 하누만을 찾는다.

절벽에 가까운 길을 버스가 아슬아슬하게 간다든지, 산사태 지역을 네 바퀴 중 하나를 허공에 띄운 채 통과할 때는, 어김없이 하누만을 황급히 찾아 부른다. 제일 흔했던 일은 날씨에 관한 간구였다. 눈, 비, 우박 구름이 찾아온다면 설산이 모조리 숨어버리기 때문에 하누만에게 걸어야 할 앞길에 맑고 화창한 날들을 부탁한다. 가르왈 히말라야를 걷는 동안 맑은 날씨를 기원하는 내 기도를 들어줄 힌두 신은, 오로지 하누만뿐이라는 사실을 알기에 하누만차티를 떠나면서 소원을 빈다.

"옴 훔 하누마테 루드라카마타에 훔 풋 스와하."

그러다가 길가에 나와 있는 원숭이들을 보게 되면, 힌두교도와 힌두 신화 저변에 폭넓게 자리 잡은 동물을 포함한 자연에 대한 애정과 존경심, 이 우주는 사람만이 주인이 아니라 상호의존으로 모두 주인이라는 조화로운 관계에 합장하게 된다. 신성으로의 행진은 인간만의 독점이 아니라 다른 생명체도 가능하다는 관용적 태도에 가슴 따습다.

그리고 원숭이들에게 인사를 올린다.

"나마쓰떼."

힌두교에서는 원숭이를 비롯하여 조류(鳥類)인 가루다, 뱀 나가, 소 난딘, 코끼리 가네쉬, 호랑이, 그리고 쥐까지 숭앙의 대상이 된다. 다양성을 너머 포용력의 가없는 모습을 보인다. 십몇 년 히말라야 여행을 반복하다가 자연스럽게 얼굴을 가진 동물들을 먹지 않게 되는 채식주의자로 변모한 일도, 이런 생각들과 같은 궤(軌)에 놓여 있다.

"내가 어찌 신들을 먹어치우겠는가."

"신성을 품은 존재를 끼니로 삼겠는가."

스스로 계몽된 결과다.

낡은 차가 비명에 가까운 엔진소리를 내지르며 애써 올라간 자나카차티의 평지 역시 손바닥만하다. 강줄기를 따라 집들이 양쪽으로 길게 도열한 산마을이다. 자동차 길이 연장되면서 하누만차티의 상권은 급속하게 몰락하고 이제 새로운 종점이 된 자나카차티는 신축건물이 들어서는 등 서서히 일어서는 중이다. 하누만차티에서 찾기 어려웠던 많은 짐꾼들이 차 주변으로 몰려온다.

가네쉬 찬가를 반복해서 틀어놓은 가게 2층에 방을 구한다. 해가 넘어가면서 해발 2천575미터라는 고도를 증명이나 하듯이 서늘한 기운이 순식간에 달려온다.

어떤 날은 배우지도 않은 힌디어가 그대로 들릴 때가 있다. 아는 단어라고는 한두 개뿐인데 문장 전체가 모국어처럼 선연하게 이해된다. 영어처럼 분석되는 것이 아니라 어떤 통찰이다. 특히 저런 찬가는 아무런 저항 없이 마음 안으로 그냥 들어와 앉는 현상을 보면, 증명할 수는 없지만, 지난 생(生)의 한 시절 힌두교도로 살았음이 분명하다.

"선생님은 이중적인 점이 있어요."
"글하고 사는 모습이 다르네요, 이중적이네요."
이런 이야기를 몇 번 들었다.

브라흐만이라는 거대한 존재 안에서 인간 눈에 비추어지는 것은 형식이다. 우리가 형식이라는 틀 안에서 숨겨진
브라흐만을 담백하게 읽어내는 일이 수행이다. 인간이 가장 쉽게 파악할 수 있는 브라흐만이 펼쳐놓은 형식은
자연(自然)이 된다. 그중에서 히말라야가 으뜸이다.

그런데 내가 파악한 나는 5중적이라 이중적이라는 말에 도리어 고마웠다.

내가 나에 대해 궁금했을 무렵, 친구들과 어울린 자리에서 옆 좌석 사람들과 작은 다툼이 있었다. 결국은 화해하고 서로 한 발씩 물러나 마무리되었지만, 집에 돌아오면서 그리고 며칠 동안, 사건이 벌어지는 사이 내 마음 안에서 벌어졌던 과정을 되돌아 눈여겨 살펴보게 되었다.

술잔이 날아와 식탁 위에 나동그라지며 깨져나가는 순간, 마음 안에서 순식간에 일어나는 다섯 가지의 성격. 비단 그 순간뿐이 아니었다. 그 후 관찰을 거듭하면서 거의 모든 상황에 최소한 다섯 가지 정도의 성격이 반응하는 모습을 보았다.

거친 무사(武士)가 있는가 하면, 약삭빠른 상인(商人)이 있었다. 수행자 하나와 지체부자유자 한 사람이 있었다. 밥짓고 빨래하며 액세서리 하기를 좋아하는 평범한 아낙네도 있었고.

눈앞에 닥친 일을 해결하기 위해 각자 목소리를 내면서 힘겨루기를 했기에 늘 우유부단했다. 주어진 일들은 느릿하게 진행되었다.

그것이 전형적인 예전의 내 모습이었다.

"성격 하나 하나는, 지난 내 전생의 삶 하나가 압축된 것이 아닐까?"

"말하자면 내 몸 안에는 최소한 5개의 전생이 숨겨져 있는 것이 아닐까?"

히말라야를 강산이 한 번 변하도록 다니면서, 수행자로 살았던 성격이 차차 강하게 등장하고 힘을 키워나가면서 나머지들은 발언권을 차차 잃어갔다. 한 가지 일을 결정하는데 이제는 거의 수행자가 좌지우지할 정도였다. 이제 문제를 만나면 고민할 필요 없이 그의 직관이 현세의 내 직관과 함께 움직이며 한 칼에 결정하고 있다. 이상스러운 일이지만 그러면서 힌디어들이 그대로 들리는 경우가 잦아졌다.

다음 생이 있어 다섯 가지를 모두 통일한 수행자 성격 하나로 모아진다면 간다라 국은 코앞으로 가까워지지 않으랴.

"어이 무사! 어이, 상인! 어이 아줌마!"

출석을 불러보아도 대답이 없다. 다섯 중 넷은 히말라야에 들어선 것을 눈치 채고 모두 어디론가 내뺐다. 음악이 저항 없이 들어와 자신의 앞마당인 양 마음 안에서 자유롭게 논다.

어두워지면서 산들의 윤곽이 보기 좋게 드러난다. 이렇게 야무나 강을 중심으로 자리한 산군을 분류하기 좋아하는 산악인들은 서(西)가르왈 히말라야라고 부른다.

이 지역은 남, 동으로는 반다르푼치(Bandarpoonch) 연봉들에 의해 막혀 있고, 북쪽으로는 천국의 통로 즉 스와르가로히니(Swargarohini) 연봉이 막아서니, 유일하게 서쪽 방향을 향해 터져 있는 모습을 이룬다.

스와르가로히니는 판다가의 다섯 형제들이 눈에 보이지 않은 계단을 타고 이승을 하직하고 천상으로 올랐다는 봉우리다. 가르왈 히말라야에는 판다바 형제들과 관계된 봉우리들이 제법 된다. 천국으로 오른 자리라는 봉우리가 비단 이곳뿐이 아니라 여기저기 나타나고 비슷한 사연을 품은 성지가 다발적으로 존재한다. 성스러운 분위기가 풍겨나고 무엇인가 의미를 부여하고 싶은 자리에 힌두교도들은 판다바 형제를 모셨을 것이다.

지형을 보면 삼면이 설산에 가려 있는 셈으로 서쪽으로 비스듬히 누워 물이 쏟아져 나오는 호롱병 모습으로, 풍수지리로 풀자면 산간 분지의 피란보신(避亂補身)의 터가 된다. 이 사이에는 12킬로미터 길이의 반다르푼치 빙하가 자리한다. 하누만차티와 자나카차티는 바로 호롱병의 주둥이에 위치한다.

힌두들은 비보책을 알고나 있다는 듯이, 자나카차티의 따또빠니, 즉 온천 옆에 사원을 세웠다. 복이 쉽게 빠져 나가지 못하도록 침을 놓은 셈이라 산세와 풍수를 보다가 무릎을 치게 만든다.

산책 나온 사원에 아니나 다를까, 하누만 신상이 모셔져 있다. 다시 한 번 하누만 신에게 부탁한다.

"가르왈 히말라야를 걷는 동안, 내내 맑고 화창한 날씨를 주세요."

아그니의 온천

● ● ●

신은 어디든지 있다. 마하트마 간디의 뜻을 따라 비폭력 저항 운동을 하던 비노바 바베는 여러 차례 투옥되었다. 그는 감옥을 도리어 명상하기 적당한 아쉬람으로 여겼다.

죄수들이 간수가 자신들에게 편지를 제대로 전해주지 않는다고 불평하자 비노바 바베는 말한다.

"우리가 살고 있는 이 인도에서는, 히말라야에서 큰 바람이 불어오고, 또 거대한 바다에서도 바람이 불어옵니다. 이렇게 우리를 정화시키는 바람은 우리의 마음을 어루만지며, 우리의 마음을 일깨우고, 우리의 귀에 속삭이지요. 그러나 우리들 가운데 누가 귀를 기울이고 있습니까?"

갇혀 있다고 갇혀 있는 것일까? 가두어 놓았다고 갇혀 있는 사람이야말로 죄수다. 비노바 바베는 신의 말씀이 감옥 속까지 찾아온다고 말한다.

"그러나 매순간 바람이 우리에게 실어다 주는, 신으로부터 오는 사랑의 소식들과 비교한다면 그 편지에 있는 내용이 무슨 대수이겠습니까?"

신이 사는 곳은 어디일까. 신으로부터 오는 사랑의 소식이라면 어디서 오는 것일까.

현재는 대지, 허공 그리고 하늘이라는 삼계(三界)가 신이 머무는 자리라고 정설로 굳어졌지만 『베다』와 『푸라나』에서는 이야기가 조금씩 다르다. 대지, 허공, 하늘, 식물, 동물, 사방의 지평선의 여섯 곳, 또는 대지, 허공, 하늘, 동, 서, 남, 북 이렇게 일곱 군데를 이야기하고 있다.

그러나 많은 신 중에서 불의 신〔火神(화신)〕 아그니는 대지에서 살고, 바람의 신〔風神(풍신)〕 바이유와 천둥·번개·비의 신〔雨神(우신)〕 인드라는 허공이 거처이고, 태양신 수리야는 하늘에서만 산다.

어쩐지 우리의 아궁이와 유사한 발음을 가진 아그니는 출생에 대해 역시 의견이 분분하다. 하늘에 거주하는 아버지 하늘 드야우스와 어머니 대지 프리티비 사이에서 태어났다는 이야기, 성자 카샤파와 아디티 사이에서 출생했다는 이야기 등등이 있다. 그런 연유로 이름 또한 여러 가지다.

인체 내부에서 벌어지는 모든 활동의 최종단계를 불〔火〕로 여긴 힌두교에서는 아그니를 중요하게 생각한다. 호흡, 소화, 생각, 생명력을 부여하는 일이 아그니라고 여겼다. 또한 아그니는 대지의 인간들이 바친 공물을 하늘로 운반하는 역할을 맡는다. 비는 하늘에서 대지로 내리고 불은 하늘로 올라가는 모습에서 출발했음직하다. 거의 대부분 종교에서 불을 피우고 연기를 올리는 의식 역시 같은 맥락으로 보이며 촛불을 켜는 이유 역시 다르지 않다. 인도에서의 모든 커다란 제례에서는 반드시 제화를 피우고 시작한다.

신과 인간 사이에 이야기는 사제 역할을 맡은 아그니가 있어야 잘 성립된다. 하리드와르의 아르티 행사와 강물에 촛불 띄우기도 같은 이유다.

아그니 위의 세 형은 희생제의 공물을 하늘로 옮기다가 죽게 된다. 겁이 많은 아그니는 자신도 그 일을 하다 죽을 것 같아 신의 눈에 뜨이지 않는 곳을 찾아 숨어버린다.

제일 먼저 도망친 곳은 물 속이었다. 그렇지만 열 때문에 물이 더워지고, 물은 그 열을 산을 통해 배출하기 시작했으니 화산이 생겨났다.

버티지 못한 개구리가 뛰어나와 신들에게 고자질했다.

"아그니가 물 속에 숨었습니다."

아그니는 명색이 신인데 고자질한 사실을 모를까.

고자질하고 돌아온 개구리에게 저주를 내뱉는다.

"이제 너는 혀로 미각을 느끼지 못하리라."

아그니는 물에서 나와 곧바로 무화과나무 속에 숨었다.

이번에는 자신이 즐겨 먹는 무화과가 말라비틀어지자 먹잇감이 사라진 코끼리가 신에게 고자질한다.

아그니는 역시 저주한다.

"이제부터 코끼리, 너희들의 혀는 말려들 것이다."

그 다음은 앵무새. 앵무새 역시 같은 과정을 거쳐 혀가 말려든다.

가만히 보면 아그니는 상대방의 혀에게 저주를 내리고 있다. 입으로 상대를 고자질했으니 소리 내는 부분을 망가뜨리는 합리적인 방식이다.

신들은 고자질한 동물들을 뒤따라갔으나 아그니를 계속 놓치기만 했다. 결국은 비벼서 불을 내는 나무인 샤미나무에서 잠을 자고 있는 아그니를 찾아냈다. 신들은 우선 이 샤미나무를 자신들의 제사에 불을 피울 때 사용하는 나무, 화목(火木)으로 삼기로 했다. 그리고 이 나무 안에 신성한 불이 머무는 처소로 만들었다.

지금까지 힌두교의 신성한 의식은 성냥이나 라이터가 아니라 학명이 Acacia suma인 샤미나무를 비벼 불을 일으켜 사용하고 있다. 그렇게 일어난 아그니의 불은 특별하게 샤미나무를 자궁으로 삼아 출생했다는 의미로 샤미 가르바라 부른다. 바라나시에는 1천년 이상 이렇게 이 나무로 일으킨 불씨가 아직 꺼지지 않고 있다.

　　　　　　　　　　·

뱃속에 아이를 수태한 여인이

그 아이를 아주 조심스럽게

배 안에 간수하듯

불의 신 아그니는

장작들 사이에 잘 보존되도다.

—『까타 우파니샤드』 2:1:8

사실 '불이 나무 안에 있다', '불이 나무 안에 보존되어 있다' 는 가정은 살이 떨리도록 너무 유쾌한 철학이다. 신들이 나무를 불의 자궁이라 불렀다는 이야기는 읽으면서 너무 기뻤다. 가령 내가 어떤 사람을 만나 사랑을 시작했다면 사랑은 이미 내 안에 있었던 것이다. 내가 불상을 보면서 불성(佛性), 신성(神性)을 찾아 마음이 움직였다면 그것들은 이미 내 안에 있었던 것이다. 내 안에 재료가 없다면 아무리 발버둥쳐도 요지부동이다.

그것을 알지 못하고 하는 사랑이란, 내 사랑을 주지 않고 오로지 받기만 하려는 이기적 사랑이 된다. 그것은 당연히 사랑이 아니다. 한편 그것을 알지 못하고 신성을 찾으면 오로지 받기만 하려는 구원(救援)에 매달린다. 이기적인 소양으로 당연히 종교가 아니다. 오로지 원초적 기복신앙이다.

나무는 아그니, 타오르는 불꽃이다. 비록 불꽃이 눈에 보이지 않는 딱딱한 나무 막대라 하지만 나무 안에 불이 있음을 명상한 후, 눈을 뜨고 바라보면 나무는 이미 불꽃이다. 사람은 이미 붓다다. 명상 후에 앞에 선 사람을 바라보는 그 사람은 이미 붓다다.

이 불꽃을 볼 수 있는 사람들, 그리고 붓다를 알아볼 수 있는 사람들을 바깥에서는 신비주의자라 부른다. 같은 방식으로 내면을 조용히 관조한다면 예수이며, 사랑이며, 신성이다.

이것이 이 신화의 밑그림이다.

신들은 아그니를 앉혀놓고 설득을 시작했다.

"우리가 너를 찾은 건 부탁하기 위해서다. 아그니, 네가 공물을 운반하지 않는다면 어느 누구도 그 일을 맡을 수 없단다."

아그니는 눈앞에 자신의 형들의 죽음이 어른거렸다.

"제 형들은 공물을 운반하다가 죽었습니다. 저도 그렇게 죽을까 두렵습니다."

그러면서 아그니는 신들에게 제안을 하게 된다.

"사람들이 신에게 바치는 공물을 제가 일부나마 먹을 수 있도록 해주십시오. 희생제에 희생된 짐승과 버터를 제게 주십시오. 소마 희생제를 저를 위해 해주십시오. 그리고 희생제를 찾아 일을 하는 제 형제들을 더 이상 다치지 않도록 해주십시오."

아무리 아그니지만 아무것도 먹지 않고 다닐 수 있을까. 그렇게 허기진 채로 공물을 가지고 하늘로 오르다가 땅으로 추락하면 그대로 개죽음이 아닌가. 그렇다면 나는 뭔가? 왜 그런 고생을 하는가?

적당한 요구였다. 신들은 이 모든 제안을 기꺼이 수용한다.

한편 신들은 아그니가 숨은 곳을 고자질했다가 저주를 받은 짐승들에게 자비를 베푼다.

우선 개구리.

"너는 우리에게 아그니가 있는 곳을 알려주는 바람에 미각을 잃었구나. 대신 우리는 네게 입으로 많은 말을 할 수 있도록 하겠다. 더불어 대지의 여인이 너희들을 보살필 터, 아무리 깜깜한 밤에도 자유롭게 돌아다닐 수 있으리라."

코끼리.

"혀가 말려들었다 해도 그 혀로 모든 음식을 먹을 수 있도록 하겠다. 그리고 가장 큰 목소리를 줄 터이니 마음놓고 소리 지르도록 하라."

앵무새.

"혀가 말려들어도 모든 말을 잃지는 않도록 하겠다. 특히 너에게는 '아'라는 목소리를 남겨주겠다. 비록 한 자이지만 그 목소리는 지극히 아름답고, 달콤하고 부드럽게 만들어 주련다."

이런 아그니는 인간과 신 사이의 운반자 역할을 잘 해나갔다. 그러던 어느 날 성자들이 모여 신에게 공물을 바치려고 불을 피우는 순간에 한 사건이 일어난다. 아그니는 공물을 가지고 천상에 전달하고 되돌아오면서 성자들의 부인들이 목욕하는 모습을 본다. 더할 나위 없이 아름다운 몸매들이었다. 순간 아그니는 주체할 수 없는 욕망에 빠져들었다.

그는 스스로 자책했다.

"내게 이렇게 욕망이 불타오르다니……. 그러나 그녀들에게는 욕망이란 없지 않은가."

아그니는 긴 한 숨을 몰아쉰다.

"그러나 나는 그녀들을 계속 보고 싶다. 그렇다면 적당한 이유를 만들어야 하지 않는가. 어떤 정당한 이유 없이 그녀들과 접촉해서는 안 되지 않는가."

끓어오르는 욕망을 가슴에 끌어안은 아그니는 결심한다.

"그래, 나는 이제부터 부엌에서 피어나는 불 속으로 들어가리라. 그렇다면 여인들을 마음놓고 볼 수 있을 것이다."

욕망 때문에 몸을 버린 아그니가 아궁이에 들어왔다. 아궁이에 피어나는 불꽃을 통해 여인을 슬쩍슬쩍 어루만지고, 여인들의 아름다운 모습을 바라볼 수 있게 되었다. 그러나 문제는 여인들을 직접 얻을 수 없다는 점이었다. 아그니는 이런 자신이 싫어 그마저 포기하기로 했다.

그리하여 히말라야로 발길을 돌려 한 계곡을 찾았다. 그리고는 타파스를 시행했다. 그가 계곡에 들어와 고행을 하면서 주변의 산이 흔들렸고, 열로 인해 여기저기에서 온천이 뿜어져 나왔다.

아그니가 이런 목적으로 고행한 자리는 바로 야무노뜨리 계곡인 이 일대다. 자나카차티의 온천은 물론 야무노뜨리 주변의 온천들이 아그니의 명상처였기에 이런 연고로 유달리 지진이 많이 일어나고 온천이 갑자기 터져 나오기도 한다.

신화에 의하면 아그니는 다소 성적(性的)이다. 아그니를 명상하며 만뜨라를 외우는 일은 자신의 몸을 뜨겁게, 이성에게 매력적으로 보이도록 만든다고 한다. 또한 내적인 불을 발화시켜 재물, 아름다움, 명석함을 얻고 외형적인 성격으로 이끌 수 있으며, 불로 인해 독성을 태우고 정화 순화되어 신에게 가까이 갈 수 있다는 이야기도 있다.

아그니는 제식의 중심이 되어 희생물을 삼켜 신에게 운반하고, 신을 불러와 향연에 참석시키는 중재자가 된다. 신과 인간을 만나게 하고 그들 사이

하늘이 크고[天大] 땅이 크고[地大] 더불어 산이 크니[山大] 이것은 브라흐만—도(道)가 큰 탓이다. 사람들은 크고 큰 것을 찾아 자그마한 마음, 작은 집, 좁은 골목을 나선다. 힌두말로 이것을 야뜨라[巡禮(순례)]라고 부른다.

를 결속시켜 결합하도록 만든다. 크게 보면 신과 인간을 연결하고, 작게 보면 가정 안으로 들어와 인간과 음식을 연결했다.

온천 옆에는 사원이 들어서 있다. 온천수는 이제 아그니의 욕망이 식은 듯이 생각보다 미지근하다.

빠르게 다가오는 저녁 속에 사원에 몸을 의탁한 두 노인 수행자가 누울 자리를 다듬는다. 그들 역시 꺼져가는 불처럼 보인다. 히말라야의 긴 밤을 위해서 몸 안에 존재하는 불이라는 원소, 즉 아그니에 대한 만뜨라가 필요하리라.

"옴 마하즈와라여 비드마헤 아그니데바여 디마히 다노 아그니호 프라 쵸다얏."

야무나 강은 생명을 주고 그의 형제 야마는 죽음을 준다. 아버지 수리야
는 대지에 햇살을 내려보내 온갖 것들을 키워내고 아들 야마는 죽음으로
이끌어간다. 흥미 있는 일이 아닐 수 없다. 생과 사는 이렇게 한 핏줄로 존
재 깊은 곳에서는 생즉사(生卽死)다. 히말라야에 처음 발을 들여놓은 후
에 진행된 마음공부의 결론 역시 마찬가지였다. 삶과 죽음은 단지 동전의
양면일 따름이고, 죽음이란 마침표가 아니라 쉼표라는 사실이다.

야무나의 진정한 고향은 일곱 호수

● ● ●

야무노뜨리라는 말은 야무나(Yamuna)와 뜨리(tri)라는 두 말이 합쳐졌
다. 야무나 강과 뜨리, 즉 내려왔다는 하강(下降)이 더해졌으니 야무나 강이
내려온 자리라는 의미다. 같은 이유로 바로 동쪽 산 너머 멀지 않게 자리 잡
은 강고뜨리는 강가(Ganga)가 내려온 자리, 즉 갠지스가 지상으로 내려온
자리가 되는 셈이다.

어원과는 달리 야무나 강의 발원지는 해발 3천235미터의 야무노뜨리가
아니라 해발 4천421미터 카린다 파르밧(Kalinda Parvat), 일명 검은 산〔黑山
(흑산)〕에 몸을 얹은 빙하들이다. 따라서 이 지역 사람들은 야무나 강이 카린
다 산으로부터 내려오기에 여성형 이름인 카린디(Kalindi)로 즐겨 부르기도
한다. 이곳에 가려면 사원 뒤, 절벽에 가까운 경사를 오르다가 자일에 몸의
의지하며 암벽을 타고 기어올라야만 한다.

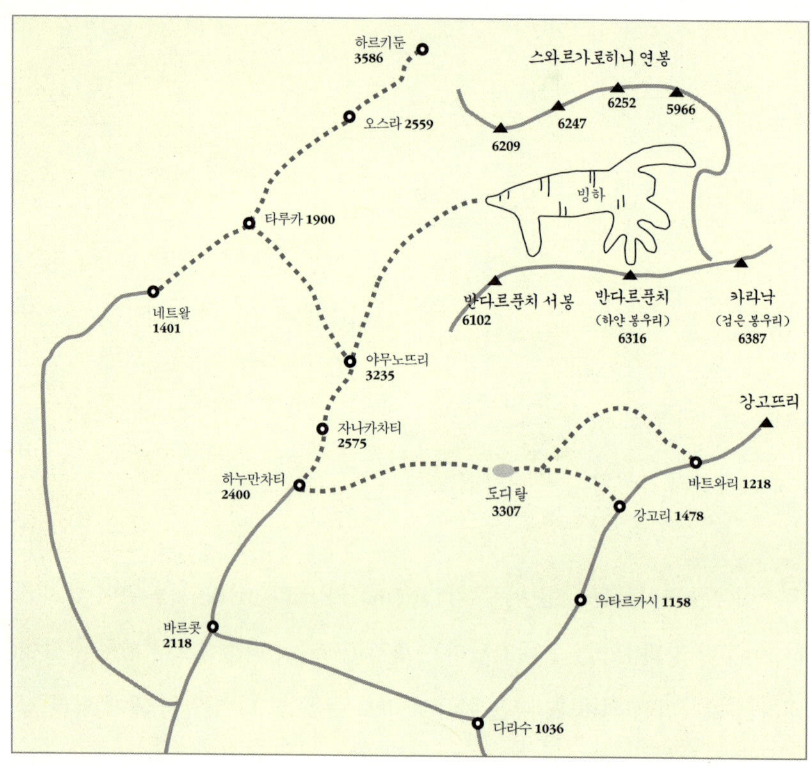

야무나 지도

빙하에서 녹은 물은 우선 주변에 포진한 삽타 르시 꾼드, 즉 일곱 성자 호수〔七聖湖(칠성호)〕라는 의미의 일곱 개 얼음호수들을 채운다. 호수들은 훗날 큰곰자리의 일곱 별, 북두칠성이 되었다는, 그리고 가끔 흐리고 비가 오는 날 창공을 떠나 지상으로 내려온다는, 힌두교의 유명하고도 위대한 일곱 르시, 카샤파(Kasyapa), 아트리(Atri), 바라드바자(Bhradvaja), 비스바미

트라(Visvamitra), 고우타마(Gautama), 자마다그니(Jamadagni), 그리고 바시스타(Vasistha)가 야무나 강물이 천상에서 지상으로 내려오기를 기원하며 탁마 정진한 곳으로 알려져 있다. 당연히 일대가 하늘과 성자들이 연관을 가지는 거룩한 성지인 셈이다.

빙하와 한 해 대부분 얼음호수로 지내는 일곱 호수에서 머물던 물은 성지 주변에서 시간을 보낸 후 이제 거의 자유낙하를 통해 곤두박질을 쳐서 야무노뜨리로 하향한다. 그리고 여러 곳에서 동시다발로 솟아오르는 손대기 어려운 뜨거운 온천수들과 합쳐 흐르게 된다. 차가운 얼음물[氷]과 손대기 어려운 뜨거운 물[溫]이 합쳐지는 지점에 야무노뜨리 사원이 있고 일반적인 힌두교도들에 의하면 이 일대 중심은 산이 아니라 야무노뜨리 사원이다.

야무나 강은 이렇게 시작해서 1천370킬로미터를 맑고 푸른색으로 흘러 내려간다. 시간이 지나면서 야무나 강은 인도 평원을 달리다가 수도 델리를 지나고, 아그라에서는 유백색 타지마할을 강변에 드리우고, 마지막으로 알라하바드(Allahabad)에서 회색빛 갠지스와 만난다. 히말라야의 산 하나를 두고 동쪽과 서쪽에서 태어난 두 자매가 아름답게 성장해서 뒤늦게나마 상봉하는 셈이다. 이렇게 한 몸이 되어서는 야무나라는 이름을 없애고 오로지 강가라는 이름으로, 힌두교의 유서 깊은 성지 바라나시를 향해 거침없이 흘러간다.

야무노뜨리 우측 둔덕, 강물 진행 방향으로 좌측 언덕은 존경받는 성자 아시트 무니(Asit muni)를 포함해서 많은 수행자들이 움막을 세워 신을 노래했던 장소다. 바로 이 자리에 19세기 초, 자이푸르(Jaipur) 왕가의 마하라니

『장자』의 <천도(天道)>를 보면 제나라 환공이 대청 위에서 글을 읽는데
윤편이 뜰 아래에서 수레바퀴를 깎고 있다가 환공에게 물었다.
"감히 묻자온대, 전하께서 읽으시는 책에는 무슨 말이 쓰여 있는지요?"
환공이 말하였다. "성인의 말씀이지." "성인은 살아계십니까?"
"이미 돌아가셨느니라."
"그렇다면 전하께서 읽으시는 것은 옛 사람의 찌꺼기에 불과합니다."
그렇다면 옛 찌꺼기가 아닌 것은 무엇일까. 바로 시선만 돌리면 된다.
산에서는 옛 찌꺼기를 가까이 할 필요가 없으니 눈길 닿는 곳이 산 경전이다.

〔왕비(王妃)〕구라리아(Gularia)가 정식으로 사원을 건립했다. 1923년 산사태와 눈사태로 인해 완전 파괴되고 용케 유실되지 않은 신상을 모시어 재건했으나, 이번에는 1982년 지진으로 다시 한 번 사원이 파괴된다.

그러나 힌두들이 어디 그리 호락호락한가, 더구나 신과 관계된 일이 아닌가, 또다시 같은 모습으로 신속하게 복구되었다.

눈과 추위 때문에 히말라야의 다른 사원들과 마찬가지로 11월에서 다음해 4월 마지막 주까지 사원을 폐쇄한다. 정확히 이야기하자면 사원은 4월 마지막 주 혹은 5월의 첫째 주에 문을 열고 11월 두 번째 주에 문을 닫는다.

산중마을 아침은 사람들이 먼저 시작한다. 하루 일거리를 위해 분주하게 준비하는 현지인들이 일찌감치 일어나며 소란을 피우면 뒤를 이어 새들이 깨어나서 지저귄다. 한밤중에 제법 커다란 소리를 내며 흘러가던 야무나 강물은 아름다웠던 제 목소리를 다시 어둠이 찾아들 때까지 완전히 묻어버린다. 눈을 슬며시 떠보니 아직 사방은 어둠이다.

자나카차티에서 해발 3천185미터 야무노뜨리 사원까지는 편도 7킬로미터, 왕복 14킬로미터가 된다. 야무노뜨리 사원의 아침 뿌자에 참석하기 위한 사람은 이미 출발을 시작했다. 사람을 실은 나귀들의 딸랑이는 방울소리가 산쪽으로 멀어지고 또 다른 방울소리가 연이어 다가온다. 이쯤 되면 바깥이 아무리 어두워도 침낭 속에서 머뭇거리기 미안하다.

일어나 향 하나 피우고 나름대로 성지로 향하는 아침을 준비한다. 계곡을 채우며 산에서 내려오는 기운이 서늘하다. 열어놓은 문틈 사이로 설산이 풍겨내는 각성의 기운이 찾아들어온다.

가르왈 히말라야 산길을 걸을 때 가장 적당한 속도는 순례를 떠나온 비만한 힌두교도의 보폭에 맞추면 된다. 이 정도의 걸음이라면 주변 풍경을 놓치는 법이 없고, 걸으며 만뜨라를 외울 시간 역시 충분하다. 제일 큰 장점은 제 아무리 해발 4천 미터가 넘는다 해도 고소증(高所症) 고산증(高山症)을 쉬이 만나지 않는다는 점이다. 여기까지 와서 성급한 걸음을 걸을 바에는 러닝머신 위에 올라 드라마를 보여주는 모니터를 들여다보며 달리는 일이 더 좋지 않겠는가.

히말라야에서는 발 빠른 사람들을 자주 본다. 저녁 무렵 로지의 식당에서 마주치면 남들이 6시간 걷는 거리를 3시간 만에 쾌속 주파했다는 자랑을 늘어놓기도 한다. 가이드북에서 6시간 거리라면 기어이 8시간 혹은 9시간을 소모하는 나로서는 신기할 수밖에.

"일찍 도착해서 무엇을 하셨어요?"

당연히 대답을 머뭇거린다. 책을 보았다던가, 빨래를 했다는 이야기가 제일 자주 듣는 답이다. 그것이 산에서 풍경을 바라보며 노닥거리는 일보다 중요한 일일까. 책이 산에서 보아야 할 대상일까. 산에서는 보아야 할 대상들이 따로 있다. 더구나 무엇보다 중요한 것은 6시간 동안 바라본 것과 3시간 동안 본 풍경이 같을 수는 없지 않은가.

다행히 가르왈 히말라야에는 이런 사람들이 찾아오지 않는다. 걷는 사람만큼 걸터앉아 쉬는 사람이 많은 곳이 가르왈 히말라야 산길이다. 쉬며 산을 보고, 사람들과 인사하고, 만뜨라를 외운다.

나 역시, 걸음 하나를 염주 한 알 삼아, 108 걸음 걷고 현지인들과 함께 쉬면서 산길을 오르기로 한다. 아침 산길은 동쪽에서 넘어온 햇살로 밝기만 하다. 급한 경사 없이 비교적 완만한 오름길이 산허리를 휘감으며 이어져 나간다.

삼천셋의 힌두 신은 알고 보면 하나
● ● ●

야무노뜨리 사원은 야무나 여신을 모신 자리로, 여신은 자신의 근원에서 어렵사리 찾아온 사람들에게 축복을 내린다. 또한 죽음의 신 야마와, 태양의 신 수리야가 순례자들을 함께 어루만지는 지역이다.

힌두교에는 헤아리기 어려울 정도의 많은 수의 신들이 존재한다.

샤깔라의 아들 샤깔리아 비다그다가 현자 야쟈발끼야에게 묻는 대목이 있다.

"신은 몇입니까?"

"삼백셋이오, 그리고 삼천셋이오."

"야쟈발끼야여, 그대는 잘 알고 있고 있소. (다시 묻겠습니다) 정확하게 신은 몇입니까?"

"서른셋이오."

"그대는 잘 알고 있고 있소. 더 정확하게 신은 몇입니까?"

"셋이오."

힌두의 3신. 창조를 담당하는 브라흐만, 유지의 비슈누 그리고 파괴를 책임지는 쉬바. 현재 인도에서는 비슈누
와 쉬바가 가장 큰 세력을 가지고 있다.

"그대는 잘 알고 있고 있소. 더 정확하게 신은 몇입니까?"

"둘이오."

"그대는 잘 알고 있고 있소. 더 정확하게 신은 몇입니까?"

"하나요."

신의 숫자를 더 정확히 말해 달라고 할 때마다 줄어들어 삼천셋에서 결국 하나에 이른다. 상대에게 생각을 할 수 있도록 의도적인 대답이다.

힌두교에서는 우주에 편재한 위대한 힘에 대해 귀의하고 있다. 그것은 오로지 하나다. 이 하나의 힘을 힌두들은 속성과 형태를 가지고 있는 인격적(人格的)인 면과 그렇지 않은 비인격적(非人格的)인 면으로 구별해서 보고 있다.

비인격적인 면은 인격을 가진 사람으로서는 말로 설명할 수 없기에 누군가 '그것이 무엇인가?' 묻는다면 침묵(沈默)의 몫이 된다. 불이(不二) 법문으로 들어가는 방법에 대해 묻는 보디삿뜨바들에게 '우레와 같은 침묵' 으로 일관하는 유마거사(維摩居士), 바로 같은 맥락이다. 침묵은 신성과 소통성을 가진다. 침묵은 신성과 적절하게 소통되고 수렴되며 결국 버무려진다. 침묵해 보지 않았다면 신성을 모른다. 신성과 감촉(感觸)하고 싶으면 신을 부르는 기도문조차 멈추어야 한다는 것이 힌두교의 생각이다.

반면에 인격적인 면이 구체적으로 현현하는 모습을 신(神)으로 모셨다. 힌두 신화와 경전에서 마치 인간처럼 분노하고, 사랑하고, 저주하고, 파괴하고, 보복하며, 다시 후회하는 신인동형(神人同形)의 모습은 바로 그런 인격적인 힘이고, 신의 한 모습이다.

힌두교의 신은 주요 삼신 브라흐마, 비슈누, 쉬바와 함께, 그들의 가족인 사르와티, 락쉬미, 파르바티, 가네쉬, 스칸다 등이 주된 권능을 가진다. 그리고 부속신들, 인드라, 야마, 바루나, 꾸베라, 아그니, 수리아, 바이유, 소마, 강가, 사스티 등등, 무수히 많고 다양한 삼천셋 제신들이 보조역할을 맡는다.

가령 이슬람교에서는 태어나고, 살아가고, 죽게 하는 모든 힘은 알라신 하나. 알라라는 위대한 존재가 인샬라, 즉 알라신의 뜻대로 우주의 모든 것을 주관하고 좌지우지한다. 힌두교에서도 마찬가지다. 하나의 위대한 힘이 지배한다. 그러나 창조, 유지, 파괴 등의 에너지의 형태에 따라 다른 이름이 붙여진다. 강줄기는 하나지만, 위치에 따라 상류, 중류, 하류가 있고, 물은 하나지만 쓰임에 따라 관계용수, 농업용수, 생활용수, 공업용수 등등으로 불리는 것과 같다. 무슬림들은 그냥 구별하지 않고 오로지 '물'이라 부르는 셈이다. 한 사람이 인도로 간다고 치자. 그 사람은 국내공항에서는 자국민이라

온천수는 그저 지하에서 분출된 수온이 높은 물이 아니다. 병든 자, 내게로 오라. 죽음이 두려운 자, 내게로 오라.
노병사(老病死)에 두려움을 느끼는 인간들을 위한 신의 양수(羊水)다. 의미를 알면 성스러운 축복의 물이되,
알지 못하는 사람들에게는 대중탕의 탁수로 보일 뿐이다. 플라시보 효과는 아는 사람에게 주어지는 축복이다.

부른다. 비행기에 오르면 승객이고, 인도에 입국하면 외국인이다. 일행 중에
는 그 사람을 선생님이라 부르지만 게스트하우스에서는 손님이 된다. 자국
민, 외국인, 승객, 손님, 그리하여 브라흐만, 비슈누, 쉬바. 그러나 알고 보면
오로지 하나인 그런 이치다.

　야무나 역시 이런 범주에 속한다. 특별히 카린다 산에서 발원하여 온천
수와 뒤섞인 후 흘러가는 강물에게 인격이 주어지며 붙여진 여신의 이름이
다. 강물은 흐르면서 사람들의 식수가 되고, 곡식을 영글게 하며, 주변 생명

체에 감로수를 제공하니 그야말로 어머니가 젖을 주는 행위와 다르지 않다. 그런 이유로 강물은 여성이다.

야무나 강과 평행으로 이어지는 산길을 걷다가, 계곡 아래 맑고 영롱하게 때로는 거품을 일구며 흘러가는 모습을 가만히 바라보면 강을 무생물로 여기고 경제적 잣대로 측정하는 우리네 행태가 도리어 미개한 죄인이 아닌가, 모시지 못하는 불효가 아닌가, 자책하게 된다.

야무나를 찬양하는 만뜨라는 이런 위대한 젖줄인 어머니를 찬양하는 의미를 가진다. 그녀는 산에 사는 모든 존재들, 나무, 동물들에게 생명수를 제공하기에 '어머니'로 칭송받을 수밖에 없다.

야무노뜨리를 향해 오르다 힘든 고개를 넘는 사람들은 만뜨라를 연호한다. 오가는 사람들에게 건네는 인사말 역시 똑같다.

산길을 만뜨라가 가득 채운다.

"옴 데비 마타지!" 성스러운 어머니 여신이여!

야무나 집안의 화려한 가계도

●　●　●

우시나라 왕국의 수야그나 왕이 전쟁터에서 전사한다. 모두들 시신 옆에서 비통해했다. 특히 왕비는 거의 실신 상태로 남편을 따라 자신도 죽음의 신 야마가 거두어가 주기를 소망했다. 날이 어둑해지고 해가 서산으로 넘어갈 무렵, 한 소년 브라흐민이 왕비에게 다가왔다.

그리고 기가 막힌다는 듯이 이야기했다.

"얼마나 놀라운 일인가. 너희 인간들은 매일 사람이 태어나고, 매일 죽어나가는 모습을 보지 않느냐. 그런데 너희들은 마치 결코 죽지 않을 것처럼 울고만 있다. 생각해 봐라, 어떤 육신이 죽음을 피할 수 있겠느냐? 그가 왔던 곳으로 되돌아간다는 것은 얼마나 자연스러운 일이냐."

소년 브라흐민은 신에 대해 말하고 이어 육신은 파괴될지언정 영혼은 그렇지 않다고 이야기를 이어 나갔다.

그는 왕비 한 번 둘러보고 다시 말했다.

"네가 비통하게 우는 목소리를 들을 수 있는 사람은 이미 오래 전에 육신을 떠나버렸다. 그가 육신 안에 머물러 있는 동안만 너와 관계를 유지할 수 있으나, 이제 영혼이 육신을 떠났으니 무관한 일이다. 육체를 떠난 그를 네가 (울면서) 천 년을 기다려 봐라, 돌아오지 않는다. 그러니 부디 편안하고 평안한 마음 상태를 유지하도록 하라."

소년 브라흐민은 말을 마치고 돌아갔다. 왕비와 가족, 친척들은 마음의 위안을 받고 장례를 치렀다.

이 소년은 죽음을 관장하는 야마가 변신하고 찾아온 것이다. 그는 죽음의 속성을 지상에 남은 사람에게 알려주었

야무나 여신은 강물의 여신답게 거북이를 타고 있다. 그 어떤 사원, 그 어떤 모습이라도 거북이 위에 앉아 있는 여신은 오로지 야무나뿐이다.

다. 야마는 중국에서 음역(音譯)하여 우리에게는 염라대왕(閻羅大王)으로 알려져 있다.

죽음의 신 야마가 야무나와 이름이 닮은 이유는 형제지간이기 때문이다. 이 집안을 살펴보고 이 가족의 의미를 되짚어 보는 일은 야무노뜨리에서 반드시 해야 하는 과제다.

야마의 아버지는 수리야(Surya), 태양신이다. 어둡고 음침한 사망의 계곡, 즉 어두운 죽음의 세계를 총괄하는 야마 신의 아버지는 아이러니컬하게 저토록 찬란한 태양이다. 생명을 주는 햇살과 어두운 대지 밑으로 돌아가는 죽음은 하나의 가계(家系)라는 멋진 은유다.

수리야는 사비트리(Savitri)라는 다른 이름을 가지고 있다. 수리야는 빛난다는 의미로 사람이 눈에 보이는 경우에 이야기하고 백마가 모는 마차를 타고 하늘을 난다. 사비트리는 눈에 보이지 않을 경우를 일컬으며 검붉은 피부에 3개의 눈과 4개의 팔을 가진다. 빛이 뿜어져 나오는 붉은 연꽃 위에 앉는다.

그의 아내는 사란유(Saranyu) 혹은 다른 이름으로 삼즈냐(Samjna)였다. 이들 슬하에는 마누(Manu)라는 아들, 이 지역의 주인인 야무나(Yamuna)라는 딸, 그리고 야마(Yama), 야미(Yami) 쌍둥이 남매가 있었다.

이 부부 사이에는 궁합에 문제가 있었다. 삼즈냐는 수리야와 함께 살기는 했으나 상대가 태양신인지라 시간이 가면 갈수록 익숙해지기는커녕 도리어 열기를 견디어 내기 어려워졌다.

그녀는 살아남기 위해서 일단 도망가기로 결심했다. 그러나 남편이 자신을 찾을까 두려워 신통력을 발휘해서 그림자처럼 자신과 똑같은 형상을 만들었다. 그림자에게 무슨 일이 있어도 비밀을 지켜야 한다고 부탁하고, 태양 힘이 잘 닿지 않아 한낮에도 어둑한 히말라야 북쪽 숲으로 달아나 고행을 시작했다.

삼즈냐 화신은 삼즈냐처럼 자식들을 극진히 사랑하지는 않았다. 구박이 잦았다. 장남인 마누는 세상 어디서나 장남 성격이 그러하듯이 그럭저럭 무던하게 잘 견디어 냈으나 불같은 성격을 가진 야마는 결국 참지 못하고 대들었다.

"자꾸 이러면 발로 차버릴 거예요!"

삼즈냐 화신은 분노가 폭발했다.

"이놈! 감히 네 아버지의 부인인 나를 발로 차겠다고 위협하다니! 너는 그 벌로 네가 사랑하는 여자에 의해 그놈의 발이 잘리고야 말 것이다!"

저주는 거두어지기 어려운 법, 겁에 질린 야마는 형 마누와 함께 아버지에게 찾아가 저주를 풀어달라고 호소했다.

자신은 너무 화가 나서 그렇게 말했을 뿐이며, 실제로는 발로 차지 않았으며, 아무래도 자신들의 엄마가 마치 의붓엄마처럼 자신들을 사랑하지 않으며, 등등.

아버지 수리야는 비통하게 말했다.

"나의 아들아, 그녀의 저주는 반드시 일어나리라. 왜냐면 다르마를 알고 진리를 알고 있는 네가 분노했기 때문이다(알고 있으면서 지키지 못한 행위는 네 책임이다). 그러나 모든 저주 안에는 해결책이 있게 마련이란다."

수리야는 저주는 없앨 수 없으나 자신이 저주를 약하게 해주겠노라 약속했다. 이런 아내 행동에 화가 난 수리야는 삼즈냐 화신을 찾아가 닦달했다.

"도대체 무슨 심보로 어미가 자식에게 저주를 내리는가!"

"그게 어미로서 할 일이던가!"

그러나 아무런 답을 얻어낼 수 없자 명상을 시작했다.

성스러운 존재들은 명상함으로써 지나간 일들을 쉽게 알 수 있었다. 곧바로 자초지종을 파악한 그는 홧김에 한걸음에 처갓집으로 달려갔다. 화가 단단히 나 이글거리며 모든 것을 태워버릴 듯한 사위를 보고 장인은 당황했다.

우선 불같은 성질을 죽이도록 토닥거렸다.

"이보게 사위, 솔직히 말하겠네. 자네 몸의 지나친 열 때문에 우리 모두가 견디기 어렵다네. 삼즈냐 역시 그것을 견디지 못하고 집을 나와 고행을 하고 있다네. 지금이라도 당장 그 숲에 가면 삼즈냐를 볼 수 있지."

사위의 불같은 성질을 슬쩍 가라앉힌 장인은 한 가지 제안을 했다.

"이보게 사위, 만일 자네가 원한다면, 자네의 형상을 다듬어서 사랑스럽고 부드러운 모습으로 만들어줄 수 있다네."

자신의 열기 때문에 아내는 가출하고, 아들은 저주받고, 집안이 이토록 엉망진창이 아닌가. 가장인 수리야는 허락했다. 건축은 물론 천상의 기술자로 칭송받는 장인 비슈와카르만(Visvakarman)은 그를 정성스러이 다듬기 시작했다.

우선 1/6만 남기고 모두 잘라냈다(일부에서는 1/8이라는 이야기도 있다).

그리고 나머지 5/6로 신들이 사용할 수 있는 무기를 만들었으니 1.비슈누의 원반, 2. 쉬바 신의 삼지창, 3.꾸베라의 마차, 4. 야마의 지팡이, 5. 스칸다의 창을 만들었다. 그리고 부스러기들로 다른 무기들을 만들었다.

몸 전체의 5/6나 잃은 수리야는 이제 더 이상 전처럼 맹렬하지 않고 이제는 부드러운 모습을 갖추게 되었다.

수리야는 저주 받은 아들, 야마를 자신들의 조상들 거주지인 죽음의 땅, 죽음의 세계에 왕으로 임명했다. 그는 삼즈냐 화신의 저주로 인해서 이제부터 때로는 못할 일을 담당하게 되었다.

태양신의 가족인 마누, 야무나, 야마, 그리고 야미 형제자매 중에 야마의 위치가 가장 묵직하다. 죽음을 관장하는 신인데다가 야마 앞에서 올바른 사람과 악한 사람이 갈려지는 탓이다.

야무노뜨리 동쪽에 자리 잡은 스와르가로히니 연봉은 천상으로 향하는 계단으로 알려져 있다. 그러나 이곳까지 무사히 도착하려면 지상의 모든 죄를 털어낸 사람만이 가능하다. 죄가 남아 있는 사람, 즉 자격이 없는 사람이 천상의 계단을 오르기 위해 이 봉우리를 향해 걸음을 떼어놓는다면 어김없이 추락한다.

그가 추락하면 바로 아래의 잠두아르(Jamduar) 빙하에 도달하고 이곳은 바로 야마가 지배하는 왕국의 입구다. 야무노뜨리에서 멀지 않은 곳이다.

이 왕국에 한 소년이 찾아온 사연이 경전에 기록되어 있다.

독실한 브라흐민 와즈슈러와는 현세와 내세의 복을 빌기 위해 제사를 지내기로 한다. 이것은 산야신, 즉 출가승이 되기 위한 과정으로 자신의 재산을 내놓는 비중이 큰 제례였다.

그에게는 나찌께따라는 아들이 있었다.

나찌께따는 제례를 지내기 위해 소를 몰고 나가는 모습을 보고 회의에 빠진다.

"풀도 물도 더 이상 먹지 못하고, 우유도 더 이상 짜낼 수 없을 만큼 짜냈으며, 새끼를 낳을 수도 없는 저렇게 늙은 소를 바쳐가지고는 아무리 원한다고 해도 기쁨이 있는 세계로 갈 수는 없을 거야."

나찌께따는 모든 재산을 다 내놓아야 함에도 저런 형편없는 소로는 어림도 없다고 생각했다. 아버지가 아들인 자신까지 바쳐야 진정으로 모든 것을 신에게 바치는 셈이라 생각했다.

나찌께따는 아버지에게 묻는다.

"아버지, 그럼 나는 누구에게 바칠 건가요?"

아버지는 아들 질문 자체가 어처구니없어 대답하지 않았다. 아들을 제물로 바치다니.

대꾸하지 않다가 계속되는 질문에 화가 나 거칠게 대답했다.

"죽음에게 주어버리겠다."

평범한 소년이라면 그냥 내뺄 터인데 이 골똘한 소년은 이 이야기에 또

의문을 품는다.

"(내 뒤에 올) 수없이 많은 사람 중에서 나는 첫째, (내 앞에 먼저 간 사람을 생각하면) 나는 중간을 가는데, 아버지가 아들인 나를 바쳐서라도 죽음의 신에게 올리는 제례란 무엇이고, 그렇게 해서 아버지가 이룰 수 있는 것은 또 무엇인가?"

나찌께따는 고민을 하다가 해결하지 못한다. 죽음에게 주어야겠다고 했으니 죽음의 신 야마를 찾아간다.

죽음의 공부는 중년에서 시작한다는 점에 어느 정도 동의한다. 아침을 먹고 치운지 얼마 되지 않았는데 저녁식사를 걱정한다는 건 너무 이르다. 윤회라는 굴레에서 이 세상에 태어나서 얼마 되지 않은 소년의 시간대에 죽음을 생각하고 명상하는 일은 아주 특별한 경우를 제외하고는 지나치다. 그러나 경전에서의 이런 소년처럼 특별한 사람이 있다는 점도 인정해야 하니 이렇게 타고난 아이들의 길을 막아서는 안 된다. 혹시라도 어린아이가 죽음에 대해 궁금증을 내비치면 막아서는 안 된다.

소년이 야마의 왕국을 가려면 (경전에 따라 다르지만) 하누만차티, 자나카차티 그리고 야무노뜨리로 이어지는 이 길을 걸어 올라가야 한다. 이어서 야무노뜨리에서 북쪽의 더욱 높은 지역을 밟아야 한다. 소년이 지나갔던 길을 지금은 많은 순례자들이 뒤따르고 있으니 말하자면 나찌께따 로(路)인 셈이다.

그런데 야마는 출타중이라 소년은 왕국 앞에서 3일을 기다려야 했다. 본래 손님이 찾아오는 경우 주인은 최선을 다해 모셔야 했다. 손님을 극진히

죽음의 신 야마는 물소를 타고 다닌다. 철퇴, 올가미, 그물로 무장
하고 있다.

대접하는 일은 손님이 가지고 있는 숭고한 신성(神性) 브라흐만에 예우하는 일과 같기 때문이다. 홀대하는 일은 바로 신성모독과 같은 의미였다. 더구나 상대가 사제 계급인 브라흐민인 경우는 더욱 신경을 써야 했다.

아무리 출타중이라지만 손님을 3일 밤이나 밖에 세워둔 일은 예의 밖의 행동이었다. 더구나 이에 불만을 품고 브라흐민이 자신에게 저주를 내린다 해도 그것을 대책 없이 모조리 받아야 하는 처지였다.

야마는 나찌께따에게 주인으로서 사과한다.

"오, 브라흐민, 그대에게 고개 숙이오. 나에게 자비로움을 베풀어주시오. 그대는 당연히 경배할 손님임에도 나의 집에 와서 세 번의 밤을 식사도 없이 지냈으니, 삼 일 동안 대접을 못한 것을 대신해서 세 가지 소원을 들어주겠소."

나찌께따는 세 가지 소원을 이야기한다.

첫째.

"자신이 돌아갔을 때, 아버지가 화를 풀고 자신을 아들로 대하며 기뻐해 주도록 부탁합니다."

받아들여졌다.

두 번째.

"죽음의 신이여! 천상으로 가는 길인 아그니를 그대는 알고 있지요. 독실한 저에게, 천상에 도달하게 하는 그 아그니에 대해 이야기해 주세요. 이것이 나의 두 번째 소원입니다."

여기서 불의 신 아그니는 인간과 신을 잇는 상징적 표현이다. 올바른 제사법에 대해 묻는 대목이다. 받아들여졌다. 야마는 그 아그니, 즉 제사의식에 대해 설명한다.

문제는 세 번째 소원에서 일어난다. 여기까지 찾아온 진의가 밝혀진다.

"세상을 떠난 사람들에 대해서 궁금합니다. 어떤 사람들은 죽은 사람의 존재가 그 후에도 있다고 하고 어떤 사람들은 없다고 말합니다. 당신에게서 지혜를 얻어 이 문제에 대한 궁금증을 풀게 해주세요. 이것이 나의 세 번째 소원입니다."

가슴에 철이 들면서 사후세계에 관한 이런 질문을 한 번이라도 만나보지 않은 사람이 있을까. 특히 부모 형제의 죽음으로 생사의 궁금증을 이기지 못하고 출가한 이는 지상에 햇볕이 내려 쪼인 이후 또 얼마인가.

하루에도 수없이 일어나는 질문의 거친 파고(波高).

"이 삶의 끝에서 우리는 무엇을 만나는가?"

"이 자리에 육신을 남겨 두고 먼저 떠나간 부모 형제는 어디로 갔을까?"

"그 많은 전쟁으로 죽어간 영혼들은 어디에 가 있는 것일까."

"이 자리에서 육신이 파괴되면서 단순하게 소멸된 것일까? 아니면 천상으로 가거나 업의 무게에 따라 구난한 세상으로 다시 들어섰는가?"

죽음의 신, 야마는 이 대답을 피한다, 그리고 회유한다.

이제는 말투까지 바뀌면서 하대하듯이 으르렁거리며 단호하게 말한다.

"나찌께따여, 그대의 아들과 손자가 백년장수하게, 그리고 짐승, 코끼리, 말을 갖게 해달라고 소원을 빌렴. 이 넓은 땅에 왕국을 갖고 싶다고 소원을 빌렴. 아니면 그대 스스로가 언제까지 살고 싶다고 한다면 그렇게 해줄 수도 있도다. 그대가 무엇이든 원하는 것이 있다면 말해보라. 재물과 장수를 맘껏 빌어보렴. 내 그대에게, 무엇이든 원하는 것을 다 가질 수 있도록 만들어줄 수 있도다. 이 인간세에서 구하기 쉽지 않은, 그 어느 것이라도, 얼마든지 내게 달라고 하라. 여기 말과 마차와 아름다운 선녀들이 보이지 않느냐. 인간들이 절대로 누릴 수 없는 조건이다. 내가 주는 이 마차를 좀 타보지 않겠느냐. 나찌께따여, 제발 죽음과 관련된 질문은 하지 말아다오."

나찌께따는 집요하다. 어린 그는 질문을 포기하는 대신 돌아올 이런 세속적인 보상을 거부한다. 당차다.

질문의 중요성은 어김없다. 질문 속에 이상한 힘이 있어 세속적인 요소들을 초월케 한다.

사실 죽음에 대해 알고자 한다면 애착을 불러일으켜 죽음을 거부하게 만드는 이런 요소를 던져버리는 일이 우선이다. 우리네 삶이란 죽음의 신 야마가 나열한 자식, 왕국, 재산, 재물, 장수, 아름다운 여자(남자), 좋은 차(마

차) 등, 이런 것들을 가지고 있어 번뇌를 불러일으키거나, 이런 것들을 가지기 위해서 애쓰며 투쟁하는 일이 삶이라 해도 틀리지 않다. 바로 오늘도 우리를 꽁꽁 묶어두는 끈들. 무상(無常)이라는 나무에 이런 끈을 묶었으니 어찌 영원하기를 바라겠는가. 일체유위법은 꿈같고 허깨비 같고, 물거품 같고, 이슬 같고, 번갯불 같다〔一切有爲法 如夢幻泡影 如露亦如電 應作如是觀〕고 하지 않은가.

이런 모든 것들을 헌신짝처럼 여기며 거부하는 나찌께따를 칭찬하는 죽음의 신 야마. 소년은 몰락의 반대편 길에 궁금증을 품고 있었다.

'나는 누구인가?' 를 묻다 보면 어김없이 만나는 소실점이 있어 그것은 죽음이다. 나라는 존재는 결국 죽음으로 인해 여지없이 파괴된다. 태어난다는 자체는 결국은 죽기 마련이라 '죽기 위해 태어났다' 해도 과언이 아닐 지경이 아닌가.

어느 날 아침, 내 인생을 쭉 이어보며 미래를 바라보자 그 끝에 어김없이 야마가 주석하고 있었다. 처음 죽음을 생각할 때는 죽음이란 영원히 내게 오지 않을 대상처럼 느껴졌다. 두려움이 만든 무의식적 거부였고 스스로 눈을 돌려 부정하려는 심산이었다. 죽음에 대한 명상은 채 1분도 끌지 못하고 TV를 켰다. 그 다음에는 조금 길어져 몇 분 그리고, 책을 펼쳤다.

차차 그런 심약한 태도를 용서할 수 없었다. 집을 나와 인도에 도착하고 며칠 고생하며 죽음이 산재해 있다는 명성이 자자한 바라나시에 도착했다. 갠지스 강변 가트에서 시신 하나가 막 타오르기 시작했다. 시체는 뜨거운 장작불에 한껏 부풀다가 어머니가 남겨 준 배꼽 주변이 팍 터지면서 불꽃이 흔들렸다. 뱃속에 모인 가스가 팽창하다가 배의 가장 약한 부분인 배꼽을 찢고 바깥으로 튀어 나왔다. 화부는 이 현상이 기다리던 신호였다는 듯이 긴 장대를 가지고 시체에 다가섰다.

"나도 죽는다."

"죽고 나서 어디로 갈까?"

"사는 게 뭐고 죽는 게 뭐냐?"

한 시간이면 장작을 쌓고, 시체를 얹어 태운 후, 모든 재를 강변에 쓸어 넣을 충분한 시간.

몇 구의 시신이 배꼽을 터뜨리고 나면, 화부가 시신을 뒤척이다가 나무 끝으로 해골 정수리를 깨어 아뜨만이 하늘로 쉬이 빠져 나가도록 도와주었다. 죽은 사람은 물론 장작까지 모두 회색빛 재로 변하는 모습들을 반복해서 바라보았다. 몇 분이 아니라 몇 시간이었다.

내 죽음의 모습이 성큼성큼 다가왔다. 무서운 일이었다. 이제는 죽음을 피할 수 없었다. 죽음이란 도리어 삶에서의 통과의례처럼 다가왔다. 이것을 조속히 숙지하지 않는다면 남은 삶은 두려움으로 자주 멈춰야 하니 회피 대신 적극적으로 받아들여야 하지 않겠는가.

"피하지 않겠다."

질문에 싸여 이리저리 빛을 모색하던 시절. 그 초반부에는 죽음이라는 봉우리가 반드시 넘어서야 하는 눈앞에 보이는 가장 난이도 높은 산이었다. 넘지 않으면 갈 수 없었던 길.

멀리 탑처럼 오롯이 솟아오른 곳이 야무나 사원이다. 병풍 같은 산들로 둘러싸여 음(陰)하며 여성적인 지세 위에 앉아 있다. 고대의 사고방식으로 깊고 어두운 계곡은 생식과 출산이 연관되어 있다. 야무나 강이 이곳에서 시작된다는 이야기도 같은 궤를 가진다.

그런데 어느 날 나는 히말라야 산길을 걷다가 하나의 결론과 마주쳤다.

"나는 여러 번 죽어보았다."

나에 대해 곰곰이 분석하다가 얻어낸 시선이었다. 다른 사람에게 이 경험을 말을 통해 그대로 전달하기에 능력이 벅차 아직 입을 닫고 산다. 그러나 바라나시 미로에서, 히말라야 자락에서, 어둑한 사원의 구석에서 과거의 나를 만나는 경험들은 차차 확신을 안겨주었다.

그 후, 히말라야에서는 죽기 위해 산길을 올라온 수행자들 모습을 보며 내 자신에게 꾸준히 물었다.

"나는 몇 번이나 죽어보았을까?"

"나 죽어서 이르렀던 곳은 어디였을까?"

"죽고 나서 되돌아오지 않기 위해서는 남은 삶에 무엇을 해야 하는가?"

이상스럽게 죽음에 대한 공부가 익어가면서 세상의 문제와 속박에 대해 비교적 영향을 받지 않는 안정권에 들어서기 시작했다. 변화는 깊은 곳에서 일어나기 시작하며 두려움이란 감정이 떨어져 나가는 모습이 보였다. 죽음과 두려움은 늘 함께 다니고 있었다.

사실 두려움이란 힌두 경전에 의하면 인간이 가진 태초의 감정이었다.

『우파니샤드』에는 이 세계의 태초는 푸루샤(Purusa), 즉 사람의 모습을 한 아뜨만이었다. 그는 사방을 둘러보자 자신 이외에는 어느 것도 발견하지 못했다. 그는 '이것이 나다' 라 최초로 말을 했고 여기에서 '나(aham)' 라는 이름이 생겼다. 그러다가 아무도 없는 것에 두려움을 느꼈으니 두려움은 최초에 탄생한 감정이었다. 신화는 이런 연유로 고독한 자는 두려워한다고 말한다.

그는 '나 이외에 어떤 것도 존재하지 않는다. 무엇을 두려워하는가?' 생각했다. 그는 이제 자신을 둘로 나누어 남편과 아내를 만들었다. 두려움이란 죽음을 유발시키지 않았다. 신화는 두려움으로 도리어 새로운 탄생의 길로 들어서도록 진행시키고 있지 않은가. 바꾸어보자면 그렇게 두려움으로 생겨난 생명은 당연히 두려움을 품게 마련이며 당연히 극복되어야 할 대상이다.

여러 번 죽어보았다는 생각은, 즉 환생의 개념을 받아들이면서 차차 죽음에 대한 두려움, 외로움 등은 몸에서 빠져 나가며 의미를 잃어가기 시작했다.

죽음의 신 야마는 소년의 세속초월 정신에 대해 입에 침이 마르도록 칭찬을 아끼지 않는다. 궁금증으로 죽음을 직접 찾아 나선다는 일이 보통 배포의 소년의 것인가. 더구나 집 밖에서 아무것도 먹지 않고 삼일을 기다렸다. 그동안 소년이 생각한 것은 오로지 죽음, 죽음, 죽음이었으니 죽음이라는 엄청난 화두가 머리 안에서 의심을 키워갔다.

죽음의 신은 설득을 포기한 채 이제 중요한 이야기를 한다.

'옳은 것'과 '기쁜 것'은 다르다는 것을 알아라. 이 두 가지는 여러 가지 목적을 가지고 사람을 일생동안 거기에 묶이게 한단다. 이 중에 '옳은 것'을 택하는 사람은 진정한 선(善)을 갖는 것이요, '기쁜 것'을 택하는 사람은 결국 그가 추구하던 것을 중도에 놓치게 된다.

옳은 것과 기쁜 것은 항상 인간에게 동시에 부딪혀 오는 상황이되 지혜가 있는 사람은 그 두 가지를 알아보고 구별해 내지만 보통 어리석은 사람은 그저 흘러가는 대로 몸을 맡기므로 기쁜 것을 선택하게 된다.

나찌께따여! 그대는 재물과 아름다운 선녀 등의 유혹에도, 밝은 분별력으로 넘어가지 않았도다. 세상의 수많은 어리석은 자들이 대개 빨려 들어가는 그

유혹에 그대는 결코 말려들지 않았도다.

세상에는 두 가지의 아주 정반대의 속성, 지혜(知慧)와 무지(無智)가 있다. 나는 그대가 선지혜를 갈구하는 자라고 생각한다. 왜냐하면 그 많은 유혹이 그대를 유혹해 내지 못하였으므로. 그 두터운 무지 속에 갇혀 있는 사람들은 스스로를 상당한 지식인이라고, 대단한 학자라고 생각하면서 영영 삐뚤어진 길로 가게 되는 것이다. 마치 눈먼 장님들을 역시 눈먼 다른 장님이 인도하여 영영 삐뚤어진 방향으로 가게 되는 것처럼. 재물에 눈이 어두워 제정신이 아닌 사람들에게는 다른 세계로 나아갈 수 있는 길이 보이질 않는다.

이 세상이 있을 뿐 다른 또 어떤 세상이 어찌 있을 수 있냐고 말하는 사람은 계속해서 윤회의 쳇바퀴 속 죽음을 맞으리라. 그 지혜는 많은 사람들이 들을 수 있는 그런 흔한 것이 아니다. 또한 운이 닿지 않는 사람들은 수없이 들으면서도 무슨 말인지를 이해하지 못한다. 그러므로 바로 그런 지혜를 설명해 낼 수 있는 사람은 정말 대단한 사람이다. 놀라운 사람이다. 그러니 훌륭한 스승에게서 전해 듣고 스스로 깨우친 인물들은 얼마나 훌륭한가.

옳은 것과 기쁜 것, 지혜와 무지. 힌두 경전이 아니라면 다루지 못하는 대목이다.

한때 이 글을 프린트해서 직장 책상 유리 밑에 깔아 놓았다. 출근한 아침이면 마치 야마 앞에서 설법을 듣는 나찌께따처럼 이 글을 (읽지 않고) 들었다. 옳은 것을 찾아 나서자고 마음다짐 하면서.

눈 맑은 무구동진(無垢童眞)의 나찌께따는 죽음의 신에게서 죽음에 대해 직접 배우니 그야말로 제대로 된 전문가에게 전수받은 셈이다. 죽음의 신 야마는 자신의 본성을 깨달아 아뜨만이 브라흐만과 일치를 이루면 '죽음은 이미 죽음이 아니다', '죽음은 의미를 상실한다'고 가르친다.

이것은 마치 알 속의 새와 같다. 이 새는 알에 갇히면 결국 부화에 성공하지 못하고 죽음으로 마감한다. 그러나 알이라는 그 아뜨만의 개체 세상에서 브라흐만이라는 광대무변의 외부세계로 알을 깨고 나오면, 보라, 알 속의 죽음은 의미가 없어졌다. 우리는 거듭해서 알 속에서 죽고 마는 존재다. 몇 번이 지나면 알을 깨고 나오겠는가.

야마로부터 친절한 설명을 들은 소년은 깨달음을 얻으니, 죽음이란 더 이상 의미가 없어 죽음에 대해 이제 더 이상 묻지 않는다.

야무나 순례의 의미
● ● ●

야무노뜨리 사원에는 야무나 데비〔女神(여신)〕 신상이 모셔져 있다. 신상을 처음 보면 서로 비슷하지만 조금 발전하게 되면 선명하게 구별된다.

가령 신문에 무기를 든 군인 사진이 있다고 치자. 어떤 군복을 입었는지, 어떤 모자를 쓰고 있는지, 손에는 어떤 무기를 들고 있고, 다른 손에는 어떤 장비가 있는지를 살펴보면, 피부색이나 얼굴 모습과는 관계없이 어느 나라에 속한 군인인지 단번에 안다. 신상을 파악할 때, 혹은 신의 그림을 볼 때 이런 파악할 요소가 몇 가지가 있다.

1. 머리에 무엇을 쓰고 있는가.

2. 머리 모양은 어떤가.

3. 입은 옷은.

4. 제3의 눈이 있는가.

5. 손에는 무엇을 들었는가.

6. 어떤 동물을 타고 있는가, 아니면 어떤 동물과 동반하고 있는가.

이 몇 가지 단서를 명쾌하게 알고 있으면, 신상 대부분이 파괴된 채 출토되고, 무너진 동굴에 벽화 한 귀퉁이만 남아 있다 해도 단칼에 정답을 말할 수 있다.

야무나는 검은 얼굴을 가지고 붉은색 옷을 입었다. 야마 역시 얼굴이 검다. 이 집안은 아버지 수리야가 너무 뜨거워 아이들이 당연히 태양에 그을린 듯 검은 얼굴이다. 야무나 손에는 행운을 가득 담은 물 항아리를 들고 강물에 사는 거북이 위에 앉아 있는 모습이다.

야마의 얼굴은 검지만 죽음은 재생과 연관되어 피부는 녹색이다. 네 개의 팔을 가지고 있으며 태양신의 아들답게 불타오르는 갑옷을 입었다. 물소를 타고 다닌다. 철퇴와 올가미, 죽은 자의 영혼을 끌어내서 심판대에 앉히는데 필요한 그물을 들고 있다.

야무노뜨리의 순례는 당연히 야무나에 의한 생명의 축복과 야마의 죽음으로부터의 해방이 함께 한다.

신상을 보며 신성의 한 표현인 이들 모습에 합장한다.

순례의 길에 남녀노소가 없다. 힌두의 맑은 정신 중에 하나는 온 가족이 생업을 접고 깊은 산으로 함께 떠나오는 점이다. 신성을 만나기 위해 걷고, 가족들이 모여 한자리에서 함께 자고, 더불어 먹으면서 힌두인으로 강하게 다져진다. 이런 그들은 여간해서는 외풍을 받아 개종되지 않는다. 순례의 전통이 깊은 종교일수록 뿌리 깊은 나무가 되어 바람에 꺾이지 않는다.

사원 지역에서는 아버지 수리야가 딸에게 준 선물인 온천, 수리야꾼드가 있다. 뜨거운 목욕으로 죄를 씻고 정화하며, 감자와 쌀과 같은 온천물로 익힌 음식을 먹는 일이 순례자의 원칙이다. 만일 야무나의 온천에서 목욕을 하게 되면 야무나 동생인 야마의 도움으로 죽음에 이르렀을 때 고통 없이 삶을 마칠 수 있다고 한다.

가르왈 히말라야 4대 순례지역 중의 하나에 포함되어 있어 사람들이 일상적으로 찾아오지만, 질병으로 고통 받는 사람들, 죽음이 두려운 사람들, 혹은 가족 중에 이런 노병사(老病死)의 모진 시련을 겪고 있는 사람이라면 특별한 심정으로 야무노뜨리 순례를 온다. 여기서 흐르는 강물과 온천수를 조그마한 물통에 받아가고, 수리야꾼드 뜨거운 물에 감자와 쌀을 삶아 귀가 길에 오른다. 이것들은 함께 순례를 떠나지 못한 사람들에게 나누어주며 성지의 축복을 함께 나누게 된다.

야무나 강은 생명을 주고 그의 형제 야마는 죽음을 준다. 아버지 수리야는 대지에 햇살을 내려보내 온갖 것들을 키워내고 아들 야마는 죽음으로 이끌어간다. 흥미 있는 일이 아닐 수 없다. 생과 사는 이렇게 한 핏줄로 존재 깊은 곳에서는 생즉사(生卽死)다. 히말라야에 처음 발을 들여놓은 후에 진행된 마음공부의 결론 역시 마찬가지였다. 삶과 죽음은 단지 동전의 양면일 따름이고, 죽음이란 마침표가 아니라 쉼표라는 사실이다.

야무노뜨리는 가르왈 히말라야의 단순한 지명이 아니라 생사(生死)의 영적 보고(寶庫)다. 이 길을 오가는 사이에 삶을 지배하는 죽음에 대한 명상이 필요하다.

세속의 것들을 추구하다가 어느 날 갑작스러운 야마의 방문을 받을 것인가. 그리하여 황망하게 떠날 터인가. 아니면 내가 야마를 찾아나서 야마의 본성을 미리 배울 것인가. 그리하여 옛 친구 내방(來訪)처럼 길 안내 받을 심산으로 도리어 즐겁게 맞을 것인가. 마음 안의 노병사를 완전히 극복하지 못한다 해도 생소하지 않도록 만든다면 이 길에서의 승리다. 이 길을 제대로 걸어내면 결론은 명쾌하게 한가지로 모아질 것이다.

"옴 데비 마타지!"

"옴 데바 야마지!"

나도 모르게 만뜨라가 터져 나온다.

지금 전 세계의 환경운동은 이처럼 큰 그림을 그리면서, 자연과 사회 그리고 내적인 영성이 하나로 통합돼 있다는 것을 직시해야 한다. 생태친화적인 지향, 사회적 정의를 추구하는 것, 정신적 평화에 대한 갈구가 따로 있는 것이 아니다. 특히 정신적 평화가 절이나 수도원에 있는 것이 아니다. 이 세 가지가 하나로 통합돼 생태적인 것, 사회적인 것, 정신적인 것을 하나로 인식해야 한다.

근원을 향해서 가다
● ● ●

근원(根源).

가만히 정신을 가라앉히고 이 단어를 발음해 본다.

근원.

무엇인가 가슴에 묵직한 울림이 온다. 어쩐지 만뜨라처럼 가장 저층부
에 있는 거대한 기둥에 고압 전류가 흐르는 느낌이다. 혹은 어떤 거인이 그
기둥을 주먹으로 쳐대 머리 위까지 육중한 울림이 오는 기분도 든다.

사실 만뜨라의 원리는 간단하다. 이렇게 느낌을 주며 몸과 마음에 변화
를 주는 언어를 말한다. 이 언어를 자주 말하면 몸과 마음에 변형이 온다.

"에이 쌍!"

기분 나쁜 일을 당했을 때, 흔히들 내뱉는 말.

'ㅅ'이나 'ㅆ'을 사용하는 경우에는 두개골 뒤편에 있는 작은 문이 열

강고뜨리 계곡 사이로 신성한 어머니 강, 강가(Ganga)가 흐른다.
오래 전에는 바로 이 자리까지 빙하가 내려와 강물의 출발점이 되었다.
옆으로는 사원이 자리 잡아 흘러가는 강물을 축복한다.
많은 순례자들은 이곳에 모여들어 성수에 몸을 적시며
윤회를 끊는 해탈을 열망한다.

리며 무덥고 갑갑하며 탁한 기운이 순식간에 빠져 나간다. 극단적인 예지만 넓은 의미에서 욕은 자신의 분(憤)을 가라앉히고 내부에 쌓인 기운을 순간적으로 몰아낸다. 문제는 부정적 단어의 경우, 지나치게 자주 사용하면 그 문이 더 이상 열리지 않고 내부에 쌓인다는 점이다.

"음……."

무엇을 생각할 때 나지막하게 내뱉는 이런 언어도 있다. '음'은 '옴'과 비슷한 점이 있어 뇌의 기운을 활성화한다. 어떤 생각을 골몰히 할 때, 음은 윤활유와 같은 도움을 준다. 나 같은 경우 참고할 어떤 책 대목을 생각할 때는 일부러 낮은 헤르츠의 '음'으로 골머리를 시작한다.

이런 것들이 만뜨라의 기초적인 원리다. 따라서 만뜨라는 쓰이는 목적에 따라 모두 다르다. 한 발 더 나가면 비록 만뜨라를 모르더라도 고운 말, 바른 말을 쓰는 일이 자신에게 도움이 된다. 아주 오래 전부터 인도의 수행자들은 좋은 방향으로 유도하는 만뜨라를 경전을 통해 대중들에게 알리고, 제자들에게는 비밀스럽게 특별한 만뜨라를 전수했다.

근원.

근원을 낮은 목소리로 반복하면 나의 근원, 이렇게 흘러가는 물의 근원, 더불어 신의 근원 등으로 의문이 달려 나간다. 강을 거슬러 원류를 따라 오르는 일은 당연히 근원을 찾는 일이고, 깊은 추리를 통해서 내 자신의 상류와 근원으로 회귀하는 일과 다르지 않다. 근원이라는 말을 육중하고 천천히 발음하면서 오르면 주변의 모든 것들은 달라 보인다. 나도 변하지만 주변도 의미를 갖게 되어 변한다.

해발 1천158미터의 성스러운 북쪽 도시, 북쪽의 바라나시(카시)라는 우타르카시에서 강을 거슬러 강고뜨리로 올라가는 길에서 적어도 열 번 정도 깜짝 놀랐다. 초행의 낯선 길이 아님에도 강물과 주변의 도드라진 풍경들이 그렇게 아름다울 수 없었다.

이제는 전생(前生)에 비견되는 철없던 삼십대 중반의 첫 방문에, 어쩌면 그토록 무의미하고 무덤덤하게 이 지역을 올랐을까. 붓다가 이미 깨달음을 얻어 법륜을 굴리고 사자후를 시작했던 나이. 그나마 비슷한 나이에 상류를 찾아 떠난 나에게 작은 점수를 줄 수 있다 치더라도 돌아보면 너무나 수준 이하, 낙제점이었다.

이런 풍경에 아무런 감흥 없이 무생물처럼 차에 몸을 싣고 있었을까. 창 밖을 보면서 지겨운 버스 여행에 진저리를 치고 있거나 눈 감고 앉아 있었으니 그건, 사람이 아니라 차라리 고깃덩어리를 실은 짐짝이었다.

이제는 감수성이 높아진 탓일까, 아니면 풍경에 내심 소통되는 지경일까, 히말라야 입구에서부터 아름다움에 가슴이 뛴다.

회색빛이라고 이야기하기에는 우윳빛에 가까운 강물과, 강변에 드넓게 펼쳐진 가지가지 모양의 자갈들, 그 위에서 한가한 시간을 보내는 건장한 말 떼, 강으로 직접 입수하는 여러 개의 폭포, 더불어 주변을 장엄하는 아름드리 고목들. '길은 반드시 곡절이 있어야 하고, 산은 반드시 높낮이가 있어야 하며〔路須曲折 山要高低〕, 물은 반드시 휘돌아야 한다〔水要縈廻〕'는 선화 수준의 묘법 같은 풍경들이 꿈처럼 굽이치는 길. 그 길을 따라 올라서는 첩첩산중. 차가 한 구간 접어들 때마다 감동이 내장을 꿈틀거리게 만들며 내 안

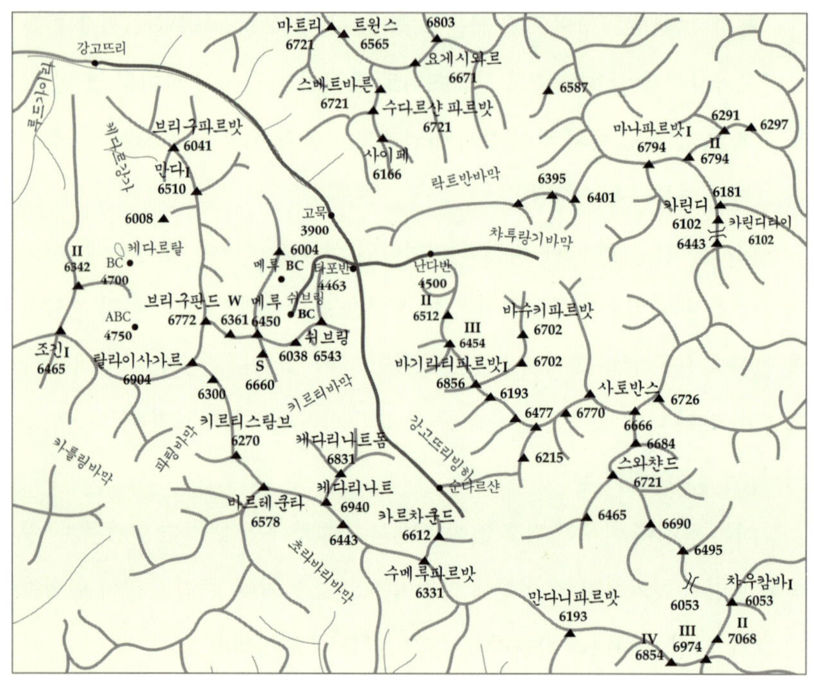

강고뜨리 지도

에서 경탄이 쏟아진다.

이런 길 위에 있다는 사실만으로도 감사해서 근원에 대한 만뜨라를 내려놓고 주변의 모든 존재들을 위해 말라〔念珠(염주)〕를 굴리며 만뜨라를 외운다.

옴 살바만가람.

우타르카시에서 99킬로미터. 지진으로 다시 다듬어진 깊은 계곡의 강나니, 고대 티베트와 교역을 했던 유서 깊은 마을 하르실, 향기로운 히말라야 전나무들이 빼곡한 랑카를 거듭 지나면서, 계곡은 높아지고 더불어 깊어지면서 어느 사이 해발 3천48미터의 강고뜨리에 닿는다. 근원의 입구에 도착한 셈이다.

강고뜨리라는 말은 강가가 내려온 자리라는 의미다. 실재로 강물이 시작되는 자리는 강고뜨리에서 18킬로미터 상류의 '소의 입' 이라는 의미를 가진 고묵(Gaumukh)이다. 과거에는 강고뜨리에서 갠지스가 시작되었으나 온난화로 인해 빙하가 고묵까지 계속 후퇴했다는 이야기가 전해진다.

격세지감(隔世之感)이라는 말은 어느 나이에 사용해야 적당할까. 이 단어를 자주 사용한다는 말은 힌두 삼신 중에, 유지를 떠맡은 비슈누에서 죽음과 파괴를 담당하는 쉬바에게로 가까워진다는 의미이리라. 강고뜨리에 도착해서 서너 걸음 떼어놓자 격세지감이라는 단어가 슬며시 등장했다.

강고뜨리는 바기라티 강을 따라 양측으로 마을을 형성하고 있다. 좌측길을 따라 오르다 보면 마을이 끝나는 부분에 인도 전역을 통틀어 몇 손가락 안에 꼽히는 막중한 비중의 사원이 있다.

사원 주변에 도착하자, 놀랍다. 너무 바뀌었다. 걸어 올라왔던 마을도 마을이거니와 10여 년 전, 사원 주변에 옹기종기 모여 있던 몇 채 안 되는 집들 대신 이제는 번잡할 정도로 많은 집들이 밀집되어 있었다. 심지어 사원을 아래로 굽어보는 높이의 새 게스트하우스까지 서 있다니.

격세지감 만유유전, 근원을 도착하여 처음 만나는 단상이다.

강고뜨리 사원

● ● ●

강고뜨리 사원은 히말라야에 본적을 둔 다른 사원들과 마찬가지로 하늘의 달과 별자리에 의거해 4월의 마지막 주에서 5월 초 사이에 문을 연다. 처음 문을 열 때는 강가에 내려서 아직 완전히 녹지 않은 성스러운 강가의 얼음을 조금 떼어먹은 후에 사원에 입장한다.

대부분의 사원은 눈이 녹는 봄에 성대한 종교적 행사를 벌이면서 문을 활짝 연다. 이 중에서 5월 초에 벌이는 종교적 행사는 봄의 의미와 맞물려 매우 막중하다. 싹이 트고 생장(生長)을 시작하는 이 계절은 힌두 종교와 힌두 신화의 중요 모티브가 된다. 계절 변화에 눈을 둔 현자들이 식물적 생장 변화를 인간 차원으로 받아들였기 때문이다. 싹트고 성장하고, 열매를 맺고 죽어가는, 그러나 다음 해 다시 그 자리에서 일어나고 성장하는, 즉 윤회의 모습을 읽어냈다.

눈이 내리기 시작하여 인적이 끊어질 수밖에 없는 11월에는 디왈리(Diwali)라는 큰 불 축제를 열고 사원을 폐쇄한다.

사람들은 재미있게도 눈이 와 길이 끊어지고 사람이 출입할 수 없는 이 시기에는 강가 여신이 인적이 끊어진 눈 덮인 이 지역으로 내려와 명상하며 쉰다고 이야기한다. 강가 해탈처가 되며 거처로 삼기에 특별히 겨울에는 일대를 강가 무카(Ganga Mukhha)라는 이름을 주기도 한다. 그런데 구태여 이 계절에 강고뜨리를 찾는 사람들이 있으니, 여신이 명상한다는 이 시간에 방문하는 일이 과연 옳은 일일까 생각해볼 필요가 있다.

　　강고뜨리 사원은 백색 화강암을 크게 크게 듬직하게 잘라낸 후, 보기 좋게 다듬어 쌓았다. 높이는 6미터 정도가 된다. 18세기 초 고르카(Gorkha)의 지도자 아마르 싱 타파(Amar Singh Thapa)가 건립했고, 금세기 초에는 자이푸르의 지도자 모도 싱(Modho Singh)이 보수했다.

　　짐을 풀고 강가를 거쳐 사원으로 들어선다. 강가에는 많은 순례객들이 번잡할 정도로 많이 모여 신에게 인사를 드리고 있다. 사원이 없는 산은 왠지 싱겁다. 사원 뒤편에는 침봉으로 도열한 설산 모습들이 보인다. 오채금장(五彩金裝)만이 화려한 것이 아니다. 연이은 백색 봉우리들은 화려하고 숭고하다. 번잡한 화장기 없이 은백색만으로 대비를 이루고 빛의 진면목을 보이니 화려한 당삼채(唐三彩)도 울고 가야 한다. 단청은커녕 사원 내외(內外)에 장식이 최대한 배제되어 있는 이유가 뻔하다. 뒤편에 울울한 설산 때문이다.

　　성지에 닿으면 제일 먼저 방을 구하는 일이지만 그 못지않은 일은 주변에 산과 주(主) 사원에 눈인사라도 먼저 올리는 행위다. 잠시 서서 사원과 뒷산에게 일일이 인사드린다.

　　히말라야 봉우리를 보면 나는 왜 돈오(頓悟)가 자꾸 생각이 나는지 모르겠다. 특히 우뚝하게 솟은 봉우리 앞에서는 돌연한 승화, 홀연한 해탈이 느껴진다. 풍경이 만드는 선(線)과 면(面)은 동적(動的)이지만 바라보는 마음은 정적(靜的)으로 변화하니 선의(禪意)를 느껴, 누군가 이 순간 물그릇 하나라도 떨어트린다면 문득 삼라만상의 허상이 깨지는 깨달음에 들어갈 수 있을 듯하다.

이것을 방해하는 주인공은 경찰이다. 호루라기를 갑자기 불어 밀려오는 신도들을 한 방향으로 유도한다.

강고뜨리 사원 안에는 여신 강가, 여신 사라스와티, 여신 락쉬미, 여신 안나푸르나 그리고 강가가 지상에 내려오는데, 가장 큰 공헌을 한 바기라타의 신상이 모셔져 있다. 낮은 곳에서는 바기라타 실라(shila), 즉 바기라타가 앉아 고행한 반석이 있고 약간 비만해 보이는 그의 신상 역시 듬직하게 옆자리를 차지하고 있다.

강고뜨리 주변에 거주하는 묵화(Mukhwa)족(族), 다라리(Dharali)족 중에 덕망 높은 성자를 강고뜨리 사원의 승원장으로 선출하고, 더불어 주민 중에서 사원의 일반 사제인 뿌자리(pujari), 순례자들을 위해 봉사하는 판다스(Pandas) 역을 뽑게 된다. 힌두교의 제법 큰 사원에는 사제들이 제법 많이 있다. 신에게 뿌자를 지내기 때문에 이들을 뿌자리라 부른다.

신도들은 사원에 들어갈 경우, 꽃, 코코넛, 스위트, 콩류, 향 등등을 쟁반에 받쳐 들고 들어간다. 이때 불을 켜고, 만뜨라를 영창하고, 가지고 온 공물을 신상 앞에 놓아주며, 물이나 우유를 뿌리고, 신도의 이마에 점을 찍어주는 일을 하는 사제들이 바로 뿌자리다. 일반 신도는 신에 대해서 기도하고, 뿌자리는 대신 신과 신도를 연결하는 제사를 지내준다. 제사는 반드시 사원에 있는 뿌자리가 행하도록 되어 있다. 신도는 적당한 금액을 뿌자리에게 제공한다. 비록 사원마다 방법은 조금 다르지만 브라흐민 사제가 있는 사원에서는 공통적인 풍경이다.

사원에 따라서는 이 뿌자리들이 외국인에게 지나치게 접근하며 뿌자를 권유하는 바람에, 어떤 가이드북에서는 뿌자리를 호객 행위 하는 소위 삐끼처럼 묘사하고 있다. 그러나 힌두교의 제례방법을 이해하지 못한 오해다.

힌두 사원에 참배하고 싶은 경우, 적당한 뿌자리를 골라 미리 흥정하거나, 참배 후에 자신이 생각한 적당한 금액을 주면 된다. 뿌자리는 릭샤꾼과는 달리 금액이 생각보다 적어도 심한 다툼까지 가지는 않는다. 문제는 양심 불량의 뿌자리로 지나친 헌금을 요구하는 경우가 있다. 이들을 적당한 선에서 뿌리치는 일은 개인 역량이다.

강고뜨리 사원 주변에는 빨간 치마를 입은 뿌자리스들과 노란치마를 입은 판다스들이 바쁘게 움직인다. 사원 안에서 벌어지는 일들은 대부분 뿌자리스, 사원에 인접한 강변에서는 판다스들이 일을 나누어 맡고 있다.

눈을 마주친 판다스가 다가오더니 슬며시 웃으면서 말한다. 여기까지 왔으니 비록 외국인이지만 힌두교도가 아닐까, 내심 희망을 걸고 있는 듯하다.

"강가 뿌자 해?"

『마하바라타』를 알아야 가르왈이 해독된다

● ● ●

강고뜨리 사원은 본래 강가의 하강과 관련 있는 바기라타가 명상한 자리라는 이야기와 판다바의 형제들이 마하바라타라는 전쟁을 끝낸 후에 참회를 위해 데바 야그나(Deva yagna)라는 무지막지한 고행을 한 자리 중의 하나로 알려져 있다. 데바는 신이고 야그나는 본래 제자리로 돌려놓는 것을 일

직견(直見)은 붓다의 바라보기다. 곡견(曲見)은 바라본 후 마음이 꼬이며 나오기에 중생들의 바라보기 방법이다. 곡견은 인연을 만들어 까르마를 생성한다. 그저 텅 비워놓고 무심으로 바라보는 일이 바로 산을 제대로 보는 방법이다. 사원 지붕을 지나 솟아난 봉우리들. 직견으로 바라볼 수 있는 쉬운 대상들이 눈길을 마주쳐 온다.

킨는다.

2004년 한국을 방문했던 사티쉬 쿠마르는 인도 철학의 평화 원칙을 설명했는데 여기에 야그나의 간편한 설명이 나온다.

인도 철학에서는 우리가 자연과 평화롭게 지내는 것을 '야그나,' 사회와 평화롭게 지내는 것을 '다나,' 내적인 평화를 '타파스'라고 한다. 이 세 가지 평화의 원칙이 인도 힌두 철학의 평화의 원칙이다. 이것은 우리가 어떻게 자연과 사회, 내적인 영성의 평화를 지향할 수 있을지 말해준다.

야그나는 자연으로부터 우리가 취한 것을 다시 자연으로 돌려줘야 한다는 것이다. 우리는 자연으로부터 많은 것을 얻는다. 하나의 나무를 자연에서 얻으면 다시 자연으로 다섯 개의 나무를 돌려줘야 한다. 이렇게 자연으로부터 받은 것을 돌려주는 방식을 야그나라고 할 수 있다.

다나 역시 마찬가지다. 우리는 사회로부터 많은 것을 얻는다. 수천 년 동안 그 사회가 쌓아온 관습, 문화, 교육 등을 얻는다. 우리는 이렇게 사회로부터 받은 선물을 사회에 다시 돌려줘야 한다.

앞의 것과 마찬가지로 우리는 개인의 상상력, 지능, 감정을 사용하고 있다. 예를 들어 사람들은 인간 활동이나 언어를 사용하는 것을 통해 내적인 에너지를 고갈시킨다. 우리는 이것을 보충해줘야 한다. 이런 에너지의 보충을 위해서 시간이 필요하다. 산에 올라갈 시간, 명상할 시간, 강가를 거닐 시간, 꽃을 관찰하는 시간, 마음속으로 평화를 느낄 수 있는 시간을 통해 고갈된 마음속의 에너지를 보충해야 한다.

지금 전 세계의 환경운동은 이처럼 큰 그림을 그리면서, 자연과 사회 그리고 내적인 영성이 하나로 통합돼 있다는 것을 직시해야 한다. 생태친화적인 지향, 사회적 정의를 추구하는 것, 정신적 평화에 대한 갈구가 따로 있는 것이 아니다. 특히 정신적 평화가 절이나 수도원에 있는 것이 아니다. 이 세 가지가 하나로 통합돼 생태적인 것, 사회적인 것, 정신적인 것을 하나로 인식해야 한다.

판다바 다섯 형제에 관한 이야기는 히말라야 곳곳에서 발견된다. 이들의 행적과 성지들은 밀접한 연관을 가지고 있다.

따라서 판다바 형제의 데바야그나는 신이 창조한 자연의 하나인 인간의 생명을 파괴한 대가를 보속하는 자리다. 이미 죽은 생명을 되돌리기 위해 신과의 화해를 위한 깊은 자기 참회다.

강고뜨리 사원의 기원은 (케다리나트 사원과 마찬가지로) 판다바 형제들의 살인에 대한 참회지만, 일반인들에게는 말 그대로 야그나의 의미를 갖는다.

즉 음식이라는 자연으로부터의 생명체를 내 생명으로 받는 감사함, 인간으로 살면서 자연으로부터 받은 선물에 대한 고마움, 그리고 앞으로 받은 만큼 자연에 돌려놓겠다는 성약이 필요한 자리다. 인간이 자연에서 왔으니, 자연이라는 근원에 대한 감사함을 표시하는 히말라야 사원이다. 더구나 18킬로미터나 후퇴한 강의 근원을 생각한다면 자연이 제자리로 복귀하기 위해서는 무엇을 해야 하는가, 고민해야 하는 자리가 될 수밖에 없다.

과거 우리의 조상들은 아무런 이유 없이 찾아오는 홍수, 가뭄, 폭설, 산사태와 같은 자연이 만든 천재지변(天災地變)을 무서워했다. 그러나 이번 세대부터는 양상이 바뀌기 시작하여 재앙이 지나간 후에 신문을 보면 어김없이 인재(人災)라는 단어가 등장한다. 이런 인재의 출발점은 바로 경제라는 괴물과 인간의 욕심이라는 악귀다. 지속적인 경제 발전을 하기 위해 오늘도

160

저 먼 산에서는 과도한 벌목, 지나친 채굴이 꾸준히 이루어지고 공장과 가정의 오수로 인한 하천의 오염이 일어난다. 균형 잡힌 발전이라는 이름으로 전 국토는 도시 면적의 증가가 계속되어 이에 따른 녹색의 감소로 인한 생물 다양성의 파괴, 혹은 식수의 부족이 동반자가 된다. 또한 자신의 호주머니를 채우거나 나태함 등으로 시설에 대한 부실공사, 직무유기 등등이 인재에 동조한다.

야그나에 대한 깊은 탐색은 이에 대한 반작용으로 반드시 필요하다.

히말라야의 이곳을 제외하고 여러 자리에서 판다바 형제들의 고행처가 나타난다. 가르왈 히말라야에서 판다바와 『마하바라타』를 모르면 해독할 수 없는 산과 사원이 많다. 가는 자리마다 이 다섯 형제들의 이야기를 만나게 되고 심지어 가르왈 민족 중에는 힌두교 신이 아니라 판다바를 믿는 종족이 있을 정도다.

사원에서 뿌자리와 함께 일하는 판다스라는 직책 역시 판다바의 이름에서 기원한다.

판다바 가(家)의 다섯 형제는 판두(Pandu)의 다섯 아들을 일컫는다. 판두는 하얗다는 의미다. 판두의 형 드리타라스트라(Dhritharashtra)는 장님인 탓에 왕위에 오르지 못하자 대신 동생인 판두가 왕을 이어받았다. 판두는 아내 둘 사이에서 아들 다섯을 두게 된다.

그의 자랑스러운 아들은 유디스티라(Yudhishtira), 비마(Bhima), 아르주나(Arjuna), 나쿠라(Nakula), 마지막으로 사하데바(Sahadeva).

앞의 세 사람은 쿤티(Kunti) 왕비, 나머지 둘은 두 번째 부인 마드리(Madri) 소생이다. 판두는 일찍 죽게 되고 마드리 역시 당시 인도의 전통에 따라 남편의 뒤를 따라 죽는다. 쿤티는 다섯 아들을 돌보기 위해 죽음을 포기하고 대신 양육의 길을 선택했다.

이들은 매우 정의롭고 현명했다. 경전은 이렇게 말하고 있다.

"판다바 형제들은 예의 바르고 빛났으며, 다른 사람들보다 친절하고 우수했다. 유디스티라는 정의로웠고, 비마는 육체적으로 강한 힘을 지녔고, 아르주나는 활을 잘 쏘고, 나쿠라와 사하데바는 점성술, 음성학, 음악에 뛰어났다."

칭송이 자자했던 이유는 당연히 아이들의 타고난 까르마와 남편 뒤를 따르지 않고 살아남아 아이들을 지극히 보살핀 쿤티 덕분이다.

그러나 판두가 일찍 죽자 장님 형(兄)인 드리타라스트라가 집권하게 되고, 드리타라스트라와 카우라바(Kauraba)라고 부르는 사촌인 그의 자식들은 판두의 아이들을 박해하기 시작한다. 결국 견디지 못한 어머니 쿤티와 다섯 형제는 왕국을 몰래 빠져나와 숲으로 들어간다.

그 숲에는 드루파다라는 왕이 있었다. 드라우파디(Draupadi)는 그의 아버지 드루파다 왕이 꽃을 통한 뿌자를 올릴 때, 재스민 꽃 안에서 태어났다. 나이를 더해가면서 아름다움이 눈부실 지경이었다.

아버지는 딸을 결혼시키기 위해 한 가지 관문을 만들었다. 천장에 물고기 모양의 과녁을 만들어 놓고, 바닥에는 물이 담긴 그릇을 내려놓았다. 사람들은 (천장의 과녁을 직접 보면 안 되고) 반드시 물그릇 안에 반사되는 천장의 과녁을 보고 화살을 쏴 맞혀 떨어뜨려야 했다.

날이 되자 여러 나라에서 왕과 왕자들이 몰려들었다. 모든 왕과 왕자들은 헛손질뿐이었다. 마지막에 브라흐민 복장으로 변장하고 나선 아르주나는 단 한 발로 목표물을 바닥에 떨어뜨렸다. 아르주나는 아내 드라우파디를 얻게 되었다.

그는 기쁜 마음에 단숨에 막영지로 달려와 어머니 쿤티에게 외쳤다.

"어머니, 저 오늘 대단히 맛있는 과일을 땄습니다."

영문을 모르는 어머니 쿤티가 천막 안에서 답했다.

"다섯 형제가 똑같이 나누어야만 한다."

이들에게 어머니의 명령은 지상명령이었다. 결국 다섯 형제는 드라우파디와 일일이 결혼하게 되었다. 그리고 돌아가면서 1년씩 살게 된다. 그런 이유로 다섯 형제의 아내를 의미하는 판차리라는 이명을 가진다.

이 가족, 일곱 식구는 숲에서 모진 고생을 한다. 모든 모습을 지켜보던 크리슈나는 자신의 나이든 친척인 아쿠라(Akura)에게 이들이 부당한 대우를 받고 있음을 이야기하고, 장님 왕이며 다섯 형제들의 큰 아버지인 드리타라스트라를 찾아가 바르게 행동하도록 권해 달라고 부탁한다.

아쿠라는 일단 이들 다섯 형제를 찾아간다. 이때 쿤티가 다가와서 이 숲까지 따라와서 자신들에게 가해지는 박해, 멸시 그리고 폭력에 대해 하소연한다.

"우리 아이들은 강제로 뱀에게 물리기도 했고, 비마는 손발이 꽁꽁 묶인 채 갠지스 강물 안에 던져졌다. 독이 든 음식을 주기도 했고, 우리 모두 잠들었을 때, 무장하고 와서 아무런 방비가 없었던 우리를 괴롭혔다."

쿤티는 말을 이어나갔다.

"눈먼 왕의 아들인 두르오다나(Duryodhana)가 그 애비보다 더 난폭한 짓거리를 하고 있다. 스리 크리슈나와 바라라마가 왕국을 우리에게 주는 것을 원하지 않는다. 대신 부디 우리가 행복하고 편하게 숨을 쉬게나 해 달라."

비통한 일이었다. 한때 왕국을 통치하던 왕이 죽자, 이어 왕위를 받은 형과 그의 아들이 번갈아가며 깊은 숲까지 따라와 낮이고 밤이고 이들을 괴롭히지 않는가. 이들이 원하는 것은 왕국이나 부귀영화가 아니었다. 왕권을 엿보는 반란을 일으키거나, 왕국의 일부를 무력으로 점령할 의도는 추호도 없었다. 그냥 내버려 달라는 것, 숨이라도 편안하게 쉬게 해달라는 호소였다.

이야기를 들은 아쿠라는 그녀에게 희망과 용기를 잃지 말라고 당부했다. 시간이 흐른 후, 아쿠라는 문제의 장님 왕 드리타라스트라를 찾아간다.

그는 장님 앞에서 말을 외치듯 쏟아낸다.

"너의 형제 (네 동생) 판두는 죽었다. 이 세상에 존재하지 않는다. 너는 이 왕국의 왕으로, 올바르게 다스린다면 명예를 얻을 것이고 번영하리라. 그렇지 못한다면 네게는 악인이라는 명칭이 뒤따를 것이다."

당황하는 장님 왕 앞에서 그의 이야기는 멈추지 않는다.

"그대는 마땅히 당신 아들처럼 (네 동생) 판두의 아들들을 보살펴야 한다. 너는 무슨 이유로 그들을 차별하고 있는가?"

이제 아쿠라가 이곳을 찾아온 이유가 나왔다.

이야기는 형제와 자식의 가치를 평가하며 이어진다. 당시의 관습으로는 절벽에 형제와 자식이 매달려 있는 경우, 그리고 단 하나만 구할 수 있다는 전제가 있는 경우에는 형제를 선택하는 일이 덕목에 합당했다.

"인생의 마지막 길에서 그대의 아내와 그대의 자식들은 네게 무엇을 줄 것인가? 인생이란 하나가 태어나고, 하나가 죽어가는 것, 그런 것이 진리이거늘, 차별을 두어 형제간의 의리를 버리는가. 아들들이란, 아버지의 행운을 나누어 가질 뿐 (죽음으로 이미 사라지기에) 감사할지언정 그것을 보답할 방법이 없는 법, 그러니 불명예에 굴복당하지 말고 올바르게 통치하여 명예를 얻어라."

그리고 마지막으로 그가 장님이라는 약점을 이야기해서 쐐기를 박는다.

"그대는 비록 눈이 멀어 앞을 보지 못하지만 지적(知的)으로는 장님이 아니라고 본다. 그러니 이제 네 형제 판두의 아들들에게 왕국을 나누어주고, 삶이 영광스럽게 되도록 도와주어라."

처음에는 당황하다가, 모든 이야기를 침착하고 진중하게 들은 장님 왕 드리타라스트라는 조용히 대답했다.

"이 세상을 보호하기 위하여, 스리 크리슈나의 몸으로 환생하신 신의 분배의 원칙에 따라 시행하겠습니다."

아쿠라는 미투라로 되돌아갔다. 결국 장님 왕 드리타라스트라는 쿤티와 다섯 아들을 불러 왕국의 반을 나누어준다. 판다바들은 당시의 칸다바프라스타를 수도로 삼기로 하고 이 도읍을 다시 재건하고 새 건물을 지어 인드라스타푸라(현재 파트나)로 개명했다. 그리고 통치를 시작했다.

그러나 형 드리타라스트라의 자손들과 동생 판다의 자손들은 주사위 사건, 사기, 음모 등등, 갈등이 깊어지면서 피할 수 없는 운명적인 전쟁에 돌입한다. 18일 동안의 전쟁으로 판다바의 형제들은 안타깝게도 친족을 적으로 삼아 피로 얼룩지는 대(大) 살육을 통해 승리를 얻는다. 그리고 왕국을 되찾는다.

이 후 왕국을 잘 다스리던 유디스티라와 형제들은 훗날 아르주나의 손자인 파릭시트에게 왕위를 물려주고, 아내 드라우파디와 함께 히말라야 산맥으로 들어가 신들의 도시, 천상으로 올라간다.

이 모든 내용이 소상하게 기록된 글이 『마하바라타』다. 실제로 전쟁이 있었던 것으로 추정되는 바라타족(族)의 전쟁을 읊은 대사시(大史詩)로, 장구한 세월을 구전되어 오다가, 기원전 2세기부터 조금씩 정리되고 기원후 4세기경에 현재의 형태로 굳어졌다. 18편의 10만송(頌)의 시구(詩句), 그리고 부록으로 비슈누의 전설, 신화, 찬가를 적은 1만 6천 게송의 〈하리바니사(Harivanisa)〉로 구성되어 있는 현존하는 세계의 최대 서사시다.

이 중에서 전쟁터에서 마차몰이꾼으로 변신한 크리슈나 신과 아르주나 사이의 대화를 특별히 『바가바드 기타』, 즉 신의 노래로 발췌되어 힌두교도들의 극진한 사랑을 받고 있다. 자신의 스승, 친족을 죽여야 하는 전쟁터에서 고민하는 아르주나, 전쟁이라는 살인을 통해 생길 속죄하기 어려운 까르마를 어찌할 것인가 번민한다. 이를 설득시키는 크리슈나.

한 개인이 그 위치에 따라 어떠한 일을 해야 하는가, 의무를 행할 때 마음가짐은 어찌해야 하는가, 등등의 형이상학적인 질문과 대답들이 포함되어 있다.

가르왈 히말라야 곳곳에는 『마하바라타』에 등장하는 주인공들의 어묵 동정이 스며들어 있다. 『마하바라타』를 어린 시절부터 배우고 외운 힌두교도들에게는 시선을 놓는 자리가 모두 범상치 않은 지역이다.

강고뜨리에는 다양한 사람들이 모여든다. 가장 많은 숫자가 힌두 순례자들이고 그 뒤를 이어 트래커들이 찾아온다. 강고뜨리 산군에는 아름다운 6천 미터 급의 준봉들이 많아 이곳에 매료된 원정대 방문도 끊이지 않는다.

비슈누와 관계된 요게시와르, 순다르샨, 사이페, 스베트바른. 쉬바와 관련 있는 쉬브링, 케다리나트돔, 케다리나트. 강가와 신화들이 어우러진 바기라티, 바수키, 메루, 특히 촉망받던 산악인 김형진, 신상만, 최승철의 돌아오는 길을 막아버린 가슴 아픈 사연의 탈레이사가르 등등, 빼어난 봉우리들이 일대에 자리 잡고 있다. 거의 대부분 『마하바라타』 안에 연고가 있는 이름들이다.

그러나 강고뜨리에서 뭐니 뭐니 해도 제일 눈길이 가는 곳은 이 준봉들 사이에 흐르는 갠지스라는 양수 혹은 젖줄이다.

강가 여신의 하강

● ● ●

갠지스 강물은 어떻게 해서 시작이 되었을까. 경전마다 조금 다르지만 『스리마드 바가바탐』을 참고한다.

여기에 한 아슈바메다, 즉 말〔馬〕 희생제를 시행하는 사가라(Sagara) 일가(一家)의 이야기가 시작이다.

아슈바메다는 말 한 마리를 자유롭게 돌아다니게 한 후, 1년 정도 지나면 죽여서 신에게 바치는 제사를 말한다. 말을 잃거나 빼앗기는 일은 부정이 타고 욕된 일이기에 희생제에 쓰일 말은 항상 사람들이 보호했다. 이 말이 국경을 넘는 경우 전쟁의 원인이 되기도 했다. 만일 상대국이 힘이 약할 경우에는 말을 건드릴 수 없었고, 강할 경우에 잡아 죽이면 전쟁의 빌미가 되었다. 말이 가는 대로 내버려 두었다가 무사히 돌아오면 희생제를 지내고 자신이 천하제일의 왕임을 선포하는 의식이었다.

사가라가 백 번째 희생제를 지내려고 할 때, 인드라 신은 그 말을 슬쩍 훔쳐 숨겨 놓았다. 백 번째를 무사히 지내고 나면 한낱 인간인 사가라가 자신과 같은 신(神)이라는 동등하고 막강한 지위에 올라설 것을 두려워한 결과였다. 사가라는 자신의 말을 찾기 위해 아들들을 모조리 풀었다. 감히 자신에게 도전한 나라를 응징할 태세였다. 아들들은 곳곳을 찾아다녔으나 말 그림자조차 찾아낼 수 없었다. 그러다가 현재의 강가사가르 지역의 빠딸리, 지하세계까지 발을 들여놓았다.

아들들은 마침내 오랜 시간동안 고행을 거듭하고 있는 바가반 카피라라

는 수행자 뒤에서 문제의 말을
발견했다. 아들들은 성자가 말
을 훔쳤다고 생각하고 이 성자
에게 벌을 줄 생각을 했다. 그런
데 이런 잘못된 생각을 하자마
자 사가라의 아들들은 카피라의
무서운 도력으로 인해 순식간에
불타 재로 변해 버렸다.

　자신의 궁에서 말을 기다
리던 사가라는 아들들이 돌아오
지 않자 이번에는 손자 암수만
을 보내게 된다. 암수만 역시 세
상을 돌아다니다가 아버지와 삼

바기라타가 갠지스 강의 여신 강가를 안내한다. 일단 히말
라야에서 지상으로 이끌어 평원을 적시고, 죽은 조상들의
유골이 남겨진 지하세계로 인도했다.

촌들이 파놓은 굴을 발견했다. 암수만은 조심스럽게 동굴을 따라 내려가 역
시 명상 중인 바가반 카피라를 만난다. 암수만은 성급하지 않았다. 자신이
찾아온 목적을 이야기하지 않고 때를 기다렸고, 성자를 칭송하며 주변을 맴
돌았다.

　깨어난 성자는 암수만이 말하기 전에 이미 뜻을 헤아리고 말을 가지고
떠나라고 이야기했다. 또한 성자 바가반 카피라는 '천상의 강물로 조상 유골
을 닦으면 모두 해탈을 얻을 수 있다' 는 충고를 덧붙였다. 급한 성격으로 앞
뒤를 추리하지 못하고 희생을 치른 아버지와 삼촌들에 대한 배려였다.

암수만은 말을 타고 돌아와 할아버지 사가라와 함께 희생제를 무사히 마쳤다. 이어서 암수만은 성자 카피라의 충고에 따라 고행을 시작했다. 재로 변한 조상을 해탈로 이끌어줄 천상의 강물을 기다렸으나 그는 얼마 지나지 않아 죽고, 아버지의 대를 이은 데립 역시 고행을 시작했으나 일을 마치지 못한 채 세상을 뜬다. 그리고 그의 아들 바기라타가 고향을 떠나 이 험준한 산으로 둘러싸인 히말라야 강고뜨리 계곡으로 들어온다. 이제 조상들을 위해 대(代)를 이은 살이 떨어져 나가는 고행을 시작한다.

천상에서 바기라타의 눈물나는 고행을 지켜본 강가 여신은 자신이 지상으로 내려설 것을 약속했다. 그러나 그 위력으로 지구 전체가 파괴될지 모르기에 대비하라고 경고하자 바기라타는 이런 위험을 가장 손쉽게 감내할 수 있는 쉬바에게 부탁했다.

드디어 하늘 문이 열리고 천국에서 물이 떨어지는 순간, 쉬바는 자신의 머리에 있는 수문을 활짝 열어 물을 받아들였다. 그러나 지상에 내려주지 않은 채 쉬바는 일상적인 명상에 든다. 일설에 의하면 비슈누 발에서 출발하여 하늘의 은하수 형태로 흐르던 강가 여신이 쉬바에게 내려오면서 오만한 태도를 보였다고 한다. 분노한 쉬바는 강가를 자신의 머리타래 안에 가두어버렸단다. 바기라타는 강물이 지상에 내려오지 않자 쉬바 신에게 간청하는 기도를 올리게 되니, 드디어 강물은 쉬바의 머리에서부터 흘러 내려와 히말라야 산맥에서 발원하게 된다.

바기라타는 이 강물을 히말라야에서 평야로 이끌고 이어서 자신의 조상들의 유골이 남아 있는 사가르, 지하세계 빠딸리까지 강가를 인도했다. 그리하여 모든 조상들의 재를 강가 여신의 젖줄로 닦아내고 죄조차 사해지도록 정화해서 모두 천국에 이르도록 이끌었다. 사람들은 바기라타를 기억하고 그를 칭송했다.

이 이야기는 강고뜨리 지역은 물론 인도에서 가장 중요한 신화가 된다. 힌두교도들은 이 신화를 따라 강을 거슬러 올라온다. 근원으로 회귀하여 그야말로 부모미생전(父母未生前) 상태로 향하며, 자신이 어디서 왔으며, 자신의 영혼—아뜨만의 근원이 어디에서 기인했는지, 묵상하며 순례를 떠나온다. 더불어 강물에 몸을 담그며 자신의 모든 죄를 없애는 순간을 기대한다. 신화를 알면 왜 이들이 맨발로 모진 고생을 거듭하면서 히말라야 산길을 오르는지 고개를 끄덕일 수 있지 않으랴.

강가, 강물이 더러움을 닦아내듯이 어머니 강물은 현세의 죄와 삶의 고통을 말끔하게 씻어준다고 믿는다. 더불어 죽은 재를 강물에 넣는 이유도, 죄를 사하고, 정화시켜 천상으로 이끈다는 바기라타의 신화에 기인한다.

신화는 비록 해피 앤드로 마감했으나 내게는 사가라의 과욕이 눈에 들어온다. 자신이 천하의 최고의 왕임을 증명하기 위해서 무려 100번이라는 희생제를 치르고, 더구나 아들들을 모두 죽일 정도로 희생제에 집착하는 모습은 지나치다. 인드라의 질투란 사실 과욕에 대한 신의 관여가 된다. 그렇게 욕심으로 인해 죽은 조상 때문에 아들과 손자들은 또다시 뼈를 깎는 고통을 치러내야 하니 과욕으로 인해 대를 이어나가는 고통이 보기 좋은 모습은 아니다.

강고뜨리는 성지답게 현세의 위대한 성자들이 찾아온다. 그들은 이곳에서 한 철 머물며 사부대중을 향해 인간의 올바른 길에 대해 설법한다. 그들의 이름을 딴 아쉬람들이 여럿 있다. 이미 고인일 경우나 생존해 있을 경우 모두, 법석을 준비하고 사진을 올려놓아 꾸준한 존경의 예를 갖추고 있다.

또 다르게 읽히는 부분은 강물의 역할이다. 일부 종교에서 강은 이승과 저승을 가르는 확연한 경계선이다. 그러나 힌두교에서 강물은 단절이 아니라 도리어 이승과 저승을 연결하는 가교 역할을 하고 있다. 하나는 강을 종(縱), 가로막음으로 보는 이분법이며 다른 하나는 횡(橫)으로 보아 흐름을 따라 내세까지 함께 흐르는 일원적인 사고방식이다.

나도 변한다
● ● ●

오래 전에는 해가 슬쩍 넘어가면 별빛 달빛이 주인이고 몇몇 호롱불이 수줍은 손님처럼 켜지던 마을이었다. 이제 어둡지도 않은데 벌써 집집마다 자가발전기가 돌아가는 소리가 요란하다. 그것뿐 아니다. 마음만 먹는다면 세계 어디로나 전화가 가능하다. 그나마 변하지 않은 것이 있다면 설산 봉우리들이며 흐르는 강물이다.

그 사이 내 몸과 얼굴은 또 어떤가.

시간의 물결을 타고 많이 변화했다. 몸은 그렇다고 치자. 마음은 부동(不動)인가? 강고뜨리처럼 번잡해졌는가. 아니면 쓸데없는 녀석들을 철거하며 살아왔는가?

모두 철거해야 근원이다. 텅 빈 자리가 본래 내 자리이며 성지다, 그러나 아직 공사가 진행중인 철거촌처럼 난삽하다.

그러나 눈에 보이는 산들은 예전 그대로지만 모든 것들을 바라보는 의미는 이제 달라졌다. 10년 동안 대통령을 한다고 행복하랴, 20년 동안 대영제국의 왕을 한다고 행복하랴, 저 산을 10년, 20년 바라보는 사람이 도리어 행복하다는 변해버린 마음가짐이 10년 마음공부의 기초공사로 단단하게 다져져 있다.

변화의 모습을 보니 역시 자연만이 위안이다. 나를 구원하는 정신은 하늘을 찌르는 시멘트 건물 숲이나 밤새도록 환한 도시가 아니라 이렇게 첩첩산중, 그 사이를 흐르는 급류, 언덕에 자리 잡은 조그마한 만디르〔寺院(사원)〕, 그 뒤에 솟아오른 봉우리들에 있다.

게스트하우스 베란다에 의자를 하나 끌어놓고 앉는다. 멀리 설산 스카이라인이 어둠 안에서 묵묵히 살아 있다.

근원.

다시 근원에 대해 묵상한다.

삼십대 후반의 사내 하나, 어두운 밤, 강고뜨리 버스에서 내려 당황하는 모습이 보인다.

내가 시간을 뛰어넘어 버스여행에 지친 사내에게 다가서서 귓속말을 던진다.

"내가 너와 함께 할 거야. 걱정하지 마."

그 사내 이 이야기를 분명히 들었다. 지금도 나는 기억한다.

"내가 너와 함께 할 거야. 걱정하지 마."

이제 돌이켜보니 그 밤 내 귀에 들리던 속삭임은 미래의 내가 과거로 찾아가 던져준 이야기였다.

작은 냉장고만한 배낭을 메고, 어둠이 내린 처음 보는 길을 자신 있게 성큼성큼 걸어 올라간다. 오늘의 내가 과거의 나에게 비밀스럽게 내통하는 전언(傳言).

혹시라도 미래에서 오늘 이 자리로 또 다른 소식이 없나 의식의 귀를 세워본다. 어둑한 산빛이 적막의 아름다움을 막 전하기 시작한다.

아바타는 인도에서 왔다

아바타는 흔하게 일어나지만, 그 중의 주인공으로 치자면 세상의 위기를
해결하고, 세상을 있는 상태로 잘 유지시켜 주는 임무를 맡은 신, 당연히
비슈누가 된다. 경전에는 '세계의 정의와 다르마가 물러서고, 불의와 아
다르마[不法(불법)]가 횡행하자 비슈누가 화신하여 지상에 나타나 그것
을 바로 잡았다' 라 말하고 있다.

가톨릭에서 시작해서 힌두교로

● ● ●

강고뜨리의 밤은 오로지 물소리다. 갠지스의 원류답게 거대한 바위 사이를 빠져 나가고 급경사를 굽이치며 때리는 굉음이 침대 귀밑까지 다가선다.

참 이상한 일이다. 강물 소리가 내 심장에서 튀어나와 몸의 여러 방향으로 흩어지는 혈류 소리처럼 느껴진다. 어쩌면 몸과 마음이 강물 흐름에 공명하는지 모른다. 어디 찌꺼기는 더 없을까, 도시생활에서 찌들려 혈관 어딘가 붙어 있을지 모르는 불순물마저 하류로 멀리 씻겨 나가는 그 기분.

정신이라고 안 그럴까. 탁한 녀석들이 무리지어 떨어져 나간다. 스스럼없이 명상 분위기다. 물소리는 일정하지 않아도 분명한 맥동(脈動)이 느껴진다. 강가 여신으로부터 세례 혹은 전신수기(全身受記)를 받는 느낌.

"유독 나만의 느낌은 아닐 거야."

누군가 같은 느낌으로 새벽을 맞이하는 사람이 여럿 있다는 생각이 들

히말라야에서 참 이상한 일은 산을 바라보다가 종종 시간을 상실하는 경우다.
풍경을 앞에 두고 앉아 있으면 그렇게 분초를 다투면서 괴롭혔던 시간적 제약이 통째로 사라져 버린다.
깨어나면 어느덧 시간은 황망히 흘러가 있다. 사실 이것이 깨어난 것인가. 도리어 잠든 것이 아닌가.
불사(不死)의 신선이란 별것인가. 비록 육신은 벗어 두더라도
정신이 바로 인과(因果)의 법칙이 없는 그 시간 안에 지극하게 머무는 것이리라.

며 경건해진다.

그 사람도 지금 깨어 있으리라.

그 사람도 우측을 밑으로 옆으로 누워, 강가의 울림을 아낌없이 받아들이고 있으리라.

강물로 인해 일대가 성지가 되었다는 사실을 밤 사이에 선잠 속에 음(音)이 상기시켜 준다.

사원에서 신들을 깨우는 북소리가 바로 귀밑에서 둥둥 울려나온다. 사원 가까이 자리 잡은 게스트하우스의 장점이다. 시계를 보니 새벽 4시 반. 이어 사원을 지키는 사제가 신들에게 아침 인사를 올리는 종소리가 뒤따르니 침대에 누워 강물 소리를 배경으로 사원에서 일어나는 소리를 낱낱이 듣게 된다.

이제 곧바로 사제는 독특한 향기의 녹나무에 불을 붙여 횃불을 만들어 신상 앞에서 시계방향으로 둥글게 흔들 것이다. 신상에 물로 갠 쌀과 밀가루로 만든 음식을 드리고 신상에 목욕하는 동작을 내보인 후, 금실로 장식한 빨간 옷을 입힐 것이다. 그리고 나면 새벽 일반신도들이 입장하는 일을 허락하리라.

오래 전에 순례자들과 함께 열려진 사원 문을 통해 이 모습을 모두 지켜보았다. 이제 눈을 감고 오로지 청력만을 열어놓고 누웠는데 신기한 일이다. 그 진지한 행동들이 그대로 보이려 한다.

겨우 조그마한 빛이 간신히 찾아온 여명, 새벽이라 하기에는 너무 이른 시간이었음에도 사람들이 하나 둘 모여들어 제법 긴 줄이었다. 뒤를 돌아보면 사제가 집행하는 제례를 단 한 순간이라도 놓치지 않겠다는 듯이 고개를 이리저리 움직이며 사원 안을 응시하던 힌두의 눈빛들. 어둠과 추위 속에서 남루한 옷을 걸친 그러나 애절하게 빛나는 시선들.

인도라는 나라가 남의 나라라는 생각이 들지 않은 것은 그때부터였다. 대열에 함께 서서 기다리는 동안, 그러다가 뒤를 돌아보고, 앞을 응시하면서, 나 역시 저 얼굴, 저 눈 중에 하나처럼 우유에 우유가 섞이듯 지극히 자연스러워졌다.

알지도 못하는 힌디어를 그대로 알아듣는 경험도 물론 이 무렵이 시작이었으니, 힌두 신들이 내 안에 슬며시 들어왔다. 힌두교 식으로 이야기하자면 내 안의 신이 깨어나기 시작했다. 내 자신은 그런 현상에 놀라지 않았다. 그것이 당연하다고 받아들였다.

과거 내가 걸어온 종교를 보자면 가톨릭이 출발점이었지만 그 다음에 직접적으로 만나고 체험한 것은 이렇게 힌두교였다. 사원을 들락거리고, 성지를 찾아다니고, 말이 통하지 않으면서 힌두교 구루를 찾아 며칠이고 함께 지내고, 돌아와서 책을 찾아 의미를 되새기고…….

가톨릭을 떠나면서 큰 교전(交戰)은 없었다. 돌아보면 고향으로 되돌아가는 즐거운 시간들이 아니었던가. 소위 말하는 인도 폐인(廢人), 설산 폐인은 그렇게 시작해서 완성을 향해 나갔다. 물론 아직도 그 오솔길 위에 있는 셈으로 끝을 알 수는 없지만.

전철을 타고가다 보면 2인조 외국인을 가끔 만난다. 짧은 머리, 검정색

바지에 깔끔하고 하얀 와이셔츠, 그리고 검은 가방. 나는 아직껏 이들 종파가 무엇인지 정확히 알지 못하지만 이 땅에 파견된 선교사라는 사실은 알고 있다. 내 모습이 어수룩해서일까. 여러 번 그들의 관심대상이 되었다.

우선 한 사람이 다가와 이야기를 건넨다.

"예수님을 아십니까?"

때로는 조금 다르다.

"예수님 말씀을 들어보았습니까?"

내가 만일 '아, 저는 불교를 믿습니다' 이러면 다른 한 사람까지 다가와서 번갈아가며 집요하게 이야기를 시작할 터이다.

그러나 내가 하던 생각을 계속하거나, 위빠사나로 몸과 마음에서 일어나는 일들을 계속 관찰할 요량이라면 이 한 마디면 된다.

"저는 힌두교를 믿습니다."

"힌두교 신자입니다."

두 말 않고 슬며시 물러간다. 그들이 이 땅에 파견되기 위해서 불교에 관해 공부를 했기에 대화를 이어나갈 수 있을지언정 힌두교에 대해서는 무지한 탓이다.

사석에서 사람들이 묻는다.

"종교는 뭘 믿으세요?"

역시 긴 말 않는다.

"힌두교입니다."

많은 사람들이 예상치 못한 답에 포복절도하며 와라락 무너진다. 머릿

속 모범 답안에는 기독교, 불교, 이슬람교 등, 몇 개밖에 없기 때문에 돌발 발언에 웃음으로 화답하는 셈이다. 상대가 기독교도이건 불교도이건 힌두교는 적군(敵軍)이 되지 않는다. 웃는 이유 중에는 경쟁상대가 아니라는 안도감도 있으리라. 어떤 사람은 '이 사람이 장난치나?' 하는 표정을 짓는데 이것은 무지(無知)에 의한 멸시(蔑視)다. 그런데 사실이다, 내 반은 힌두교임은 확실하다.

미국과 캐나다가 다른 나라이면서 떨어질 수 없고 인도와 네팔 관계가 그러하듯이 불교와 힌두교 역시 남이 아니다. 그 후 세월인연을 따라 또 다른 국경을 넘는 일처럼 힌두교 공부와 함께 불교 공부를 시작했다. 다른 사람들과는 달리 가톨릭이 처음이었고, 힌두교가 그 뒤를 이었으며, 이어 불교가 찾아온 셈이다.

가톨릭과 힌두교 사이의 국경을 넘을 때는 모태 신앙이란 힘이 매우 강했음에도 '무조건 믿어야만 해결된다'는 이야기 덕분에 비교적 쉽게 넘어섰다.

데카르트는 확실한 진리를 구하기 위해서 모든 것을 의심했다. 나 역시 모든 것을 의심하며 질문하는 상황에서 '무조건'은 도저히 용납되지 않았다. 그러나 데카르트가 의심하지 않은 것은 '의심하는 정신'이었다. 육체의 존재는 의심할 수 있었으나 정신에 대한 존재를 의심할 수 없었으니 이것이 서구 철학의 출발이며 약점이다.

그런데 선(禪)은 어떤가. 정신에 깃들어 있는 모든 것까지 의심했다. 먼지 하나까지 불성(佛性)이라 했다가〔有〕 아니라니〔無〕, 아니, 이게 도대체 뭐야? 의심을 불러일으켰다. 내 입맛이었다. 한편 힌두교는 아니다, 아니다,

사원에서 노인의 이야기를 진지하게 듣는다. 어느 사원이나 노련한 이야기꾼이 있게 마련이라 역사와 신화를 경
청할 수 있다. 이야기를 완전하게 알아듣지 못하더라도 함께 있으면 그들의 종교적인 심성에 쉽게 감응이 된다.

모든 것이 아니라 했다.

자연스럽게 인도에서 발현한 종교 쪽으로 기울어지면서 공부가 시작되었다. 의심을 내고, 질문하면서, 어떤 답변에 스스로 설득되지 않으면 그것은 내게는 모두 죽은 상태와 다름없었다. 더구나 다른 세력을 부정하고 인정하지 않는 독존은 내가 가야 할 길이 아니었다. 그 종교가 오늘에 이르기까지 자신의 종파를 유지하기 위해 얼마만한 피를 흘려야 했는가, 역시 고려 대상이었다. 타자와 자아가 하나가 되어야 한다는 힌두 교리를 비교하면 자타(自他)를 명백하게 가르는 이원(二元)은 더 이상 내 몸에 맞는 옷이 아니었고 내가 일용할 음식이 아니었다.

힌두교와 불교 사이의 이동은 마치 미국인이 캐나다로 이동하고, 인도인이 네팔로 들어가듯이 입국(入國) 개념 이외 별 저항이 없었다.

불교를 일으킨 힘, 힌두교

● ● ●

출가한 싯달다 태자의 타파스, 고행은 깊을 대로 깊었다. 뼈대가 드러나는 외모에, 거의 감지되지 않는 미약한 호흡, 미동조차 없는 결가부좌 덕에 '사문 고타마가 숨졌다'고 오해받을 정도였다.

6년 동안의 심한 고행의 값어치란 그야말로 허공에 매듭을 묶는 일처럼 의미 없음을 알아차린 싯달다는 이제 힌두교 타파스를 포기하고 숲을 나선다.

이때부터의 일을 『본생경』에서 그대로 옮겨본다.

또한 그 무렵, 우루벨라에 있는 세나니 마을에 세나니 지주의 집에 살고 있던 수자타라는 여인이 있었다. 그녀는 한 그루 니그로다 나무 아래에서 다음과 같은 원을 세웠다.

"만일 제가 같은 태생의 양가에 시집가서 사내아이를 갖게 된다면 매년 10만 금의 보시로서 공물을 바치겠나이다."

그녀의 이 기도는 이루어졌다. 그런데 보살(고타마 싯달타를 일컬음)이 고행하여 6년째 달했을 때, 그녀는 비사카 월(月)의 보름달에 공희(供犧)를 하고자, 먼저 천 마리의 암소를 감초가 돋아난 동산에 풀었다. 그리고 그 암소의 젖을 5백 마리의 암소에게 먹이고 그 젖을 다시 2백5십 마리 암소에게 먹이는 등 이리하여 16마리 암소의 젖을 8마리 암소가 먹기에 이를 때까지 그 젖은 진하고 달콤하며 영양이 풍부하도록 만드는 이른바 우유의 전화(轉化)를 하였다. 비사카 월의 보름날 이른 아침에 그녀는 '공희를 바쳐야겠다' 고 말하며 어스름한 새벽에 일어나 8마리의 암소의 젖을 짜게 했다. 송아지가 어미 소 젖 밑에 가지 않았는데도 젖 아래 깨끗한 그릇을 가져다 두기만 하면 저절로 우유가 뿜어져 나왔다.

이 불가사의한 광경을 보고 수자타는 자기의 손으로 우유를 가져다 깨끗한 그릇에 담고, 직접 불을 피워 그것을 끓이기 시작했다. 그 우유죽은 끓기 시작하자 수많은 거품이 피어올라 오른쪽으로 돌았지만 한 방울도 밖으로 흐르지 않았다. 그리고 그 화덕으로부터는 연기가 조금도 솟아오르지 않았다.(중략)

수자타는 하루 만에 스스로도 감당하지 못할 갖가지 기적 같은 현상을 보고 푼나라고 하는 하인에게 일러 말하였다.

"푼나여! 나의 천인께서는 지금 매우 기뻐하고 계신다. 나는 지금까지 이만큼 불가사의한 일을 본 적이 없다. 너는 급히 달려가서 천인이 계신 곳을 잘 보고 오너라."

그러자 하인은 '분부대로 행하겠나이다' 라고 말하며 수자타의 말을 따라 급히 나무 아래로 갔다.

한편 보살(고타마)은 전날 밤, 다섯 가지의 위대한 꿈을 꾸고 그 꿈의 의미를 되새기고 있었다. 그 결과 보살은 '오늘 나는 틀림없이 깨달음에 이를 것이다' 라고 결론을 내렸다. 그날 새벽이 훤히 밝아오려 할 때 보살은 채비를 갖추고 걸식할 시간을 기다리고자 이른 아침에 때맞춰 그곳에 오셨다. 그리고 보살은 그 나무 아래에 앉으시어 자신의 빛으로 나무 전체를 환히 비추시었다.

그때 푼나가 그곳으로 와서 보살이 나무 아래에서 동쪽 세계를 바라보며 앉아계신 모습을 보았다. 그리고 보살의 몸에서 나오는 빛으로 나무 전체가 황금색으로 빛나고 있음을 보고 생각하였다.

"오늘 우리 천인[보살]께서는 나무 아래에 오시어 직접 공양을 받으시려고 앉아 계시는구나."

그러자 푼나는 온통 기쁨에 들떠서 급히 왔던 길을 되돌아가 수자타에게 이 일을 보고하였다. 수자타는 이 이야기를 듣고 크게 기뻐하며 '지금 이 순간부터 나의 맏딸이 되거라' 고 말하면서 아름다운 장신구를 모두 주었다.

그런데 깨달음에 도달한 날에는 10만 금의 가치가 있는 황금발우가 없어서는 안 되기 때문에 수자타는 '황금발우에 우유죽을 부어야겠다' 는 생각을 일으

컸다. 그리하여 그녀는 10만 금의 가치가 있는 황금발우를 가지고 오도록 하여 그 속에 끓이던 그릇을 기울여 우유죽을 부었다. 우유죽은 마치 연꽃잎에서 물방울이 떨어지듯이 조금도 남김없이 발우 속으로 흘러들어가 채워졌다. 수자타는 그 발우에 다른 황금발우를 뚜껑삼아 덮고 보자기로 쌌다. 그리고 그녀는 자신의 몸을 아름답게 치장하고 그 발우를 머리에 이고 위엄을 갖추어 니그로다 나무 아래로 갔다. 그곳에서 보살의 모습을 본 그녀는 커다란 환희가 솟아나 그를 틀림없는 천인이라 생각하였다. 그리하여 그 보살을 한눈에 알아보자마자 곧 몸을 굽히고 다가가 머리에서 광주리를 내렸다. 그것을 열어 향긋한 향기가 풍기는 황금물병을 가지고 보살이 있는 곳으로 가까이 가서 섰다.

그러자 이전에 가티칼라 대범천이 바친 흙발우는 지금까지 보살을 떠난 적이 없었으나 순간에는 갑자기 사라져 보이지 않았다. 보살은 흙발우가 보이지 않자 오른손을 내밀어 물을 받았다. 수자타는 발우에 담은 우유죽을 물과 함께 보살의 손에 올려놓았다. 그러자 보살은 수자타를 바라보았다.

그녀는 보살의 그 모습을 자세히 바라보더니 "성자이시여! 제가 당신께 올리는 것을 받으시고 뜻대로 행하소서"라고 말하며 예배하였다. 그리고 "제 소원이 이루어졌듯이 당신의 소원도 이루어지소서" 하며 10만 금의 가치가 있는 황금발우를 두고 미련 없이 떠나갔다.

한편 보살은 앉아 있던 곳에서 일어나 나무를 오른쪽으로 돈 뒤, 발우를 가지고 네란자라 강가로 갔다. 그곳에는 수천 수백만 명의 보살들이 수승한 깨달음을 얻으시는 날에 내려와 목욕하는 장소인 숫파팃티타 나루터라는 곳이 있다. 보살도 그곳에 발우를 놓고 강으로 들어가 목욕을 하시었다. 그리고 무수한 부처님들이 입어 오셨던 아라한의 표식이 되는 법의를 입으시고 동쪽을 향해 앉으셨다.(중략)

이리하여 보살은 그 우유죽을 드시고 나서 황금발우를 손에 들고 '만일 내가 오늘 깨달음을 이룬다면 이 발우는 흐름을 거슬러 올라갈 것이요, 만약 깨달음을 이루지 못한다면 흐름을 따라 흘러가 버리고 말 것이다' 라시며 발우를 강물에 띄우셨다.

기원전 6세기 당시의 상위 계급에서 시행하던 제례 모습을 엿볼 수 있다. 우유를 정제하는 과정, 남아 선호 사상, 수행자에게 보시하는 이야기, 황금그릇에 담는 이유, 우측돌이, 수행자의 태도 등등. 또한 힌두교와 불교, 두 위대한 종교의 갈림길을 바라보게 된다. 힌두교라는 커다란 흐름에서 분지되어 나오는 불교.

즉 고행으로 지친 몸을 끌고 당시 힌두교 수행자 싯달다는 힌두교 여인으로부터 우유죽을 공양 받는다. 이제 싯달다는 우유죽으로 기력을 회복하고 최후의 결전을 치르기 위해 보리수 아래에서 결가부좌를 튼다. 그리고 최초로 불교라는 물줄기를 일으키기 시작한다.

이것이 〈수자타의 공양〉으로, 단순한 우유죽 한 그릇이 아닌 힌두교의 기력 유입을 상징하지 않는가. 그 많은 고행의 나날들. 비록 버리기는 했으나 붓다의 과정에서 힌두교 수행을 뺀다면 뼈대 없는 집안이 된다.

불교는 하늘에서 뚝 떨어진 종교가 아니다. 인도에서 함께 공존하는 자이나교, 시크교, 심지어는 이슬람교의 수피 역시 힌두교에서 절대 자유로울 수 없다. 여러 강이 하나의 큰 산에서 발원하듯이 근원을 찾아가면 높고 장한 산 힌두교를 만난다.

힌두교에서 불교가 나왔듯이, 나 역시 자연스럽게 이 길을 따라 힌두교에서 불교로 들어섰다. 매일매일 작은 깨달음으로 이어지는 날들이었다. 감사해야 할 일이 너무 많았고. 책을 읽다가 벌떡 일어나 오체투지를 시작한 날도 헤아리기 어렵고.

사원에서 일어나는 소리를 들으면서 지난 공부들이 새삼스럽다. 장부로 살며 아름다운 여인을 만나 내 것으로 만들었다던가, 혹은 일찌감치 거부의 반열에 성큼 올라섰다던가, 지역구 몇 선을 거듭한 촉망받는 젊은 국회의원이라던가, 혹은 유력한 대선주자라는 자리보다는 '말씀'을 듣고 그 말씀의 인도에 따라 제 길로 올라선 일이 이번 삶에서의 가장 큰 수확이다.

이 여행을 시작할 무렵 내 조국은, 국회의원 선거가 끝나고, 이어 대통령 탄핵과 관련해서 나라가 엉망인 상태였다. 매스컴과 인터넷 매체에서는 이편과 저편으로 나뉘어 요설과 독설로 가득 채워져 있었고.

정치가 개인을 구원할 수 없으며, 경제 역시 나를 해탈로 이끌 수는 없다는 사실은 이미 알려지지 않았던가. 내가 비록 속가의 오욕칠정은 완전히 버리지 못했을지언정 그 싸움 안에서 무엇을 배운다고 시간을 쪼개가며 게시판을 채우고 한 편에 들어 남을 욕하며 살겠는가.

장본인(張本人)이 누구인가? 묻는다면 그런 세상을 떠나온 일은 기특

의식주행(衣食住行)에 매달리는 일상은 목적에 시달리는 노예에 다름없다. 따라서 자연이 가지고 있는 무목적성 (無目的性)을 잃게 된다. 히말라야를 걷다 보면 모든 목적이 무목적 안으로 수렴되는 순간을 만난다. 이를 공고히 다지기 위해 수행자들은 더욱 높은 자리까지 걸어 들어 간다.

하다. 정진은 못하더라도 종소리를 들으며 슬며시 열락(悅樂)에 들어 경전 을 한 줄 머리 안으로 끌어들이는 일이 내 길이다.

슬리핑백에서 빠져 나와 사원으로 향한다. 어둠 안에서 예의 그 커다란 눈동자들이 입장 순서를 기다리며 열려진 사원 안을 들여다보고 있다.

"옴 나마 쉬바여, 옴 나마 쉬바여, 옴 나마 쉬바여."

사람들이 영창을 시작한다. 나는 로마에서는 로마법을 따르듯이 다시 힌두교도다.

그들 목소리에 내 소리를 넣는다.

"옴 나마 쉬바여, 옴 나마 쉬바여, 옴 나마 쉬바여."

옛날처럼 뒤를 돌아본다. 긴 줄에서 나도 그들과는 구별되지 않는다.

타종소리와 함께 대열이 사원 안으로 움직이기 시작한다.

아바타가 뭔지 아시나요

● ● ●

"아바타가 뭐지요?"

젊은 세대에게 이렇게 물어보면 대화가 통하지 않는 쉰 세대로 자동분류 된다. 아바타는 이미 폭넓게 자리 잡고 있는 정도가 아니라 인터넷 회사들은 아바타 판매로 큰 수입을 올리는 지경이다. 채팅, 가상현실 게임, 이메일 등등에서 자신을 대신하는 아이콘으로 사용되기에, 아바타에 액세서리, 옷 등이 날개 돋치듯 팔리고 있다. 그렇지만 젊은 세대 중에 도리어 아바타가 어디서 온 말인지 아는 사람은 드물다.

영어 아바타라는 말은 산스크리트 어 아와따아라(avataara)가 어원이다. 아와따아라는 아래를 의미하는 접두어 아와(ava)와 건너다, 헤엄치다 등을 의미하는 어근 뜨리리(tll)로 구성된 낱말이다. '아래로 건너온 존재'를 의미하니 천상에서 인간세상으로 넘어온 존재다.

넘어와도 슬쩍 넘어오는 것이 아니라 건너고 헤엄치는 일이니 보통 어려운 일이 아니고 목적 역시 뚜렷하게 있어야 한다.

왜 넘어 왔을까?

당연히 고통 받는 중생의 구제를 위해서다.

아바타를 통해 여러 번 이 세상으로 되돌아 내려온 힌두 신들이 있다. 세상의 구원을 목적으로, 몸을 바꾸어가며 지상으로 내려와 임무를 완성하고는 다시 천상으로 되돌아갔다.

이런 역할을 담당하기 좋은 신은 누구일까?

창조의 브라흐만? 유지의 비슈누? 파괴의 쉬바?

아바타는 흔하게 일어나지만, 그 중의 주인공으로 치자면 세상의 위기를 해결하고, 세상을 있는 상태로 잘 유지시켜 주는 임무를 맡은 신, 당연히 비슈누가 된다. 경전에는 '세계의 정의와 다르마가 물러서고, 불의와 아다르마[不法(불법)]가 횡행하자 비슈누가 화신하여 지상에 나타나 그것을 바로 잡았다' 라 말하고 있다. 비슈누의 아바타는 비슈누의 구현이며 신앙의 대상과 근거가 된다.

비슈누의 아바타는 이렇다.

1. 신들을 위해 불사약(不死藥)을 만드는데 관여한 거북이 쿠르마(Kurma).

2. 대홍수에서 사람을 구원한 물고기 마트시아(Matsya).

3. 악마 발리 왕을 지하세계로 몰아낸 바마나(Vamana).

4. 가라앉은 대지를 떠받혀 구원한 멧돼지 바라하(Varaha).

5. 반은 사자 반은 사람의 모습으로 악마를 응징한 나라싱하(Narasingha).

6. 『라마야나』의 왕자 라마(Rama).

7. 브라흐민에게 대항하는 크샤트리아 계급을 도끼로 평정한 파라슈라마(Parasurama).

8. 검고 아름다운 왕 크리슈나(Krishna).

9. 붓다(Buddha).

10. 말세에 백마를 타고 나타난다는 칼키(Kalki).

하나하나 사연을 만나보면 대하드라마보다 재미있고, 때로는 숙연하고, 감동이 찾아오기도 한다.

특히 붓다를 비슈누의 아바타로 넣은 일은 흥미롭다. 붓다 당시의 자이나교의 마하비라를 비롯하여, 그후 시크교의 창시자, 근세의 라마크리슈나 등등이 이 아바타 계열에 들어가지 못한 점을 본다면 힌두교에서 붓다를 바라보는 위대성은 매우 거대하다. 붓다는 힌두교도에게는 인간이 아니라 신적 존재다. 기원전 6세기 붓다의 반열반 이후 오늘날까지 인간으로서 신의 위치로 인정받은 존재는 아직껏 없었다.

사원에서 강가가 시작하는 강고뜨리 빙하로 가기 위해서는 동쪽으로 향하는 길을 따라 오른다. 이 길의 좌측, 즉 북쪽에 있는 산군들은 비슈누와 관련이 있고 우측, 남쪽의 산군은 쉬바와 유관한 봉우리들이다.

196

신에게 축복받기 위해서는 과정이 필요하다. 이마에 점을 찍고 줄을 긋기도 한다. 아름다운 색깔의 염료들은 신에게 가려는 열렬한 신자들을 위해 준비되고 있다.

강고뜨리를 출발하면서 계곡의 가장 우측에 보이는, 다른 봉우리보다 눈에 뜨이게 잘생긴 백색고봉 이름은 해발 6천721미터의 수다르샨 (Sudarshan) 혹은 수다르사나(Sudarsana)이다.

수다르샨은 두 가지 의미를 가진다.

하나는 태양신 수리야의 몸을 깎아 만든 원반 모양의 빛나는 무기로 비슈누와 그의 아바타〔化身(화신)〕인 크리슈나가 들고 있다. 전투 중에 마지막 마무리를 위해 사용하고 이 원반이 적을 향해 날아가면 치명적인 결과를 낳아 싸움은 종식된다.

다른 사연 역시 비슈누의 아바타, 크리슈나와 유관하다.

쉬바와 파르바티를 참배하는 순례자 행렬에 커다란 뱀 한 마리가 불쑥 들어왔다. 뱀은 마침 잠들어 있는 난다를 덥석 물었다. 깨어난 사람들이 몽둥이로 뱀을 이리저리 난타했으나 요지부동이었다.

아픔에 깨어난 난다는 크리슈나에게 도움을 청했다.

"크리슈나여, 자비를 베풀어주소서."

크리슈나는 신속하게 나타나 뱀 위에서 춤추기 시작했다. 뱀 머리 위에서 점점 강하게 춤을 추자 뱀은 서서히 모습을 바꾸어 천상의 신으로 변하기 시작했다. 그 신의 이름이 다름 아닌 바로 산봉우리 이름과 같은 수다르샨, 수다르사나였다.

수다르샨은 본래 잘생긴 얼굴에 좋은 몸을 가지고 있었다. 그러던 어느 날 허리가 굽은 성자들 모습을 보고 그들의 외모를 비웃어버렸다. 성자들이 저주를 내렸다.

"(이렇게 굽은 몸을 우습게 보았으니 굽은 몸으로 기어다니는) 뱀으로 태어나라!"

일단 내려진 저주는 피할 수 없는 것이 힌두에서의 제일(第一) 원칙.

수행자 혹은 신이라면 애당초 저주를 받을 말과 행동은 삼가야 한다.

저주는 내리되 경감할 수 있는 방법이 있는 것이 제이(第二) 원칙.

저주를 받은 수다르샨은 진심으로 성자들에게 사죄한다.

성자들은 해결책을 하나 알려준다.

"네가 다시 네 몸으로 돌아오고 싶다면, 크리슈나의 몸에 네 몸이 닿을 수 있도록 하라."

수다르샨은 그런 의미로 크리슈나와 가까운 난다를 찾아와 덥석 물었던 것이다. 그렇다면 난다는 황급하게 자신과 절친한 크리슈나에게 도움을 요청할 것이고 크리슈나는 어떤 식으로든 자신의 몸에 손을 대리라.

본디 제 몸으로 돌아온 수다르샨은 크리슈나를 칭송하고 돌아갔다.

수다르샨 봉우리는 아침이면 하얗고 붉게 빛난다. 태양으로 만든 원반이라는 무기가 어떤 것인지 문외한도 이해가 간다. 반면에 끝부분이 뭉뚝하니 뱀 머리 같기도 하다. 산정 부근이 오래 밟아 다져놓은 양 평평하게 되어 있어 크리슈나가 밟아 이루어진 것처럼 보이기도 한다. 그러니 신성이 풍겨 나와 접근하기 어려워 보이고 위엄이 있다거나, 육중한 난공불락의 성벽 같은 분위기와는 거리가 조금 멀다.

다른 산 아래에서는 눈을 지그시 깔고 존경심을 내보이며 걷지만 수다르샨과 눈을 마주치며 그냥 히쭉 웃을 수 있는 이유도 그것이다. 속사(俗事)에서 멀리 떨어진 하얀 봉우리들을 바라보니 마냥 즐겁고 그런 설산을 바라보니 웃음이 절로 난다〔獨對寒山成一笑〕. 어수룩할수록 친근감을 느끼는 일은 모자란 존재들끼리의 은밀한 내통이다.

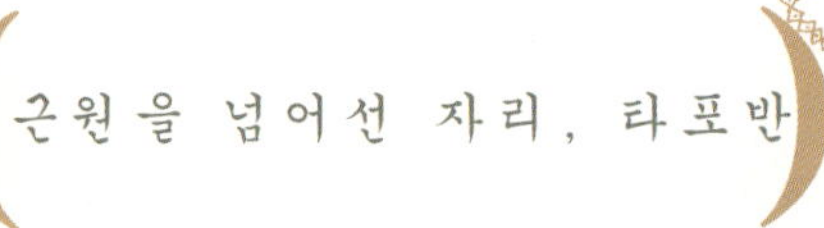

"나의 형제들이여, 온 세상이 정신병자 수용소입니다. 어떤 사람은 세속적인 사랑에 빠졌고, 어떤 사람은 명성에, 어떤 사람은 평판에, 어떤 사람은 돈에, 어떤 사람은 구원에, 어떤 사람은 천국에 미쳤습니다. 이 거대한 정신병동에서 나 또한 미쳤습니다. 나는 신에게 미쳤습니다. 당신들이 돈에 미쳤다면 저는 신에 미쳤습니다. 나도 미쳤습니다. 다만 나는 나의 광기가 결국 가장 낫다고 생각합니다."

높은 곳의 아름다움은 이러하다
● ● ●

오래 전에 네덜란드인, 게라두스 반 데르 레우후의 글을 읽다가, 맞다, 맞아! 고개를 끄덕인 대목이 있었다.

"신성함은 궁극적인 말이고, 아름다움은 부차적인 말이다. 신성함을 말하는 사람은 전체를 말하고, 아름다움을 말하는 사람은 많은 것을 말하고 있다."

지금처럼 장엄한 봉우리들이 신성하게 그리고 아름답게 여기저기 널린 지역에서는 이 말이 퍼뜩 떠오른다.

이상한 일은 지하철을 타고 가다가 이름이 그렇게 생각이 안 났는데, 지금 해발 4천463미터 타포반(Tapovan)에서는 그냥 튀어나온다는 점이다.

게라두스 반 데르 레우후. 이 사람은 또 이런 멋진 말을 했다.

"이 높이까지 올라오시오. 그러면 당신은 어떻게 미(美)와 성(聖)의 두

길이 서로 접근하며, 또 멀어지면 멀어질수록 끝에 가서는 그 먼 거리에서 그들이 더 이상 떨어져 있다고 말할 수 없게 되는가를 알게 될 것이오."

정면에는 쉬브링(Shivling), 우측으로는 메루(Meru), 좌측으로는 6천 940미터 케다리나트(Kedarinath)와 6천831미터의 케다리나트돔(Kedarinath Dome), 뒤돌아보면 각각 6천856미터, 6천512미터, 6천454미터의 바기라티 I II III 연봉. 그외 이름을 알 수 없는 많은 봉우리들이 하늘에 백색 꼭짓점을 찍어가며 풍경을 만든 지역. 제법 높은 고도에서 눈앞에 장엄하게 서 있는 봉우리들. 성스러움과 아름다움이 한 몸으로 조우하며 관자(觀者)에게 뜻(意)을 전하고 있다. 6천미터 급의 다양한 순수 백색 봉우리들이 여기저기 일어나 있어 타포반은 도리어 깊은 저지대에 웅크린 분지처럼 느껴진다.

엄청난 경관 앞에서 사람이 느끼는 감정은 우선 놀라움이고 이어서 자신에 대한 비교평가로 인해 왜소함이 찾아온다. 이어 대상을 바라보며 몰입되다가 가슴 깊은 곳에서 어떤 기쁨이 슬며시 비집고 올라온다. 이것은 접근할 수 없는 어떤 먼 거리감이기도 하고, 내 가슴 안에 들어와 이미 하나가 된 상태이기도 하다. 멀기도 하고 가깝기도 하고, 타자(他者)이면서도 자신(自身)이기도 한 이상야릇한, 즉 입술이나 혀로 표현하기 어려운…….

사실 이런 상태는 영혼이 맑은 생명운동을 일으키는 성(聖)에 대한 감응이라 말해도 크게 틀리지는 않을 것이다. 내 안의 성감(聖感)이 움직이는 현상임은 틀림없다.

히말라야를 자주 다니게 되면 이런 부분에 대한 감수성이 높아져 내딛

우뚝하니 홀로 일어선 하얀 봉우리를 보면 늘 앞서는 선시가 있다. 침굉 현변의 〈제괘불(題掛佛)〉이다. '부처님이 푸른 허공에 홀로 섰으니 이곳이 아마 영산의 큰 법회이지요〔如來獨立靑空裡 疑是靈山大法筵〕.' 이런 곳에서는 영산법회에 함께 서 있는 듯 시공을 넘어서 아득하다.

는 걸음 안에, 풍경 속에서 신성을 그대로 받아들이니, 이미 촉도(蜀途)에 다름 아닌 저잣거리에서 타계(他界)하여 살아서 신의 땅에 안주하게 된다.

그런 연유일까, 히말라야에서는 무시무종(無始無終)이랄지, 한 발 더 나가 '천 겁이 지난대도 옛일 수 없고, 만 세가 흘러도 언제나 지금일세!〔歷千劫而不古, 亘萬歲而長今〕' 등등의 역설적인 이야기가 구름 잡는 이야기가 아니라 도리어 현실적으로 느껴진다. 평범에서 노닐던 의식의 지평이 무한 확장된다고나 할까. 이런 자리에서는 신은 더 이상 집을 필요로 하지 않는다. 시선이 닿는 모두가 신의 집이다. 그러나 먼지가 난무하는 내 떠나온 고향에서는, 밤이면 세기 어려운 숫자의 붉은 십자가들이 신에게 집이 필요함을 역설한다.

날씨는 며칠 동안 변함없이 쾌청했다. 오늘 아침에도 종일 좋은 날씨를 위해 향 하나 사르며 하누만 뿌자를 올렸던 덕분일까, 하늘은 푸르다 못해 너울거리는 검은 빛이 스며들어 있으니 현(玄)한 우주 색이 히말라야 하늘에 맞닿으며 시선 안까지 찾아왔다. 굽어 봐도 올려 봐도 결국은 우주이니 즐기지 않고 또 어찌하리오〔俯仰終宇宙 不樂復如何〕.

천상으로 오르는 길, 강고뜨리—보즈바싸

• • •

이곳 타포반에 이르려면 강고뜨리에서부터 이틀이 필요하다.

첫날은 강고뜨리에서 출발해서 보즈바싸(Bhojbasa)까지 12킬로미터를 올라온다.

이른 아침에 길 떠나는 기분은 묘하다. 특히 동쪽으로 향하는 길 위에 서면 가슴이 두근거린다. 월남한 실향민을 부모로 둔 탓에 동쪽으로 향하는 길은 늘 추억이다. 맨손으로 38선을 넘어야 했던 부모님은 어느 누구와 마찬가지로 힘들게 살아야 했다. 베갯머리에서 부모들이 나누던 가난에 대한 대화.

월초인데 이미 비어버린 호주머니에 관한 이야기들. 봉지쌀, 겨울 연탄 걱정, 우리 형제들의 학사금, 대책 없이 비가 새는 천장, 몇 달을 정성스럽게 부었는데 계주의 야반도주로 깨져버린 친목계. 적당히 한숨이 뒤섞였던 이야기들. 이런 이야기는 동쪽 길 위에 놓인 사금파리를 보고 혹시 금(金)이 아닐까 내달리게 만들지 않았던가.

가난의 무게가 이제는 추억이라는 이름으로 길 위에 남아 있었을까. 강고뜨리에서 아침에 출발하여 체크포스트를 지나면서 만나는 금빛길에서 '나 아직 가난한지' 되묻게 된다. 그러나 이제 가난이 문제가 아니라 장부의 일대사는 따로 있기에 작은 웃음으로 마감된다.

이 길은 사금파리로 반짝이는 길이 아니라 길 전체가 통째로 금길이다. 눈을 돌리면 설산은 은빛이니, 금빛과 은빛으로 가득 채워진 천국 같은 길이다. 우리 인간이 걷는 길이 모두 금이라는 사실은 맞다. 내 걷는 길, 내 찾아나서는 길은 순금이다. 그러나 자신이 걸었던 길이 정말 금의 가치가 있는지 없는지는 길 끝에서 결정난다.

타포반을 향하면서 만나는 첫번째 마을 치르바싸까지는 소풍 길처럼 여유로운 4킬로미터, 치르바싸에서 해발 3천800미터 보즈바싸까지 역시 히말라야를 피부로 느끼며 산책하는 듯한 8킬로미터다. 계속해서 계곡의 좌측 언덕에 얹힌 완만한 경사로를 타고 꾸준히 금빛 은빛으로 오르게 된다. 치르바싸는 나무 중에 옻나무처럼 알레르기를 일으키는 녀석이 있어 이곳을 지나는 사람들이 가려움을 느낀다 해서 붙여진 이름이고, 보즈바싸는 고대로부터 종이 대신 껍질을 얇게 벗겨 경전을 만든 보즈라는 나무가 자생하고 있어 지어진 이름이다.

치르바싸와 보즈바싸는 모두 이렇게 나무와 관계가 된 지명이지만 본바탕이 푸석거리는 모래와 자갈이 주성분인 퇴적층 지역인데다가 기후와 벌목으로 황폐화가 진행되어 현재 나무들이 많지 않다. 주정부의 녹화사업 역시 기후에 대항하기에 역부족으로 보인다.

보즈바싸는 아늑한 분지 지역으로, 넓게 자리 잡은 아쉬람, 침대 하나에 무려 200루삐의 바가지를 씌우는 정부에서 운영하는 게스트하우스, 그리고 텐트를 설치할 수 있는 공간이 준비되어 있다. 풍경으로 치자면 V자 계곡 중앙에서 바기라티 연봉이 비스듬히 굽어보고 한쪽으로는 바기라티 천(川)이 흐르는 그야말로 일품(一品) 지역이다.

내게는 이제 어떤 신념 같은 것이 있다. 아무리 힘이 넘치는 경우라도 속도를 내지 않는다는 점이다. 속도란 엉뚱해서 모든 사물들이 외면하는 탓이다. 빠르게 걷다 보면 내가 보지 못하는 것이 아니라 반짝이는 빙하가, 흐르는 시냇물이, 길섶에서 피어난 풍성한 야생화가, 천 가지 색을 숨기고 있는 설산 봉우리가 고개를 돌리며 숨어버린다. 이 모든 것들과 아낌없이 만나기 위해서는 입을 닫고 천천히 가는 일이 기본이니, 복음을 듣고 보기 위해서 히말라야에서 '단숨에' 라는 말은 애당초 폐기해야 옳다.

어슬렁거릴 것, 가능한 자주 쉴 것, 두리번거릴 것, 귀 기울일 것.

히말라야 십 몇 년에 이제는 이 속도가 몸 안에 완전히 녹아들었으니 속도에 관한 신념이다.

또 다른 신념은 목표지점에 도착하면 아무리 힘이 많이 남고 날이 이르더라도 진행하지 않는다는 점이다. 주변에서 명(明), 암(暗), 어(語), 묵(默), 동(動), 정(靜), 원(遠), 근(近)을 바라보기를 하면서 '논다.'

고봉을 오르는 고도주의자와, 고봉은 오로지 바라보는 대상이라 생각하는 트래커는 산을 사랑한다는 점 이외 모든 면이 다르다. 가령 7천 미터 이상을 오르는 사람이라면, 그 고도에 이르기까지 자신들이 오를 목표, 즉 하얀 봉우리 모습에 대부분 몰두한다. 캐러밴은 고소를 위한 적응과정이고 생각 역시 그 봉우리에 오르기 위한 도상연습으로 가득 찬다. 그러나 7천 미터 이상이 목적이 아닌 사람은 주변 작은 풍경들이 가슴에 더 찌잉하다.

그들이 서로 만났을 때, 다루는 이야기는 다를 수밖에 없다. 누가 더 옳고 그르다는 것이 아니라 어느 것이 자신에게 적합한가다. 이 두 가지를 모두 할 수 있다면 좋겠지만, 불행타, 인간에게 주어지는 달란트가 어디 그런가. 가족들과의 약속으로 6천 미터 이상에 발을 들여놓지 않지만 차라리 잘 되었다, 아래에서 바라보는 세상이 내 마음에 맞는 궁합이며 신념을 구축하도록 만든다.

강고뜨리에서 보즈바싸 구간을 걷다 보면 트래커들에게는 이런 신념이 얼마나 유용한 것인지 실시간 체험된다. 사방이 모조리 말을 건다.

이튿날은 보즈바싸에서 출발해서 이곳 타포반까지 온다. 6킬로미터 떨어진 고묵을 지나 이어서 강고뜨리 빙하를 가로지르고, 매우 경사도가 높은 언덕을 기어올라 이곳에 도달하게 된다.

보즈바싸에서 강고뜨리 빙하의 끝부분에서 물이 쏟아져 나오는 해발 3천900미터 고묵까지는 일부 구간을 제외하고는 역시 여유로운 길이다.

　　출발해서 계곡을 끼고 돌면 곧바로 모래와 돌로 이루어진 퇴석층의 산사태 위험지역에 발을 들여놓게 된다. ‘산사태 위험지역’이라는 입간판을 세워놓고 사람들의 주의를 요구한다. 물기 많은 몬순이라면 이 길을 지나면서 생명의 위협을 느끼며 만뜨라를 외울 수밖에 없다. 누군가 돌 하나만 빼어낸다 해도 혹은 큰 소리를 지르기만 해도 사면이 한 번에 우르르 무너질 듯한 위협스러운 지형이 1킬로미터 가량 이어진다.

　　분명히 이런 이유로 생겼을 법한 〈야마의 돌〉이라는 우화가 있다. 이 이야기를 한번이라도 들은 사람이라면 이 길에서는 어김없이 기억하게 되리라.

　　오래 전 까시에서 온 상인 하나가 순례를 위해 설산 길을 걸어 올라갔다. 나날이 번창하고 있는 사업에 대해 신에게 감사를 올릴 요량이었다. 그는 산길에서 잠시 쉬다가 돌무더기 사이에 박힌 보물덩어리를 본다. 상인은 주변의 돌들을 하나하나 빼내기 시작했다. 땀이 비 오듯 흘렀다.

　　“이 정도면 가게를 아주 크게 늘릴 수 있을 거야.”

　　상인은 자신이 누구인지, 무슨 목적으로 이곳까지 찾아왔는지를 잊은 채 보석 캐내기에 열중했다.

　　얼마 후에는 거지 하나가 또 이 보석을 보았다. 이 거지는 브라흐민으로

‘몸은 강과 바다에 있는데 마음은 위나라 궁궐에 머무니 어쩌면 좋겠습니까〔身在江海之上 心居乎魏闕之下〕’라고 물은 옛 사람이 있다. 그러나 히말라야를 한 번 본 사람이라면 ‘이제 몸은 저잣거리에 있는데 마음은 설산 아래 머무니 어쩌면 좋겠습니까’ 되묻게 된다. 설산 마력은 벼슬 따위는 비교가 되지 않고 도리어 중독을 보일 정도의 질병을 일으키기도 한다.

부터 전생의 지나친 욕심이라는 죄로 인해 거지가 되었다는 이야기를 들었다. 브라흐민은 죗값을 청산하기 위해서는 처음부터 끝까지 탐욕을 버리고 경건한 마음으로 성지순례를 해야 한다고 권했다.

"그러나 저 보석 덩어리 하나면 거지 생활은 청산이 아닌가."

"이 지긋지긋한 까르마를 이제 통째로 날려버릴 기회가 아닌가."

그 역시 보석을 캐내기 위해 보석 위 아래에 박힌 돌들을 빼내기 시작했다. 돌을 치워 내면서 이제 이승에서 자신이 거지라는 사실도 잊고 오로지 보석을 자신의 것으로 만들려는 노력만 거듭했다.

또 시간이 흐른 후 수행자 하나가 이 자리에 앉았다. 보석에 눈길 한 번 던졌던 수행자는 충분히 쉬었다는 듯이 일어나 산으로 올라가는 길을 서둘렀다.

얼마 후, 발 하나에 의지해서 고행을 하고 있는 이 수행자 앞에 역시 수행자 모습으로 변장한 야마가 찾아왔다.

야마가 물었다.

"당신은 왜 보석을 챙기지 않았는가?"

수행자는 담담하게 답했다.

"나는 내 스스로가 보석이 되기를 원한다."

본래의 모습으로 돌아온 야마는 수행자에게 말했다.

"보석을 캐내기 위해 사람들은 돌을 빼내다가 산사태로 모조리 죽었다. 그러나 너는 그리하지 않았다. 진정으로 너는 천상에 오를 가치가 있는 사람이다."

상인과 거지의 죽음을 알리고 수행자에게 칭찬을 마친 야마는 한 가지 축복을 준다.

"네가 목적한 바를 이루기까지, 나 죽음의 신 야마는 네 목숨을 거두어 가지 않겠다."

이 우화의 뜻을 '산에서 어떤 돌이든 건드리지 말라' 는 식으로 순진하게 눈에 읽히는 대로 풀 수는 없다. 이 위험지역에서는 삶의 위험함이란 도대체 무엇이고, 위험을 불구하고 목숨 걸어 추구하는 건 무엇인가? 내 삶에 비유하며 본질을 되돌아볼 일이다.

삶에서 이곳저곳에 자리 잡은 야마의 보석은 나라는 존재를 잊게 만든다. 추구(追求)라는 이름으로 마냥 달려가는 현실. 망고열매를 따러 나온 인생에서 망고나무 잎사귀 수를 세는 일을 하다가 마치겠는가. 나는 무엇을 추구하려고 미쳐 사는가. 기왕이면 망고에 미치자. 그 광기가 다른 사람들의 광기에 비해 어떤가. 미칠 바에는 심(深)하게 미치자.

비베카난다는 말했다.

"나의 형제들이여, 온 세상이 정신병자 수용소입니다. 어떤 사람은 세속적인 사랑에 빠졌고, 어떤 사람은 명성에, 어떤 사람은 평판에, 어떤 사람은 돈에, 어떤 사람은 구원에, 어떤 사람은 천국에 미쳤습니다. 이 거대한 정신병동에서 나 또한 미쳤습니다. 나는 신에게 미쳤습니다. 당신들이 돈에 미쳤다면 저는 신에 미쳤습니다. 나도 미쳤습니다. 다만 나는 나의 광기가 결국 가장 낫다고 생각합니다."

위험한 지형을 지나지만 시선을 우측에 두면, 깊은 침묵 속에 밝은 빛으로 길을 비추는 하얀 봉우리들이 연이어 시선을 당긴다. 각기 다른 모습이면서 서로 조화를 이루고, 가끔 들뜬 듯한 조그마한 구름을 산정에 얹어 발걸음을 꽁꽁 묶는다. 나는 히말라야에 미쳐 사는 것이 틀림없다. 솔직히 광기가 없을 리 없다.

풍경은 더할 나위 없다. 사방 다채로운 설산들이 마치 사열하듯이 일정한 간격을 가지고 줄지어 늘어서 있다. 각 설산들은 홀연하게 홀로 일어선 것처럼 보이되 사실은 '홀로라는 의미는 하나 속의 전체' 와 다르지 않다. 마치 아뜨만—브라흐만의 관계처럼.

산을 향하여 합장하며 인사를 올린다.

"나마쓰떼."

산길에서 만나는 사람들은 가슴 부근에서 손을 모아 이렇게 인사한다.

"나마쓰떼."

나마쓰떼는 히말라야 문화권에서 가장 소중한 인사법 중에 하나다. 사실 솔직히 이야기하자면 인사보다 하나 더 나간 기도(祈禱) 행위에 해당한다. 보통 '내 안의 신이 당신 안의 신에게 인사를 드린다' 는 의미를 품으며, 그외 '당신에게 귀의합니다', '나는 당신의 소유', '내 모든 것은 당신의 소유', '당신에게 허리를 굽힙니다' 등등의 다양한 의미를 내포한다.

수행자와 함께 마주서서 나 역시 가슴 부근에서 두 손을 모으기도 하지만 이렇게 산을 보면서 인사 올릴 때도 같은 말을 한다.

"나마쓰떼."

나마쓰떼라, 이야기를 하면서 인사를 하면 이제는 자연히 머리와 허리가 굽혀져서 합장한 손이 코끝에 가볍게 닿게 된다. 이 인사만큼 아름다운 인사법은 없는 듯하다. 불쑥 오른손을 내밀어 악수를 청하는 동작은 '내 오른손에 무기가 없다'는 의미로 유럽의 야만의 역사에서 출발하여 변형된 인사법이다. 그러나 가슴에 손을 모아 '내 안의 신이 당신 안의 신에게 인사드립니다' 인사를 해보면 가슴에서 따뜻한 동심원이 돋아난다. 인도를 처음 방문하고 나서 이 인사법으로 완전히 바꾸었다.

인도의 델리 대학원에서 산스크리트어를 공부한 임근동 교수의 저서 『신묘장구대다라니 강해』를 보면 친절한 안내가 있다.

나모(namo)의 본래 형태는 나마쓰(namas)로서 '숙이다, 경례를 드리다, 존경을 바치다, 소리를 내다' 등의 의미를 지닌 어근 남(nam)에 아쑨(asun) 접미사의 아쓰(as)가 첨가되어 파생된 불변화사입니다. (중략)

산스크리트 음운결합법칙인 쌴드히(sandhi) 규칙에 따르면 모음 아(a)에 모음 우(u)를 합치면 모음 오(o)가 되기 때문입니다. 그래서 나마쓰(namas)가 나모(namo)로 되었습니다.

나모(namo)의 의미는 머리를 숙여 예를 올린다는 뜻입니다. 삼장사문대광지불공(三藏沙門大廣智不空 Amoghavarja, A.D.705~774 또는 770, 이하 불공삼장) 역시 나마쓰(namas)를 계수(稽首), 즉 이마가 땅에 닿도록 몸을 굽혀 절을 한다는 의미로 풀이합니다.

나모는 우리에게도 익숙해서 나무아미타불 앞에 붙는 나무이며 흔히 한 자로는 나무(南無)로 표기된다. 말하자면 나무아미타불은 아미타불(阿彌陀佛)에게 귀의한다는 뜻이 된다.

베단타 학자인 라다크리슈나의 이야기는 이렇다.

(기도에는 세 가지가 있다. 첫째 바스투 니르데사, 둘째 나마스카라, 셋째 아시르바다). 나마스카라(나마쓰떼)는 신, 스승, 성자들, 그리고 다른 훌륭한 삶을 영위하는 분들께 인사를 드리는 것이다. 나마스카라(나마쓰떼)는 자아인 아한카라를 양보하고, 나아가 자기 스스로를 버리는 것을 말한다. 나마는 '내가 아니다' 라는 의미이다. 아한카라는 '자기 자신' 이라는 뜻을 지닌 아뜨만과 스스로 같은 것이라는 사실을 확인하려는 것이다.

힌두교의 기본 정신인 브라흐만과 아뜨만. 즉 내 안의 신(성)이 당신 안의 신(성)에게 인사를 드리고, 내 안의 신(성)이 당신(브라흐만에 다름 아닌)에게 귀의한다는 뜻이다.

사람에게만 가능한가? 설산은 말할 나위가 없고 우주 모든 존재에게 할 수 있다. 나마쓰떼는 아낄 필요가 없으니 낭비한다 싶을 정도로 자주 사용할수록 스스로에게 득이 된다.

고묵, 강의 근원

● ● ●

고묵은 소의 입이라는 뜻이다. 이곳에서 갠지스 강물이 시작해서 벵골 만까지 인도 대륙을 가로질러 흘러간다. 힌두교도들에게 향하는 흘러넘치는 사랑의 시원이기에 갠지스 강물을 따라 형성된 성지 중에 최고 대우를 받는 지역이다.

강가는 수카다(sukahada) — 번영을 베풀고, 목샤다(moksada) — 구원하는 어머니다. 강가가 흐르는 지역은 커다란 물줄기든, 자그마하고 좁은 수로(水路)든 모두에게 생명력으로 충만한 은총이 된다.

쉬바는 『푸라나』를 통해 강가를 노래한다.

그녀는 구원의 원천이다 (중략). 수만 번 태어나는 동안 한 죄인에 의해 축적된 죄의 더미들은 그녀의 수증기를 실은 바람에 접촉만 해도 파괴된다. 불이 연료를 태워버리듯이, (강가의) 이 물결은 사악한 자의 죄를 소멸시킨다. 현자들은 강가의 오르막 높은 대지를 오르며 그곳에서 브라흐마 자신의 높은 하늘을 넘는다. 위험을 벗어나 홀가분하게 천상의 마차를 타고 저들은 쉬바의 처소로 간다. 강가 물가에서 죄인들은 모든 죄로부터 구원받는다. (중략) 어떤 사람의 시신이 강가의 물 안에 들어오면 그 사람은 자신의 몸의 모공처럼 많은 햇수를 비슈누와 함께 살며, 만약 어떤 사람이 경사스러운 날, 강가에서 목욕하면 그의 발자국 수와 맞먹는 햇수 동안 비슈누의 하늘 세상, 바이쿤다에서 즐겁게 살게 된다.

빙하 밑에서 뿜어져 나오는 물들은 마치 자궁에서의 새 생명의 탄생처럼 태어나, 생명이 그러하듯이 바다에 이르기까지 쉬지 않고 흘러간다. 한 물줄기가 흘러가고 뒤에서는 새로운 물줄기가 받쳐주며 끊임없이 이어져 강이라는 하나의 흐름을 만든다.

"그대들, 이제 쉬지도 않는구나. 삶의 흐름을 그대로 닮았구나."

소리 내어 흘러가는 물이 도리어 고요하고, 역동적으로 움직이는 강물이 오히려 거울처럼 매끈하게 햇볕을 반사한다.

존재의 근원은 신성하다.

강가의 근원에서 뿌자를 하고 빙하로 올라선다. 고묵에서 타포반까지는 6킬로미터.

강고뜨리 빙하는 현재는 길이 24킬로미터, 폭이 좁은 곳은 2킬로미터, 넓은 곳은 6킬로미터이다. 빙하 위로는 마치 너덜지역처럼 많은 돌들이 이리저리 쌓여 있고 사파이어 색의 빙하호들이 곳곳에 자리 잡았다. 겉보기에 별다른 위험이 없어 보이지만 사실 히든 크레바스들이 포진하고 있어 사람들이 종종 실종된다.

강고뜨리 빙하 모습은 너무 많이 변했다. 몹쓸 곳에서 구르다가 돌아온 것처럼 얼굴이 거칠고 높이도 낮아졌다. 빙하에 올라서 예전 모습과 비교하자 사뭇 다르기만 하다.

숨이 무엇보다 중요하다

* * *

슈베따슈바따라 성자의 이름을 딴 『슈베따슈바따라 우파니샤드』를 읽어보면 첫머리 1장부터 기가 팍 죽는다.

이런 질문 때문이다.

"과연 브라흐만은 세상의 근원인가?"

"우리는 어디서 생겨났는가?"

"누구로 인해 우리는 살아 있는가?"

"최종의 순간에 우리는 과연 어디로 가 설 것인가?"

이 경전의 중간에 가면 요가를 수행하는 방법이 나온다. 요가를 통해 이런 질문을 해결할 수 있다는 이야기다.

방법까지 친절하게 이른다. 숨을 절제하고 모든 감각이 내달림을 통제하라고 말한다. 숨을 더 이상 절제할 수 없을 때 이제 아주 조금씩 코로 숨을 내쉬고, 거칠고 거센 말을 이끄는 마차 마부처럼 마음을 신중하게 통제할 것을 요구한다.

그리고 요가를 시행하는 장소를 알려준다.

매우 높지도 매우 낮지도 않은 그런 곳.

평평하고 깨끗하며 우둘투둘한 돌조각이 없고 불도 없으며 모래도 없는 그런 곳.

물소리도 없고 지나치게 편하지도 않은 곳.

마음에 꼭 맞고 눈에 고통을 주지 않는 환경이 있는 그런 곳.

바람을 직접 맞지 않는 그런 장소에서 요가 수행을 해라.

1920년부터 발굴이 시작된 모헨조다로는 '죽은 이〔死者〕들의 언덕'이라는 뜻이다. 여러 가지 귀중한 유물들이 많이 출토되었는데 이 중 요가 행자의 모습이 있어 요가의 역사는 기원전 1300년까지 거슬러 올라간다. 이들 행자들은 두 다리를 묶어 몸을 고정시킨 모습이다.

강고뜨리 빙하가 갑자기 끝나며 얼음절벽을 이룬 위에 놀랍게도 네 명의 요기들이 몰려 앉아 있다. 그들에게서 멀지 않은 곳에는 자일을 온몸으로 감은 사람 하나가 빙벽 연습을 준비하고 있어 대조를 이룬다. 요가를 시행하기 좋은 자리가 아닌 것으로 보아 수승한 구루지들임이 틀림없다.

한낮의 따가운 햇살로 언제 빙하더미가 무너져 내릴지 모르는 와중. 저 백척간두에 앉아 보는 사람 가슴을 서늘하게 만들다니. 호기심을 억누를 수 없어 그들에게 다가가려고 애쓰는데 이상하다, 크레바스가 나오고 얼음절벽으로 나갈 길을 찾지 못한다. 도무지 안전한 길이 없다. 몇 번 우회하다가 결국 내 갈 길을 가기로 한다. 미동조차 없는 몸과는 달리 오렌지 샤프론은 빙벽을 타고 오르는 바람에 의해 조금씩 펄럭인다. 도무지 죽음에 대해서 터럭만큼의 두려움조차 없는 수행자들이다.

힌두 수행자 소녀. 웃기도 잘 웃고 궁금증이 많아 묻기도 많이 묻는다. 질문을 들으면 상대를 알 수 있는 법. 맑기도 지극히 맑고, 얼림 또한 조금도 없구나. 그것만으로 스승으로 삼을 만하니 어찌 따뜻한 라면 한 그릇 대접하지 않을 도리가 있는가.

한 번은 모든 감각들이 내가 잘났다, 내가 최고다, 주장하기 시작했다. 그러다 결론을 내기 위해 아버지 창조주 프라자파티를 찾았다.

그는 명쾌하게 답했다.

"너희들 중에서, 떠남으로써 몸을 가장 곤란에 빠지게 하는 자가, 바로 최고다."

우선 목소리가 빠져 나갔다.

일 년이 지난 후 되돌아와서 물어보았다.

"내가 떠난 뒤에 어떠했소?"

"벙어리가 말을 못하듯, 말을 하지 않고 지냈소. 그러나 숨으로 숨을 쉬고, 눈으로 보고, 귀로 들으며, 마음으로 생각하며 지냈소."

목소리는 제자리에 돌아왔다.

다음은 눈.

"장님이 보지 못하듯, 보지 않고 지냈소. 그러나 숨으로 숨을 쉬고, 목소리로 말을 하고, 귀로 들으며, 마음으로 생각하며 지냈소."

눈도 되돌아왔다.

다음은 귀. 역시 되돌아왔다.

다음은 마음.

되돌아와서 '어땠소?' 물어보았다.

"어린아이들이 생각을 할 줄 모르듯, 생각하지 않고 지냈소. 그러나 숨으로 숨을 쉬고, 목소리로 말을 하며, 눈으로 보고, 귀로 들으며 지냈소."

이제는 마지막으로 숨이 빠져 나가려고 했다. 그러자 모든 감각들 역시 한 번에 사라지려는 것이 아닌가.

모든 감각이 숨에게 황급하게 다가와 부탁했다.

"숨이여! 그대는 우리의 주인입니다. 우리들 중에 그대가 가장 훌륭합니다. 떠나지 말아주십시오!"

숨의 중요성은 또 있다. 지고의 지혜를 가져다주는 사람이라는 나라다가, 영원한 어린아이라는 의미의 사나따구마라에게 가르침을 청한 대목 중에 '숨'에 대한 이야기가 일부분을 차지한다.

이름, 목소리, 마음, 의지, 의식, 집중, 분별력, 힘, 음식물, 열기, 대공, 기억력, 희망 등등을 브라흐만과 동일시하며 숭배하라고 말한다.

그리고 말한다.

"누군가 부모, 형제자매, 스승, 사제를 욕한다면 사람들은 그를 비난한다. 너는 부모를 죽이는 놈이다, 형제자매를 죽이는 놈이다, 스승을 죽이는 놈이다, 사제를 죽이는 놈이다."

힌두교에서는 부모, 형제자매, 스승, 사제에 대한 욕은 아예 생각조차 일으키지 않아야 한다.

"그러나 그들이 죽었다고 치자. 그들이 죽은 뒤에 이제 화장(火葬)을 하기 위해 부모, 친족, 스승을 몸을 도끼로 자르고 함부로 위로 쌓아올려도, 어느 누구도 너는 부모를 죽이는 놈이다, 너는 형제자매를 죽이는 놈이다, 너는 스승을 죽이는 놈이다, 너는 사제를 죽이는 놈이다, 말하지 않는다."

이미 숨을 거둔 상태, 숨이 떠난 상태다. 숨이 떠나면 가치가 없다.

'도(道)는 낳고, 덕(德)은 기르고, 물(物)은 나타내고, 세(勢)는 이룬다'는 글이 『노자』에 있다.
이 중에서 덕(德)에 관한 부분을 보면 '기르고, 크게 해주고, 품어 기르고,
멈추게 하고, 독을 주고, 길러 주고, 덮어 감싸고, 낳으면서도 내 것으로 삼지 않고,
되게 해주면서도 기대지 않고, 자라게 하면서도 다스리지 않으니
이것을 현덕(玄德)이라 한다'는 대목이 있다. 현덕이란 무엇을 반영하는가.
자연에 감싸인 이런 자리에서 단박에 답이 떠오르지 않는다면
짐 싸들고 하산하여 되돌아가야 한다.

"그러므로 숨이 진정 이 모든 것이 되는 것이다."

　호흡이란 그야말로 호(呼)와 흡(吸), 즉 날숨과 들숨으로 돌아보면 숨
―호흡은 너무나 경시당하고 있다. 사람들은 눈을 즐겁게 하기 위해 좋은
경치를 찾아다니고, 기분 좋은 향기를 위해 향수를 뿌리고, 좋은 소리를 찾
아다니거나 칭찬을 듣기 위해 애쓰며, 마음자리 평안해지고자 명상을 하는
데, 정작 감각이나 마음의 바탕이 되는 숨에게 깊은 애정이나 관심을 기울여
보았을까. 그 숨을 위해 다정한 눈길을 주고 천천히 심호흡이라도 해보았을
까.
　감각을 지나 마음과 호흡까지 아울러야 진정한 공부에 이른다.
　호흡을 관하지 못하는 사람이라도 가끔 길가에서 긴 호흡을 거듭하며
호흡을 바라보는 일은 가치 있다. 당연한 것에 대한 감사는 언제 시작해도
늦은 것은 아니다.
　강고뜨리 빙하를 가로지르면 앞사람의 발꿈치가 보이는 급경사를 올라
야 한다. 타포반에 오르는 마지막 관문으로 어느 누구도 단숨에 오를 수 없
다. 숨이 탁탁 막히며 가슴 중앙이 뜯어져 나가는 통증이 온다. 같은 고도라
도 빙하 주변은 식물군이 적어 산소의 밀도가 낮은 탓에 한 줌의 산소라도 더
얻어내기 위해 숨은 저절로 가빠진다.
　이 구간에서는 당연히 이렇게 숨에 대한 중요성을 만난다. 몸이 저절로
공부를 시켜준다. 겨우 몇십 미터 전진하고는 몸을 세워 모든 것의 바탕이
되는 급하게 들락이는 들숨 날숨을 바라보아야 한다.

아뜨만을 드러내어 까르마를 녹이는 수행, 요가

● ● ● ●

요가(yoga)라고 이야기하면 사람들은 보통 서커스 같은 장면을 생각한다. 다리를 꼬아서 머리 위로 올리거나, 팔을 고무처럼 뒤틀어 이상하고 어색한 자세를 만드는 장면을 상상한다. 그러나 요가는 상상하는 그런 괴이한 체위만을 일컫는 것은 아니다.

요가는 몸, 마음, 영혼의 안정과 행복을 위해 수행하는 기술이며, 이상한 자세를 취하는 것은 미친 원숭이처럼 뛰노는 마음을 한곳에 고정시키는 행위다. 또한 성자 파탄잘리(Patanjali)로부터 물결을 내려보낸 인도 전통 육파철학 중의 하나가 요가다.

우리의 마음을 잘 살펴보면 정말 천방지축이다. 가령 지하철에 올라탔다고 치자. 자신의 마음이 어떻게 변해 가는지 보면 기막히다. 자식 걱정, 노쇠한 부모님 생각, 그러다가 짧은 치마라도 본다면 또 다른 생각, 앞에 앉은 사람이 활짝 펼친 신문의 헤드라인 활자를 보면서 이런저런 생각, 나라 생각, 이라크 생각.

그야말로 꼬리에 꼬리를 물고 생각 사슬이 이어져 나간다. 원숭이 엉덩이는 빨개, 빨가면 사과, 사과는 맛있어, 맛있으면 바나나…… 생각은 멈추지 않는다. 원숭이 엉덩이가 끝말잇기로 어디까지 갔을까. 인간의 윤회가 이렇지 않을까, 앞선 생각을 기반으로 뒷생각이 거푸 일어나듯이. 이런 상태가 편할 리 없다. 단 한 번이라도 생각을 고정시켜 평화를 맛본 사람이라면 이 상태의 불편함을 잘 알고 있다. 이런 마음을 꽉 잡는 방법은 당연히 마음을 고정시키는 일이다. 요가란 '묶여 있다', '멍에에 매다', '함께 결합하다' 라는 의미를 가진다. 그러나 마음으로 마음을 다스리기가 무척 어려워 처음에는 몸을 빌린다.

쉽게 해보면 이렇다. 한 손을 위로 올려 지하철 손잡이를 잡은 후, 자세를 고정한다. 팔이 아무리 아파도 팔을 바꾸지 않는다. 내 마음을 아픈 팔에 고정시켜 놓는다. 이쯤 되면 시간이 지나면서 날뛰던 생각들은 모두 사라진다. 이것은 엑카그라타, '단 한 가지에 대한 집중' 으로 요가의 가장 기초다.

정신집중은 전철에서 몸의 한 부분에 자신의 마음을 고정시키는 것에 끝나지 않는다. 양 미간(眉間) 사이와 같은 신체 일부를 정하기도 하고, 어떤 형이상학적인 진리, 또는 신(神), 이를테면 깔리, 쉬바, 비슈누 등을 집중적으로 명상한다. 신에게 대상을 놓고 의식부동을 만든다.

탁류처럼 무질서하고 끊임없이 흘러가는 난폭한 정신의 흐름을 멈추고, 마음을 유동(流動)에서 부동(不動)의 덩어리[塊(괴)]로 만든다. 그리고 그 덩어리를 점으로 응결시켜 나간다. 흐르던 물이 소리를 내어 흐르다가, 멈춰 얼어버리는 일과 같다.

따라서 물이 얼어붙은 청빙을 가진 설산 봉우리들은 위대한 요가행자의 외적 반영이다. 그들의 부동의 자세를 보면 때로는 결가부좌로 앉아 그대로 응결된 요기의 모습과 다르지 않다. 나조차 이렇게 보이는데 요가를 밥 먹듯이 하는 힌두 수행자들에게 설산 봉우리들이 신의 거처로 여겨지는 일은 이상할 것이 없어 보인다.

후에 이 상태가 깊어진 수행자는 어느 장소, 어느 시간이거나 자신이 원하면 마음을 끊을 수 있게 된다.

『마하바라타』는 말한다.

아버지가 타락하기 쉬운 그의 자식을 통제하듯이, 그대는 지성을 가지고 다루기 힘든 감각을 엄격하게 통제해야 한다. 마음과 감각들을 하나의 점 속으로 끌어 모으는 것은 가장 높은 형태의 타파스[苦行]이다. 그것은 어떤 다르마의 길보다 나으며, 그것은 최고의 길이라 일컬어진다.

관조적인 지성 속에 감각과 마음을 집중하고, 스스로 즐거워하면서, 그 자리에 앉아라. 지나치게 많은 생각을 불러일으키지 마라.

일단 감각들이 그들의 방목지에서 돌아와 마구간에 갇혀지면, 그대는 연기 없는 불꽃 같은, 최고로 영원한, 모든 것의 위대한 아뜨만을 보게 되리라.

사랑하는 사람과의 입맞춤으로 미루어 상상한다면, 진정한 합일 순간, 눈을 뜨지는 않으리라. 혹은 귀가 활짝 열리지 않으리라. 감각이 닫혀 후각, 청각, 시각 등등이 폐쇄되어 오로지 촉감에 집중하게 되니, 신과 합일하는 일은 이어 촉각까지 닫는 경지가 된다.

야즈냐발키야라는 현자가 있었다.

그의 절친한 친구 하나가 어느 날 그를 찾아와 묻는다.

"몸을 구성하는 부분들이 그들의 대우주적인 상응물들 속으로 해체될 때, 즉 숨—호흡을 바람[風] 속으로, 눈은 해[日] 속으로, 귀는 달[月] 속으로, 아뜨만은 공간(空間) 속으로 해체될 때, 거기에 무엇이 남는가?"

야즈냐발키야는 당혹해한다.

"내 친구 이르타바가여, 내 손을 잡아라. 이에 대해서 우리 둘만 알리라. 우리는 이것을 대중 앞에서 이야기해서는 안 된다."

둘은 산책을 나서며 이야기한다.

그들이 대화하며 나눈 이야기는 바로 까르마〔業〕였다.

아뜨만이 드러나면 까르마는 조금도 남지 않는다. 맑디맑은 대기처럼. 요가는 아뜨만을 드러내어 까르마를 모두 녹이는 수행이다.

인간이라는 생(生)의 길에 있어서 겪어야 하는 불행은 신이 내린 것이거나 타고난 원죄가 아니다. 힌두교에서는 이 불행은 무지(無知), 즉 근본무명(根本無明)에서 기인한다고 생각한다. 무지를 극복하지 않으면 인간은 까르마에 의해 살게 되며 이것이 바로 고통과 동반되는 삶이라 말한다.

"우리가 죽음으로 해체되고 나면 남는 것이 무엇일까."

갠지스 강가에서 시체를 태우는 모습을 보고 물었던 질문이었다.

"겨우 한 줌의 재만 남는가?"

인간은 살아 있다. 그러나 힌두교에서 삼사라〔輪回〕의 눈으로 보면, 즉 윤회를 마땅히 끊어야 할 것으로 본다면, 살아 있는 일은 도리어 죽음이다. 즉, 인생이란 '살아 있는 죽음'이다. 진정으로 살아 있는 삶은 신과 합일되어 순수한 의식, 순수한 존재, 순수한 축복이 되는 것이다. 그곳으로 향한 여

힌두 수행자들에 있어 요가 수행은 필수불가결이다. 요가를 하지 않는 수행자는 없다. 육신을 통해 마음을 제어하고, 이어 마음을 통해 육신을 통제한다. 오랜 요가는 몸과 마음의 군더더기를 제거하고 그것은 외모로 나타난다.

러 방법 중에 하나가 요가인 셈이다.

　타포반은 빙하를 넘어섰으니 이미 강물의 근원을 넘어선 자리이다. 여기까지 오는 길은 무엇을 추구하며 사는가, 그리고 인생에서의 속도는 어떤가, 적당한 감속인가, 과속인가, 이도 저도 아니고 속도계를 바라본 일조차 없었는가, 묻는 길도 된다.

　더불어 숨이란 무엇인가, 그저 나와 상관없이 몸이 알아서 하는 일인가, 또한 정신집중은 왜 필요한가, 등등을 더듬어 볼 수 있는 구간이 된다.

　그리고나서 이제 타포반 사위의 아름다움에 무심으로 풍덩 뛰어들면 된다. 혹은 백색 봉우리를 향해 마음을 집중시켜 면벽(面壁) 면산(面山)하면 된다. 이제 풍경은 완벽하게 준비를 마쳐주었으니 아뜨만이 드러나고 까르마가 녹아내리는 일은 오로지 개인의 수행의 깊이에 달려 있다.

자신이 지극히 사랑하는 것에 의해, 자신이 추구하는 바에 의해 지배당한다. 실상(實相)의 공부가 깊어진 곳에서는 앎을 통해 정화가 이루어지고, 그 행동은 자연스럽게 맑음으로 향한다. 고개를 돌려 확인할 필요도 없으니 정치에 지배를 받지 않고 경제의 지배를 받지 않는, 저 에토스(ethos) 자리에 진리를 즐거워하는 구루들이 이곳 가르왈 히말라야에 수두룩하다.

나는 비슈누의 제자

● ● ●

화장터 계단을 올라와 멀지 않은 곳에 자리 잡은 연두색 대문집. 내 생
년일시를 정성스럽게 현지 시간으로 고친 후, 점쟁이는 신중하게 만뜨라를
외우더니 이어 금잔화 세 송이를 탁자 위에 던졌다.

이어 오른손으로 잡은 빨간 볼펜으로 연꽃 같기도 하고 목련 같기도 한
그림을 그려내기 시작했다. 알 수 없는 나지막한 노래를 불렀는데 아마도 자
신에게 신탁의 능력을 주는 신에게 바치는 바쟌이었으리라.

신탁이 나왔다.

내 미래를 열심히 이야기하던 중 이런 말이 튀어나왔다.

"너는 비슈누의 제자로 태어났다."

조금 섭섭하기도 하고 조금 기쁘기도 한, 하여튼 묘한 기분이었다.

"녹색이 행운을 가져다 준다."

히말라야를 함께 오른 포터들이다. 고지대까지 텐트와 먹거리들을 지고 힘들게 올라왔다. 그들에게 산이란 단순히 생활의 터전이지만 내게는 걸음걸음이 순례이며 도착하는 자리는 성지다. 이렇게 같은 산을 걸으면서도 다른 이유를 들라 하면 힌두교에서 한 마디로 쉽게 정의한다. "까르마가 다르기 때문이다."

이 이야기는 안 들어도 당연지사로 아는 이야기. 이미 임(林)이라는 성을 가지고 있고, 녹색으로 가득 찬 숲이거나 녹색풀이라면 한 번 더 시선을 던지고 산다. 만일 생명체를 찾기 어려운 황량한 고원지대에서 작은 녹색풀이라도 만나면 가던 길도 멈추는 사람이니까. 녹색은 행운이 아니라 이미 삶이다.

비슈누의 제자라는 말에 실망스러웠던 것은 내가 쉬바 신을 은근히 좋아하기 때문이었다. 그런데 타고난 비슈누의 제자라니 쉬바를 포기해야 하는 건 아닌가.

신화의 모든 곳에서 쉬바는 가장 강력한 힘의 소유자로 그를 대적할 상대는 우주에는 존재하지 않는다고 말한다. 쉬바가 사라지면 암흑이 오고 세상 질서는 기초부터 흔들렸다. 당연히 무적의 쉬바에게 이끌릴 수밖에.

"죽음이란 도대체 어떤 상태인가?"

"삶의 끝에 왜 죽음이 있어야 하는가?"

죽음에 대해 묻기 시작하던 어느 날, 내 가슴 안에서는 저승의 물소리, 저승의 바람소리가 들려왔다. 그러니 죽음, 해체, 파괴를 담당하는 쉬바에게 매료되지 않겠는가. 반대로 내심 반가웠던 일은 비슈누는 매우 지혜롭고, 자비로우며, 그의 아바타 중에는 붓다가 있기 때문이었다.

우스운 이야기지만, 이 점집을 나오면서 나는 힌두교의 비슈누 그리고 붓다를 이제 남은 평생 신봉하고 따라야 할 존재로 확정해 버렸다. 타고난 내 운명이 정말 그런 건지, 점쟁이 말 때문에 피암시성(被暗示性)으로 인한 발동으로 그렇게 된 것인지는 더 이상 중요하지 않았다. 원인 중에 이미 결

과가 선재한다고 보는 인중유과설(因中有果說)을 지론으로 삼고 있었던 바,
그것이 내 운명이라면 편안하게 받아들이기로 했다.

돌아보니 점쟁이 말로 단순하게 결정된 것이 아니라 그것은 정말로 타
고난 내 길이었다. 용한 점쟁이였다.

"옴 나모 바가바테 바수데바야."

신화의 한 토막을 보면, 쉬바라는 이름의 의미는 외모와는 완전히 다
르다.

쉬바 신에게는 사티(Sati)라는 이름의 배우자가 있었다. 사티는 닥사프
라자파티(Daksaprajapati)의 16명의 딸 중에 막내였다. 사티는 우마(Uma)
라는 다른 이름으로 불리기도 한다.

어느 날 신, 천사들 그리고 성자들이 모두 모여 희생제를 지내는데 사위
인 쉬바가 자신에게 절을 하지 않고 간단히 눈인사를 올리자, 장인 닥사프라
자파티는 분노한다. 자존심 상한 닥사프라자파티가 화를 참지 못하고 참석
자들 앞에서 쉬바에 대한 비난을 퍼붓는다.

이 대목에서 쉬바라는 이름의 의미와 외모가 자세히 나타난다.

"그는 수치심도 없고 남을 존경할 줄도 모른다. 그는 미친 정신이상자
들의 친구로 죽음과 악령에 둘러싸여 발가벗고 지낸다. 그는 게으르고 나태
한 하인들의 우상적인 존재다. 그는 시체를 파묻는 묘지에서 타다 남은 재를
몸에 바르고, 그 시체의 뼈를 목에 걸고 다닌다. 그는 잔인하고 흉포하다. 그
는 수행원을 거느리지 않고 제멋대로 파묻어 놓은 묘지에서 살고 있다. 그의
머리털은 타래 모양으로 묶여 있다. 그는 경사나 복을 주지 않는데도 불구하

고 항상 경사롭고 빛을 준다는 뜻인 쉬바라고 불리는데 그것은 대단히 유감스러운 일이다. 나는 본의 아니게 나의 딸을 그에게 주었다."

다시 말하자면 쉬바의 특징은 이렇다.

발가벗고 다닌다.

몸에 소똥을 태운 재, 혹은 화장터에서 시신을 태우고 남은 재를 바른다.

밤에는 주로 화장터 근처에서 지낸다.

사람의 해골로 만들어진 까만달루―물통을 들고 다닌다.

머리는 타래 모양이다.

그런데 그의 이름의 의미는 외모나 하는 짓거리와는 전혀 다르게 '경사스럽고 빛을 준다' 가 되니 쉽게 말하면 바로 길상(吉祥)이다. 사위가 이 꼴로 나다닌다면 장인의 입장에서 열불 나고 복장이 터질 만도 하다.

어원을 보자면, 쉬바는 si 혹은 svi로 시작한다. 어근 si는 '모든 존재를 품고 있는 자' 이며, 두 번째 어근 svi는 '모든 죄를 잘라내는 자' 라는 의미를 가진다. 즉 모든 실재의 근거이고 은혜로 모든 생명체를 구하는 최고의 자비라는 뜻이다.

쉬바는 본래 토속신 출신으로 이름이 운다, 으르렁거린다는 의미의 루드라였다. 루드라라는 이름에 관해서는 많은 기원이 있으나 그 중 하나는 이렇다.

어느 날, 브라흐마는 자기를 빼닮은 아들이 하나 나왔으면 하는 바람을 실현하기 위해, 깊은 명상에 들어갔다. 명상의 끝 무렵 문득 그의 품에서 검

쉬바는 토속신으로 산신 출신이다. 그가 잡은 삼지창은 산을 상징한다. 현재 인도에서 가장 막강한 권한을 가지고 있다.

푸른 피부를 가진 아이가 나타나더니 이리저리 뛰어다니며 울기 시작했다.

아이의 울음소리에 브라흐마는 안절부절못하며 아이에게 물었다.

"아가, 왜 우느냐?"

울음을 그치고 아이는 퉁명스레 대답했다.

"이름이 없어서요."

브라흐마는 아이를 달래며 말했다.

"울지 마라 — 마 루다(Ma Ruda)"

이리하여 그의 이름은 루드라, 즉 우는 자가 되었다. 하지만 이에 만족하지 못한 루드라는 계속 일곱 번을 더 울어댔다. 그런 연유로 모두 여덟 이름과 함께 여덟 모양을 갖게 되었으며 아슈타 무르띠, '여덟 모양을 가진 신'으로도 부르게 되었다고 한다.

그러나 그가 히말라야 산신(山神)으로 출발한 점을 생각한다면, 산사태, 눈사태, 몬순의 폭우, 험한 바람 등등의 산에서 격변하는 기후가 만드는 으르렁거리는 조화가 이름에 그대로 반영된 것으로 볼 수도 있다. 더구나 그가 품고 있는 삼지창은 번개를 의미한다고 하는 이야기보다 히말라야 산봉우리를 상징하는 모습이란 설이 유력한 상태다.

초반의 『리그 베다』에서는 농경시대를 반영하여 도둑과 약탈자의 왕(王), 파슈파티 즉 가축들의 지배자라는 이름으로 등장한다. 후대 서사문학

240

시대에는 엄청난 괴력을 지닌 고행, 요가, 청빈을 상징하는 수행자 모습으로 변한다. 현재에는 남근(男根) 모양의 형상을 상징으로 삼아 인도 대륙을 거의 모조리 거머쥐는 막강한 자리까지 올랐다.

개인적으로 쉬바 신을 마음에 두었던 이유 중에 하나는 당연히 힘〔力〕에 있었다. 힌두공부를 하면서 다시 매력을 한 가지 더했으니 외모였다. 다른 신들은 머리에 왕관을 쓰고, 보석 같은 아름다운 장식을 주렁주렁 매달고, 연꽃을 들거나 연꽃 위에 앉는 등, 호화로운 모습을 보인다. 그야말로 귀족 티가 줄줄 흐른다.

그러나 쉬바는 그 반대다. 왕관 대신 초승달을 머리에 꽂았고 그 옆에서는 강물이 흘러나오니 자연주의(自然主義)다. 거기다가 옷이란 남루하기 짝이 없고 헐벗고 돌아다니는 경우가 더 많지 않은가. 가지고 있는 것들은 또 뭐 있나, 오늘도 산길에서 여러 번 만났던 완전한 출가 수행자의 모습 그대로 삼지창에 물통 정도다. 이런 이유로 힌두교도들은 쉬바는 가끔 자신의 거처를 떠나 요가 수행자의 모습으로 바라나시 강변, 히말라야 산길, 혹은 쉬바 성지가 있는 지역에 사람 틈에 섞여 슬며시 나타난다고 믿는다. 오늘 내가 만난 수행자 중 하나가 바로 위대한 신, 마하데바(mahadeva)라는 이야기다. 때로는 호랑이나 사슴 가죽으로 몸의 중요한 곳만 슬쩍 가리고 목에는 뱀 하나 걸어놓고—그래도 태연할 정도로 대범하다—세속을 떠나 요가수행의 삼매에 들어 있는 모습이다.

다시 태어난 내생에서 출가하여 탁발방랑승으로 살고자 마음먹고, 성지에서는 그렇게 이루어지도록 서원하는 사람으로서, 만약 힌두 신 중에 하나를 고르라면 더할 나위 없는 완벽한 모습을 보인다.

"힌두교라, 거기에 무슨 신이 있죠?"

"브라흐마. 비슈누 그리고 쉬바가 있는데요."

"쉬바? 거, 솔로몬과 시바, 그거요?"

힌두교를 누군가에게 설명할 경우, 쉬바는 에티오피아의 여왕 시바로 왕왕 오인된다. 이 잘생기고 멋지며 금욕적 소향의 남성적인 신이, 겨우 솔로몬과 로맨스를 일으키는 시바 여왕으로 오인되다니. 나에게는 한때 지존(至尊)이 아니었던가.

이 경우, 내 손 아래 사람이라면 반드시 '아니, 이런, 이런, 이 무식한……' 이라는 핀잔을 피해가기 어렵다.

고행의 초지, 타포반
· · ·

타포반은 넓은 초지다. 절벽 끝으로 나서면 계곡 사이에 강고뜨리 빙하가 마치 거대한 용처럼 웅크린 모습이 보인다. 멀리 빨간 화살이라는 의미의 검붉은 락타반 빙하가 바기라티 좌측 옆구리에서 힘을 품은 용의 갈퀴처럼 이어져 있다. 이 지역의 주인 봉우리는 뭐니 뭐니 해도 '쉬바의 상징' 이라는 뜻을 가진 쉬바 링가를 줄여 부르는 쉬브링(Shivling)이다. 한때 쉬바를 흠모했던 사람으로서 쉬바의 이름을 받은 봉우리를 올려다보는 감회가 무척 새롭다.

"옴 나모 쉬바여."

일단 만뜨라를 봉헌하며 바라보기를 천천히 시작한다. 더듬듯이 바라
보며 둘러보자 성지의 개념이 정립된다.

자신의 종교를 지키기 위해 순교자의 목이 떨어져나간 자리를 성소(聖
所)라 지칭한다던가, 목숨을 던지며 이교도들을 지켜낸 자리를 성지(聖地)
로 삼는 일은 이제 받아들이기 어렵다. 며칠이고 걸어 오르며 감탄과 찬탄으
로 이어지는 장소. 그 어떤 근원에 접근하는 듯 슬며시 싹터 내심 커져가는
종교적인 엄숙함, 멋대가리 없이 다만 우뚝하게 일어난 높은 봉우리와는 달
리 도리어 안정적인 평안함을 주는 외양, 그러면서도 어쩐지 살아 있는 기분
이 드는 유기체와 같은 분위기, 그리고 이 대자연의 아름다움에 인간적 정취
가 더해져 정진하는 수행자들의 모습까지 보인다면.

더구나 접근하기 어렵고, 급경사가 있어 도착하기까지 고행을 요구한
다면 더 말할 필요가 없다. 가다가 서고, 또 힘들게 가다가 쉴 때, 어디선가
슬쩍 밀려오는 힘을 받아 다시 위로 향하는 행보. 올라갈 수 있다는 사실만
으로 어떤 울림과 공명할 수 있는 땅. 신에게 모든 것을 의탁하는 순수한 마
음은 무럭무럭 커지고.

이런 땅이 바로 성지의 필요충분 조건을 완벽하게 갖춘 곳이며, 타포반
은 바로 그런 성지인 셈이다. 타포반이란 타파스를 시행하는 고원지대를 의
미하니, 힌두교에서는 쉬바의 상징, 쉬바 앞에서 쉬바를 본받아 정진하며 고
행하는 장소로 알려져 왔다.

'하늘의 기운과 땅의 기운을 한 몸에 싣고 하나로 껴안으니, 능히 떠남이 없을 수 있겠는가.
기에 내맡겨 부드러움에 이르러 능히 갓난아이가 될 수 있겠는가〔載營魄抱一 能無離乎 專氣致柔 能嬰兒乎〕.'
난해한 뜻이 마냥 쉽게 풀려버리는 고원지대 타포반.

그러나 이런 신의 땅에 서정성이 없다는 이야기에는 동의할 수 없다. 신의 자식들이 바위로, 기화이초로, 시냇물로, 하늘의 독수리로, 흙으로, 모두 울긋불긋하게 어우러지며 서정성을 부여한다. '자연의 경치는 사실 마음의 경치'라는 이야기가 있듯이 강력한 자연의 신성은 내 안의 신성과의 공명이다.

"타포반에 가봤니?"

한밤중에 짜이를 마시기 위해 허름한 찻집에 들어섰다. 그러니까 1990년대 초였다.

외국인이 반갑다며 수다를 떨던 오렌지 샤프론을 입은 서양여자 아이가 갑자기 정색하며 물었다. 가게 안에 많은 시선이 내게 꽂혔다. 영어를 잘하나, 그렇다고 힌두어라도 능통한가, 별다른 대책 없이 길 떠나와 한국의 영어교육 문제점들을 실감하면서 다니던 터였다. 그러나 어학연수가 아니라 생사(生死)에 관한 철학 혹은 종교 연수중이었기에 이런 문제는 사소하지 않았던가.

"아니."

한국 사람이 불친절하다 해도 할 수 없었다. 예스 아니면 노라는 단어를 즐겨 사용하는 이유는 성격 탓이 아니라 실력 탓.

여자는 그런 단순한 내 화법에는 아랑곳없이 타포반을 이야기했다. 타포반에는 세 명의 뛰어난 수행자가 있는데 둘은 남자고 하나는 여자라고 했다. 남자 요가 수행자를 요기라 부르고 여자 수행자는 요기니라 일컫는다는 사실을 그때 처음 알았다. 그 중 만나야 할 두 사람을 꼽는다면, 요기 이름은 옴기리바바지, 요기니 이름은 옴마타지였다.

낡은 라디오에서 힌두음악이 비단실처럼 엥엥 뽑아져 나왔다. 따뜻한 짜이를 홀짝홀짝 마시다가 다시 주변을 돌아보았는데 현지인들은 물론 수행자 모습을 갖춘 순례자들까지 숙연하게 이 여자 이야기를 듣는 게 아닌가. 영어가 능통하지 않은 사람들을 그토록 조심스럽게 만든 것은 바로 타포반, 옴기리바바지, 옴마타지라는 이름 때문이었다는 사실을 금방 알아챘다. 심상치 않음을 느낀 나는 이때부터 귀를 모두 이 여자에게 활짝 열어놓는다.

한편 그런 이야기 듣고 참을 수 있나, 그리고 결국 날이 밝으면서 타포반을 향해 떠나게 된다.

그 시절 나는 진리보다는 사람을 찾아 나섰다. 말하자면 성자가 어디에 있다는 이야기나, 큰스님, 깨달음을 얻은 분이 어디에 있다면 찾아 나서고픈 충동에 시달렸다. 스승이 필요했고 스승만이 나를 구원할 수 있다고 강하게 믿었던 시절이었다. 묵직한 배낭을 메고 고묵을 지나 타포반의 수행자를 뵙기 위해 강고뜨리 빙하에 올라섰던 일도 같은 맥락이었다.

당시 운 좋게도 옴기리바바지를 빙하 밑에서 만나 지금까지 생활의 금과옥조로 삼고 있는 가르침을 받기도 했다.

"첫째, 좋은 음식을 먹어라. 잘 가꾸어진 야채를 주로 먹고 고기를 먹지 마라. 모든 음식을 먹을 때 맛있다고 생각하며 먹어라. 그러면 마음으로 들어간다. 음식은 육신만 지탱하는 것이 아니라 영혼도 지탱함을 염두에 두어라.

좋은 음식을 먹어라. 먹으면서 아뜨만이 깨끗해진다고 생각하라."

"둘째, 좋은 말을 해라. 머릿속으로도 나쁜 말을 하지 말고 축복의 말을 많이 해라. 남에게 상처를 주는 이야기는 금해라. 좋은 말을 주로 해라. 그렇지 않을 바엔 침묵해라."

"셋째, 좋은 걸음으로 걸어라."

"넷째, 잠을 적게 자라. 잠을 많이 자면 잘수록 너의 영혼은 혼탁해진다. 처음은 힘들어도 익숙하면 하루 세 시간으로 충분하다. 깨어 있으라. 잠을 적게 자라."

시간이 변하게 만든 일은 외모뿐 아니다. 생각도 그렇게 변해가서 이제는 성자를 찾지 않는다. 내게는 자연(自然), 즉 스스로 그러한 것들이 현재 스승 역할을 대신하고 있다. 자연 모습 하나하나가 법문이고 진리를 대변하는 구루였다.

큰스님을 뵙기 위해 삼천배를 하고 머리를 조아리는 대신, 그 스님이 주석하시는 뒷산을 배낭 메고 삼만 보 걸으며 바위와 나무들에게 말씀을 듣고.

"달라이라마를 만났나요?"

"교황님을 친견하셨나요?"

위대한 분을 뵙고 온 사람들이 왕왕 되묻는다. 성자를 만나는 순간, 순간적인 변화를 느꼈겠으나 돌아온 후에 그들의 일상과 생각은 전과 다름이 없다. 심지어는 그런 만남이 하나의 벼슬이 되어 우쭐거리는 자랑거리로 전락하는 경우도 자주 보았다.

구루가 진정으로 필요한 순간이 있다. 내가 충분히 변화하고, 내가 그의 가르침을 순간적으로 모두 받아들일 수 있는 때. 나라는 그릇이 완벽하게 비워지고 더할 나위 없이 단단해졌을 때.

그 순간이 오면 구루와 인연이 홀연하게 닿으리라. 까짓것, 생을 거듭하며 300년도 기다릴 수 있다!

모든 책임은 내게 귀속되는 것이라 내 스스로 영적 진화를 이루지 않으면 스승은 오지 않는다. 제일 먼저 해야 하는 일은 내가 나를 찾는 일로 많은 성자의 그림자를 뒤로 하고 내 자신에게 돌아가야 한다〔千聖過影 我求還我〕. '그렇지 않으면 비록 쇠신이 다 닳도록 대지를 돌아다녀 보아도 마침내 또한 얻지 못하리라〔不然, 雖穿盡鐵鞋, 踏遍大地, 終亦不得也〕.'

쉬바링가, 쉬바 성기, 쉬브링

● ● ●

사티는 사실 비슈누와 결혼하기로 되어 있었다. 이제 결혼식 날까지 잡힌 상태였다. 비슈누는 자신의 결혼식에 쉬바를 초대했고 쉬바는 소마에 취해서 늙은 수행자의 모습으로 뒤늦게 참석하게 되었다.

쉬바는 입구에서 취한 상태로 외쳤다.

"대접하라, 대접하라, 내게 대접하지 않으면 저주를 내리리라!"

마침 닥사가 자신의 딸 사티의 손을 비슈누에게 넘겨주는 순간이었다.

비슈누는 황급히 일어나며 쉬바에게 말했다.

쉬바와 파르바티와의 결혼식. 쉬바는 하얀 소를 타고 식장에 나타난다.

"아, 요기시여, 결혼식이 끝나면 대접하오리라. 그러니 내 옆에 앉으세요."

비슈누는 환술을 펼쳐 닥사로 하여금 사티의 손을 자신 대신에 늙은 수행자 모습을 한 쉬바 손위에 얹어놓게 만들었다. 닥사가 깨달은 순간, 때는 늦었다. 비슈누는 화를 내는 척, 변명을 듣는 둥 마는 둥, 불쾌하다는 듯이 자신의 거처로 되돌아가 버렸다.

사티의 부모는 말한다.

"어쩔 수 없구나, 내 딸아. 까르마가 이렇게 만들었으니……. 받아들여라, 그리고 이 영감을 따라가도록 하라……."

위대한 비슈누의 아내가 될 수 있었는데 부모의 심정은 어떠했을까, 더구나 사티 본인은 오죽했을까. 화려한 신 대신 늙고 추한 모습의 쭈글탱이 영감 수행자의 아내가 되어야 한다니 슬프기 짝이 없었다. 이제 사티는 비틀거리는 수행자를 따라나선다. 모두들 뒤에서 눈물을 훔쳤다.

노인네는 부들부들 떨면서 사티에게 말했다.

"너는 금지옥엽으로 컸다. 어찌 나와 함께 먼 길을 갈 수 있겠냐."

그러나 사티는 이미 마음이 섰다.

"나는 젊습니다, 당신이 도리어 걱정이 된답니다."

이들이 이렇게 카일라스까지 간다.

수행자는 형편없는 오두막 앞에 서더니 말한다.

"이게 이제 우리가 살 집이다. 안으로 들어가자."

그러더니 또 소마를 마시고 취하기 시작한다. 사티가 집 안을 둘러보니 정말 기막혔다. 거미줄에 먼지에, 청소라고는 단 한 번도 하지 않은 집구석이었다. 사티는 아름답고 깨끗한 친정이 그리웠으나 체념하고 청소를 시작한다. 얼마나 청소를 했을까, 집안이 제 모습을 갖추자 이제 취해 떨어진 늙은 요기 옆에 단정하게 앉는다. 그는 무려 사흘 낮밤을 그렇게 잠에 떨어져 있었다.

그러더니 깨어나서는 버럭 화를 냈다.

"너, 그동안 맛있는 거 혼자 다 먹었냐!"

그런데 사티는 역시 보통이 아니다. 도리어 얼마나 배가 고프시겠냐, 당신이 걱정이다, 이야기한다. 떠보느라 던진 몇몇 대화를 모두 환한 얼굴로 잘 받아넘긴다. 쉬바는 감동했다.

이제 사티에게 진지하게 말한다.

"사티여, 너는 그동안 속았다. 자, 이제 이 움막의 벽을 허물어 버려라."

사티는 묻는다.

"움막 없이는 저희가 어찌 살겠습니까?"

그러자 늙은 영감탱이가 일어나 벽을 쾅 차버린다. 벽이 무너지면서 진귀한 보석으로 장식된 세상에서 가장 훌륭한 집이 나타났다.

쉬바와 그의 부인 사티. 사티는 아버지가 자신
의 남편을 무시하는 점에 격분 스스로 목숨을
끊은 후, 시간이 흐른 후 파르바티라는 이름으
로 쉬바 곁으로 다시 돌아왔다.

사티는 입을 다물지 못했다.

"내가 살던 집보다 아름답다니!"

둘은 집 안으로 들어간다. 영감은
사티에게 소똥을 문질러 방석을 만들라
고 명령한다. 사티가 그렇게 하자 이 늙
고 허리가 구부정한 영감탱이, 소똥 위
에 철퍼덕 앉아 버린다. 그 순간 영감은
어디로 갔나, 잘 생긴 쉬바 신이 본래의
모습으로 되돌아온다.

사티는 감격했다.

"세상의 주인이시여, 나에게 이런
행운이 찾아오다니요. 진정으로 당신을
남편으로 맞이하겠습니다."

사티는 쉬바의 목에 화환을 걸고 주변을 세 바퀴 돌고 나서 절을 했다.
이렇게 결혼한 이들의 금슬은 더할 나위가 있겠는가.

쉬바의 사랑스러운 아내 사티는 자신의 아버지가 남편을 무시하는 일을
참을 수 없었다. 사티는 이 모욕에 대항하여 고급 요가인 자신의 태양총에
스스로 불을 지르는 방법으로 사마디(samadhi), 즉 세상을 하직한다.

고급 요가에서는 다양한 방법으로 낡은 육신을 벗어버린다. 자살이 아
니라 자신에게 운명적으로 주어진 시간을 아는 도력 높은 수행자들이 쓰는

252

방법이다. 일반적으로 히말라야 추위에 노출시켜 열반하는 히마사마디
(hima-samadhi)가 가장 전통적인 방법이다. 당연히 몸의 기능이 멈출 때까
지 정신은 각성 상태에서 육신을 바라보게 된다. 차가운 강물 속에서 삶을 마
치는 잘사마디(jal-samadhi)가 있고, 그대로 결가부좌로 앉아 즉 좌탈입망(坐
脫立亡)으로 육신을 남기는 스탈사마디(sthal-samadhi) 역시 흔히 만난다.

사티가 스스로 마하사마디(maha-samadhi)에 들었다는 비보를 접한 쉬
바는 처갓집을 쑥대밭으로 만들어 놓고 아내를 잃은 상실감으로 인해 넋을
잃고 방랑한다. 신화에 의하면 이때 무시무시한 우주의 파괴의 춤을 추고 나
서, 남은 사티의 시체를 우측 옆구리에 끼고 세상을 주유했다고 한다.

그러다가 시간이 지나면서 아슈라마, 숲속의 수행처를 배회하게 된다.
쉬바는 나체로 자신의 성기를 꼿꼿하게 세운 채 해골바가지를 두드리며 춤
을 추며 다녔다. 별다른 의도가 있는 것이 아니었는데 마침 숲속에 머물던
수행자들의 아내들이 이 모습에 완전히 반했다.

누군가 말했다.

"우리 남편은 신에게만 마음을 바치느라 우리들은 돌보지도 않는다! 저
멋진 남자를 따라가자!"

그녀들은 이 잘생긴 사내와 그의 성기에 이끌려 뒤를 따라다녔다. 명상
에서 깨어나 집에 돌아온 수행자들은 격노했다. 르시들은 상대가 누구인지
모르고 발가벗은 쉬바에게 항의했다. 쉬바가 정신을 차려보니 주위에는 많
은 여자들이 빙 둘러싸고 있는 것이 아닌가.

쉬바는 물었다.

푸른 하늘에 등을 지고 아무런 방해를 받지 않는다[背負靑天而 莫之夭閼者]는 저지할 수 없는 소요유의 경지다.
저토록 하얀 산기슭을 며칠이고 걸어보면, 장자가 여태껏 살아 친절하게 가르침을 내려 준다.

"당신들은 누구인가?"

"당신의 링가를 보고 따라왔습니다."

르시들은 분통이 터져 성기가 떨어져 나가도록 저주했다. 저주는 이루
어지는 법, 수행자들의 저주는 신 역시 피해 갈 수는 없는 법. 쉬바의 성기는
땅에 떨어지고 말았다. 그러나 쉬바가 또 보통 신인가. 성기가 떨어진 자리
에서부터 성기는 다시 자랐고, 성기가 떨어진 자리에서는 숲 전체를 뒤집어

254

버리는 화재가 일어나더니 점차 걷잡을 수 없이 번져 나갔다. 위급한 상황에 달려온 브라흐마의 설명을 들은 르시들과 그들의 아내들은 쉬바의 링가〔象徵(상징)〕, 즉 성기를 숭배하기 시작했다. 이때부터 쉬바의 상징은 성기가 되었다.

일부 신화에서는 땅에 떨어져 자라나기 시작한 링가를 더 이상 자라나지 못하도록 비슈누가 껴안았다는 이야기도 소개되어 있다.

이 이야기의 숨겨진 구도는 인도에 뿌리를 내리고 있던 토속신 쉬바와, 아리안의 유입과 함께 인도에 유입된 르시 사이의 충돌이다. 한편으로는 정처 없이 돌아다니며 적당한 자리에서 수행하는 요가 수행자와, 경전을 체계적으로 열심히 읽히는데 주력하는 학승 간의 대립이다. 불교적으로 이야기하자면 선(禪)과 교(敎)의 충돌을 말하는 것으로, 결국은 토종박이의 승리이며, 경전보다는 실천수행이 이긴 것을 상징한다. 르시들도 쉬바를 받아들였으니 잘 살펴보면 대승(大乘) 수행의 법맥이 쉬바 행적에 닿아 있다.

쉬바의 성기는 생식(生殖)과 다산(多産)을 상징하지만 그만한 비중으로 욕망의 절제를 주문하고 있다. 필요한 시기에는 다르마를 위해 사용하되 절제하지 못할 경우에는 낭비로 인한 폐해를 이야기한다.

일부에서는 한때 열병처럼 번지는 무절제한 출가와 고행에 대한 부작용 때문에 쉬바의 결혼 이야기와 그외 신들의 결혼, 출산 등등의 이야기가 『푸라나』에 삽입되었다고 주장한다. 너도 나도 신성을 얻기 위해 입산 수도한다면 사회를 유지하는 힘이 붕괴되기에, 경전은 적당한 곳에 신들 역시 결혼했음을 이야기하고, 자식이 부모를 공경하고, 제사를 지내며, 사회를 위한 생산 역할을 강조함으로써 부작용을 막으려는 시도를 한다. 경전이 만들어지는 기원전 인구와 분포를 본다면 한 마을의 청년들이 쟁기를 내던지고 우르르 숲속으로 혹은 히말라야로 떠난다면 그 마을은 난감하기 이를 데 없었으리라.

이 심산고처(深山高處) 일대를 가장 확연히 굽어보는 으뜸 봉우리는 쉬브링이다. 이 쉬브링이 굽어보는 넓은 초지를 중심으로 수행자들이 머무는 몇 개의 동굴과 돌집이 있다. 쉬바는 바로 요가 수행자들에게는 최고의 요가 수행자로 앞에 버티고 일어선 산이 바로 쉬바의 상징, 쉬바의 성기, 쉬브링이며 해발 6천543미터나 되니 장하다. 그러나 내 눈에는 성기보다는 오른손을 들고 자신에게 귀의하기를 기다리는 쉬바처럼 보인다.

내 요가는 히말라야의 응시다. 하루에도 수천 번씩 달아나는 마음을 간단하게 잡아주는 것은 히말라야다. 지금 쉬브링이 어김없이 꽉 잡아당겨 지극한 평화 안으로 들어간다. 산이 높아지면서 하늘과 굴곡을 이루는 선을 만들고, 산은 자체로 주름을 만들어 표정을 지으며 산과 산 사이에는 어깨로 이어져 계곡이라는 깊은 주름을 만들었다. 모두가 드라마틱하다. 가르왈 히말라야로 들어갈수록 힌두교라는 파장은 산처럼 높고 커져 쉬브링 앞에서 극에 이른다.

한 구루가 자신의 사원에서 나와 강가로 나가는 길이었다. 그는 마침 강을 향해 나가는 전갈 한 마리를 보게 된다. 전갈은 당연히 수영을 하지 못하는 터라 그는 오른손으로 집어 근처 바위에 올려놓았다. 순간, 전갈은 자신의 날카로운 침으로 이 친절한 구루를 쏘고 말았다.

구루는 목욕제례를 마쳤다. 이제 다시 사원으로 되돌아가려는 참이었는데 아까 보았던 전갈이 역시 강물을 향해 마구 기어가는 게 아닌가. 구루는 이번에는 물리지 않은 왼손으로 잡아 강변에서 멀리 떨어트려 놓았다. 철없는 전갈, 또다시 이 구루를 쏘고 만다.

제자들은 이 행동을 보고 의아하게 생각했다. 왜 두 손 모두 물려가며 전갈을 구하냐 물었다.

구루지는 말했다.

"전갈은 전갈의 다르마를 따랐고 나는 나의 다르마를 따랐을 뿐이다. 위협을 느낄 때 무는 것이 전갈의 본성이고 인간의 진정한 본성은 생명체를 구하는 것이다."

다르마(Dharma)를 잘 설명하고 있는 이야기다.

힌두 경전 중에 기원전 6세기에서 기원전 2세기 사이에 편찬된 『마누법전』에서는 총 12장에 걸쳐 이 다르마를 설명하고 있다. 학습자, 가장, 노년, 왕은 물론 각 직종에 있는 사람들이 지키고 행해야 할 덕목을 세세하게 설명한다.

다르마라는 말은 지탱하다, 유지하다, 부양하다는 의미를 가진 어근 dhr에서 파생되었고 우리말로는 법(法)이라고 푼다. 인간의 이상적인 행동 규범, 인류의 행위 규범, 법(法), 관습, 종교 등등의 의미로 폭넓게 쓰이고 있다. 불교에서 이야기하는 불법(佛法)이라는 단어 안에 들어간 법(法), 법륜(法輪)을 굴린다는 말에 들어간 법(法) 역시 마찬가지다.

사실 법이라는 단어를 들으면 괜스레 기죽고 판사, 검사, 변호사가 생각나며 피해의식이 싹트는 일은 잘못된 것이다. 법전이라는 이야기에, 무겁고 두꺼운 데다가 펼치면 읽기 어려운 한자와 난해하고 모호한 표현들이 있다고 연상하는 일도 마찬가지다. 힌두교와 불교를 공부하면서 법전이라는 이야기는 바로 옳은 길을 가는 방법, 즉 잘 사는 방법, 잘 죽는 법, 그리고 죽고 나서 잘 지내는 방법들이 적힌 책으로 복권되었다. 법이라는 단어에 어깨가 굽어지는 것이 아니라 법이라는 단어에 열락과 함께 큰절을 올리는 것이 이 가문의 다르마다. 이런 기준 역시 인도(印度)와 히말라야가 만들어준 선물이다.

"아버지(어머니)로서 어떻게 살아야 하는가?"

"아들(딸)의 진정한 역할은 무엇인가?"

"왕(상인)이라면 무슨 일을 해야 하는가?"

최근 우리 사회에서는 다르마의 급격한 붕괴를 볼 수 있다. 노(勞)는 사(使)의 일에 사사건건 관여하고, 사 역시 노의 문제를 지나치게 조정하려고 애쓴다. 정치에 대해서 시민단체들은 시시비비를 가리면서 이견을 제시한다. 이런 현상은 정치가의 경우 정치에 충실하지 않고 이권 챙기기에 나섬으로써 자신의 다르마를 잊고, 자신의 다르마에 불충실하면서 일어난 결과다.

또한 자신의 다르마를 잊고 지나치게 남의 다르마에 관여하면서 '제 앞가림도 제대로 못하는……' 이라는 소리를 뒤로 듣는 인물도 여럿 회자된다. 이런 크로스 오버에 대한 예를 들자면 밑도 끝도 없는 것이 요즈음 우리 세태다.

2003년에는 고위 정치인 이야기가 신문기사화되어 인도통들의 입에 회자된 적이 있었다. 한 일간지의 제목은 이렇게 잡혔다.

"인도의 최고 엘리트들은 요가 수도를 한다더라."

내용인즉

"인도의 인재들이 해외에서는 뛰어난 능력을 발휘하지만 인도의 경제가 부흥하지 못하는 이유는 최고의 엘리트들이 수도의 길을 선택하기 때문이라고 분석한 가운데, 우리나라의 경우도 이공계의 엘리트들이 한의대나 약대에 몰리고 있어 국가경쟁력 차원에서 바람직하지 못한 현상이라고 지적하면서…….(후략)"

다르마라는 사실을 이해하지 못한 점이 눈에 들어오지만 이런 말씀을 하신 분에게 다르마를 이해하라는 요구 자체는 이미 무리다. 경제가 제일 중요하다는 기본 논리가 무엇보다 앞서 있다.

사실 사람이 어떤 권력에 의해 지배받는가는 자신의 공부가 어느 정도인지 달려 있다.

"정치? 경제? 명예? 쾌락? 어느 곳, 혹은 어떤 것에 지배를 받는가?"

자신이 지극히 사랑하는 것에 의해, 자신이 추구하는 바에 의해 지배당한다. 실상(實相)의 공부가 깊어진 곳에서는 앎을 통해 정화가 이루어지고, 그 행동은 자연스럽게 맑음으로 향한다. 고개를 돌려 확인할 필요도 없으니 정치에 지배를 받지 않고 경제의 지배를 받지 않는, 저 에토스(ethos) 자리에 진리를 즐거워하는 구루들이 이곳 가르왈 히말라야에 수두룩하다.

국가 경쟁력이 개인의 마음에 평화를 주는 것인지, 경제가 한 개인을 구원할 수 있는지, 우리는 이미 알고 있다. 10억으로 행복을 구할 수 있고 적정 상태가 가능하다면, 그 사람은 그렇게 해도 된다. 돈을 위해 한의대, 약대에 몰리는 사람이나 엘리트들이 수행자가 되는 일이 옳지 않다고 평가하는 사람이나 재미있게도 같은 것에 지배를 받고 있지 않은가.

내가 무엇에 지배를 받고 있는가? 모두 다르마가 있게 마련이다.

옴마타지

● ● ●

"옴마타지는 발가벗고 있어. 머리가 길어 발뒤꿈치까지 내려왔어. 텐트를 치고 있는데 가끔 밖으로 나와."

오래 전에 들은 이야기에 의하면 여자 수행자 옴마타지는 당시 나체 수행자였다. 쉬바를 따르는 수행자 중에는 이렇게 옷을 걸치지 않는 사람들이 있었다. 그들 몸을 가리는 것은 오로지 긴 머리카락뿐이었다. 머리 역시 몸의 일부로 본다면 신 앞에 가리고 있는 건 아무것도 없는 셈이었다.

문제의 옴마타지는 쉬브링 산기운이 초지로 내려와 넓게 펼쳐지다가 다시 한 번 슬며시 일어나는 초원 끝부분 돌움막집에 있었다. 텐트 속에 살았다는데 이제는 조그마한 일속산방(一粟山房)에 바바지와 함께 거주하고 있었다. 눈매와 코, 그리고 얼굴 선으로 보아 남매처럼 보였다.

발가벗고 있었다는 이야기는 과거가 되었다. 그녀 역시 세월 따라 변해 푸른 줄이 그어진 하얀 사리를 입었다. 이제 하는 일이라고는 이곳까지 올라온 짐꾼이나 사람들을 위해 차를 끓이고 밥을 해주고 있었다. 돈을 주면 받고, 주지 않는다 해도 아무 문제 없었다.

수행자 시절의 다르마는 한쪽 다리를 대지에 박고 한쪽 다리는 손으로 잡아 올리고, 남은 한 손은 하늘을 향해 꼿꼿하게 세운 채 뜨거운 태양 아래 고행하는 일이었으리라. 옴마타지는 이제 모크샤를 넘어섰을까. 깨달음을 얻은 선사처럼 사람들을 위해 밥하고, 빨래하고, 차를 끓인다. 그야말로 '물을 긷고 섶을 져 나르며〔運水及搬柴〕 산다. 장부(丈夫)의 일대사(一大事) 이후에도 여전히 눈은 가로로 찢어져 있고, 코는 세로로 뻗어 있다〔眼橫鼻直〕는 이야기가 먼저 떠오르게 된다. 그것이 그녀의 완성된 다르마일까.

눈가는 아직 예리한 기운이 남아 있으나, 인사하면서 내가 만진 그녀의 발로부터 이름 그대로 어머니 같은 따스한 기운이 느껴졌다.

저녁에 옴마타지가 사람을 시켜 나를 만나자는 전갈을 보내왔다. 10여 년 전에는 내가 그녀를 만나고자 빙하로 올라섰다가 상황이 여의치 않아 되돌아가야만 했다. 이제 그만한 시간이 지나니 그녀가 먼저 만나자 사람을 보낸다. 사람을 찾지 않고 자연을 찾아다닌 결과인가, 찾지 않으니 도리어 찾는다.

당시 내게 가르침을 준 구루지들은 돌아보면 지금 내 나이였다. 그들은 이미 그 나이에 깨달음에 접근했거나 이미 지나 있었다.

경지 중에 최고의 경지는 무(無)로 눈에 보이는 세상은 처음부터 존재하지 않았던 마야로 보는 일이다. 그 다음 경지는 존재하되 서로 간에 구별이나 차별을 두지 않는 여여한 경지다. 그 다음 낮은 경지는 구별이나 차별은 존재하지만 그것에 옳고 그름, 아름답고 미움, 등등의 시비를 고려하지 않는 경지다. 그 아래는 시비를 가리는 경지로 바로 눈뜨면 만나는 우리들의 저잣거리 세상사다. 낮은 세상에서부터 걸어 올라가는 길은 이 경지를 한 계단씩 털며 오르게 되는 여정이다.

묻는다.

"그 사이 나는 얼만큼 진보했는가?"

갑갑하다.

"토끼가 거북이를 따라잡을 수 없다. 토끼가 거북이를 따라잡으려는 순간 거북이는 조금 더 앞으로 가 있을 것이고, 그걸 따라잡으려고 거북이의 위치까지 따라가면 역시 거북이는 조금 더 앞으로 나아가 있을 것이고……. 토끼는 결코 거북이를 따라잡을 수 없다."

나는 마치 제논의 패러독스, 제논의 마법에 걸려든 것 같다. 구루들이 보기에는 내 삶이 궤변스러울지 모르겠다. 애달프다. 그 사이 세월은 강물처럼 흘렀다. 피부는 탄력을 잃어가고 근력은 떨어졌으니, 세월은 무정하여 장부를 늙게 했다〔歲月無情老丈夫〕. 그러나 깨달음, 신성합일의 길은 내생까지 먼 시선으로 보면 늦었다는 말이 없다. 이 삶에서 갈 수 있는 곳까지 멀리 가기만 하면 된다.

여기서 하산하는 일은 정토(淨土)에서 예토(穢土)로 가는 일이다. 이 자리를 떠나는 일은 바로 귀양살이의 시작이다.

이 산기운을 받고 바라보며, 더불어 성자들과 만나며 오래 머물고 싶은 생각 간절하다.

마음에서 한 마디 들려온다.

"자, 이 땅에서 거룩하게 놀아보자."

"어머니, 하늘을 보고 땅을 한 번 보세요. 우리가 보는 이 우주 전체에는 눈에 보이지 않는 어떤 순수한 힘이 있어요. 그것이 브라흐만이죠. 그 힘이 작게 작게 쪼개져 여기저기로 흩어졌어요. 초목도 되고, 짐승도 되고, 어머니도 되고 저도 된 것이지요. 그렇게 쪼개져 들어온 것은 아뜨만이구요.그런데 쪼개진 이유는 무명으로 그렇게 되었어요. 그러니 무명을 없애고, 아뜨만이 브라흐만과 하나가 되면 제자리로 돌아가는 셈이죠. 이것을 해탈이라고 해요."

가오리꾼드의 오름길에서

● ● ●

해발 1천981미터의 가오리꾼드에서 해발 3천584미터의 케다리나트까지는 14킬로미터. 하루 사이에 고도를 1천700여 미터를 높여야 하는 강행군이다. 출발하기 전에 고생스러웠던 옛일 때문에 다소 긴장이 된다.

그날은 새벽 5시에 일어나 오늘보다 더 신경을 곤두세운 채로 배낭을 꾸리며 준비했다. 그리고 정확히 6시에 출발했다. 한낮 태양을 피할 만한 적당한 곳이 없다기에 서둘러 출발해 일찌감치 목적지에 도착하려는 계산이었다.

계획이란 대부분 계획으로 마감이 되는 법, 1시간이 채 지나지 않아 비지땀이 삐짓삐짓 흐르더니 몸 전체가 허우적대기 시작했다. 조랑말이 앞서가고, 무거운 짐을 진 꿀리들이 등을 보이며 스쳐 나갔다. 나보다 뒤쳐져 가는 사람은 아무도 없었다. 걸어 올라가기는 올라가는데 두 걸음 전진하면 세 걸음 뒤로 미끄러지는 자갈밭을 기어오르는 기분이랄까. 예정된 시간 안에는 도착은 어림 반 푼어치도 없었다. 고도 2천500미터 정도를 지나가면서 자꾸 어지럽고 헛구역질이 왔다. 졸음이 오면서 짊어진 배낭을 계곡 아래로 내던지고 싶었다. 지금 생각하면 엉뚱하게도 고산증이었다. 어이없을 정도로 낮은 고도가 아니었던가.

지금은 그 시절과는 많이 달라 몸과 마음이 높은 고도를 내 집인 양 아주 쉽게 받아들인다. 3천 미터를 넘어서는 고지대에서는 도리어 모든 상태가 최적으로 상쾌하게 느껴질 정도로 체질이 바뀌었다. 마구 헤매기 시작했던 지역을 가쁜 호흡 없이 가볍게 통과한다.

산을 걸을 때 지나치게 힘들게 걷는 일은 피해야 한다. 힘든 일이 사라지는 순간에 관(觀)이 깊어지는 것과 같다. 비행사는 비행에 대한 두려움이 사라질 때서야 시선 아래에 펼쳐지는 드넓은 풍경이 눈에 들어오고, 뱃사람 역시 바다에서 힘들게 노젓는 일이 사라진 후 평정심에 이르러야 수평선 위에서 일어나는 아름다운 일몰과 일출을 맞이한다. 가깝게는 초보운전은 여러 가지 신경쓰는 일에서 벗어나야 비로소 차창 밖의 모습을 보며 즐거움을 감상하기 시작한다. 『여씨춘추』 「적악(適樂)」의 이야기처럼 '마음이 화평한 연후에야 비로소 즐거울 수' 있다. 당시 괴로움 등등의 감정으로 미처 바라보지 못했던 풍경을 이번에는 속속들이 만난다.

그렇게 케다리나트에 도착한 기억은 희미하다. 개울을 건너자마자 마을 입구 집앞에 배낭을 내려놓고 잠시 잠들었다. 졸도했다는 표현이 적절하리라. 누군가 가볍게 흔들면서 깨어난 것 같았다. 간신히 몸을 추슬러 한 사람이 간신히 누울 작은 방 하나를 구하고, 몸을 새우처럼 구부려 누웠다. 다시 혼절(魂切).

양철 지붕에 비 내리는 소리가 툭툭 들리더니 와라락 쏟아져 내리기 시작했다. 어둠을 가로지르며 골방 안까지 찾아오는 번쩍이는 번개. 나무 침대가 흔들리는 어마어마한 천둥.

의식을 되찾나 싶었는데 허공에서 어머니 목소리가 들렸다.

"아가야, 아가야, 내 아가야, 너, 거기서 뭐하니……."

눈물이 핑 돌았다.

"나는 도대체 무엇을 구하고자 이 멀리 떠나왔는가."

"내, 무엇 때문에 이 고생을 하면서 쓰러져 있는가."

"무엇을 구하기 위해 이 깊은 산중까지 기어올라 왔단 말인가."

옆으로 뜨거운 눈물이 방울로 흘러내렸다.

"가오리꾼드에서 배낭을 메고 기어올라와 케다리나트 사원 옆 골방에 쓰러져 있는 이 사내는 도대체 누구란 말인가."

추웠다. 이상한 일이었다. 항상 몽둥이를 들고 입장하는 영어선생님이 갑자기 생각나다니. 선생님은 질문에 머뭇거리며 대답하지 못하는 나를 교실 밖으로 몰아냈다. 매우 추운 날이었다. 밖으로 내보낸 나를 잊어버리신 건 아닐까, 양손을 들고 꽤나 오랫동안 추위 속에서 벌을 서야 했다.

"울고 있는 이 사내 누군가?"

질문에 답하지 못하는 무지. 나는 그 시절처럼 추위 속에서 당연히 벌을 받아야 한다고 생각했다.

"삶과 죽음이란 얼마나 모진 것이냐, 왜 고통 받아야 하는가?"

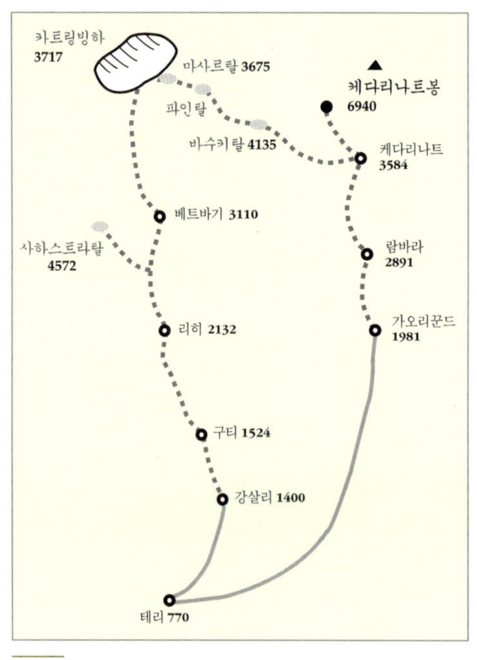

케다리나트 지도

"이런 삶과 죽음을 겪어내야 하는 나는 누구인가?"

산다는 게 너무 슬퍼서 또 눈물에 눈물이 더해지고.

알지 못한다는 점이 이토록 서글프고.

그러나 그나마 다행이었다. 질문조차 그리고 슬픔조차 고산증으로 약한 명주실처럼 툭 끊어져버린 밤. 쉬바 신 처소의 입성치고는 지나치게 혹독한 신고식이었다.

타종소리에 몸을 일으키며 시계를 보니 이미 7시가 넘었다. 깨지는 듯한 머리로 밖으로 나가자, 놀라워라, 지난 밤 폭우를 가지고 왔던 구름은 모두 날아가 버린 청명한 하늘, 삼면 히말라야가 병풍으로 일어선 눈부신 경관. 논리, 질문, 해답 따위는 모두 날아가 버린 풍경. 산기운이 청량했다. 여명 시간대에 시작하여 유구한 세월동안 그려왔을 활달한 스카이라인이 초현실적으로 보이기도 했다. 파란 하늘을 배경으로 톱니바퀴를 이루는 광휘로운 일루전. 신비스러운 기운이 바람처럼 밀려오지 않았던가.

270

다시 찾아가는 케다리나트. 고소증은 더 이상 없다. 가끔 지치기는 하지만 예전처럼 격한 고통은 조금도 만날 수 없다. 눈물 흘리던 심약한 사내는 이제 도리어 유한 표정으로 스틱을 바닥에 쿡쿡 찍으며 높은 고도를 향해 거침없이 오른다. 길이 멀어 수십 킬로미터를 하루에 걸어야 한다 해도 이런 물리적인 거리는 얼마든지 극복할 수 있다. 내 머리에서 가슴까지의 거리만큼 먼 것이 있을까. 밝은 아뜨만이 거주하는 가슴까지, 보리수나무 아래 무니〔모니(牟尼)〕가 되는 깨달음 자리까지는 얼마나 먼가. 범부중생 무명의 세상에서는 이보다 먼 곳은 없으리라.

꿈에서나마 나를 돌보던 어머니를 이제는 내가 보살피고, 삶과 죽음 때문에 더 이상 울지 않는다. 길은 좋아져 오솔길을 넓혔고 순례자들이 걷기 좋게 돌을 깔았으니 탄탄대로다. 날씨마저 돕는가, 강한 고산 햇살을 구름이 차단하여 걷기에는 더할 나위 없다.

이 길은 고대로부터의 영혼의 지성소로 향하는 순례자의 거룩한 길. 이제는 그동안 힌두교 공부 탓에 산길들이 자신 있게 숨겨진 사연을 이야기한다. 아무것도 모르고 제 몸조차 가누지 못하고 허우적대던 옛길의 나를 불러내어 신화를 같이 바라본다.

길 위에 숨겨진 이야기
● ● ●

유랑하던 성자 나라다에게 악마 브리카아수라(Vrikaasura), 일명 바스

마아수라(Bhasmaasura)는 "어떻게 하면 신이 자신에게 만족할 수 있겠냐?" 묻는다. 신이 만족하면 자신의 부탁을 들어주리라는 믿음 때문이었다. 나라다는 쉬바를 믿고 따르도록 권유한다.

이에 브리카아수라는 목적을 이루기 좋은 히말라야를 찾아 오른다. 그리고 수없는 시간동안 맹렬하게 타파스, 즉 고행을 거듭한다. 타파스가 이제는 충분한 경지에 다다르자 마지막으로 희생제를 지내게 된다. 바로 오늘의 목적지 케다리나트에서의 일이다.

악마는 삼면이 히말라야 은빛 봉우리에 둘러싸인 케다리나트에서 불을 피우고 자신의 살점을 뚝 떼어내 공물로 바쳤다. 그래도 쉬바가 나타나지 않자 이번에는 과감하게 자신의 머리를 바치기로 하고 날카로운 칼을 목에 들이대는 순간, 드디어 쉬바 신이 등장한다.

오랜 고행을 하면, 신들은 상대가 사람이건, 성자건, 또 다른 신이건, 심지어는 악마까지도 소원을 들어주어야 했다. 요가와 타파스는 신에게 간청하기 위해 사용하지만 심지어는 신을 협박하기 위해 쓰이지 않는가.

쉬바가 브리카아수라에게 소원을 묻자, 단 한 가지를 요구했다.

"내 손에 닿는 것은 무엇이든지 재가 되도록 해주소서."

신의 입장에서 보면 악마에게 이런 힘을 준다는 건 난처한 일이었다. 그러나 고행의 강도 때문에 요구를 들어주어야만 했다.

악마 브리카아수라는 쉬바가 허락한 은총이 정말 효력이 있는지 궁금했다. 그는 자신에게서 가장 가까운 곳에 있는 쉬바에게 손을 뻗쳤다. 놀란 쉬바는 황급히 도망쳤다. 이제 그를 구할 수 있는 존재는 비슈누뿐이었다. 이미 이 아슬아슬한 상황을 지켜보고 있었던 비슈누는 자신의 모습을 덕망에 가득 차 보이는 학승 브라마차리로 재빠르게 바꾸어서 히말라야 산길에서 악마가 오기를 기다렸다.

곧바로 막 달려오는 악마를 막아서며 친절한 목소리로 말했다.

"오, 위대하신 분이여, 무엇 때문에 그렇게 정신없이 달려가십니까? 당신은 지쳐 쇠약해 보입니다. 마음을 진정하고 잠시 쉬십시오. 무슨 일이 있었습니까? 어떤 위험이 닥쳐오나요? 제가 도와드릴까요?"

다른 경전에서는 비슈누가 교태로운 여자로 변해 길을 막았다고도 한다. 그러자 악마 브리카아수라는 걸음을 멈추고 자초지종을 이야기했다.

변장한 비슈누가 우습다는 듯이 말했다.

"쉬바는 얼마 전에 장인 닥사프라자파티의 저주를 받은 후에 미쳤습니다. 그는 자기가 뭔 말을 했는지조차 모를 겁니다. 그의 말은 진실조차 없는데 왜 그 말을 믿습니까? 그의 말대로 이루어지는 것은 하나도 없습니다."

비슈누는 쉬바의 능력이 의심스럽고, 이제는 더 이상 그런 힘을 줄 수도 없다고 단언했다.

일단 운을 뗀 비슈누는 흔들리는 악마의 표정을 보고 재빠르게 말을 이었다.

"그렇다면 당신은 당신의 머리를 손으로 만져보고 스스로 검증하면 되지 않겠습니까? 위대한 당신이 어쩌다가 그런 천박한 술수에 괴로워하십니까?"

악마는 비슈누가 펼친 요가 마야(Maya)에 빠졌다. 순간적으로 아무 생각 없이 자신의 손으로 자신의 머리를 만졌다. 그러자 단번에 확 타올라 한

쉬바의 사원에 입장하려는 사람들이 길게 줄을 이었다.
이들은 하나같이 산길을 힘겹게 걸어 올라온 순례자들이다.
이제 순례의 마지막 관문인 사원 입장을 기다린다.
이 줄은 사원을 한 바퀴 휘감을 정도로 길고,
히말라야 고지대의 날씨는 입은 옷에 비해 추워도,
어느 누구도 초조해하지 않는다.
목적지에 도달한 안도감 탓이리라.

줌의 재가 되어 버렸다.

이 모두 케다리나트 주변의 계곡과 이 오름길에서 벌어진 일들이다. 가르왈 히말라야에서는 대부분 봉우리들은 신과 관계가 있고 산을 감고 있는 오솔길 역시 신과 악마와의 이야기들이 풍부하게 스며들어 있다.

고산증으로 중간에 쓰러지지 않기 위해, 계곡으로 떨어지지 않기 위해 노력을 경주했던 날. 이번에는 고통 대신 걸음걸음 신화의 의미를 되새길 수 있다니.

삶도 그렇다. 인생에 있어 질병이나 고통이 없다는 사실은 그만큼 여유를 보장한다는 의미다. 그러나 그렇게 주어지는 인생의 여유를 어떻게 사용할 것인가, 고작 취미활동으로 소중한 여유를 소비한다는 일은 이제 스스로에게 용납되지 않는다. 지난 시절의 친구들은 여가 낭비주의자였다. 직업상 한국 평균수입보다 많았고, 시간 역시 풍족했던 친구들은 남은 시간을 포커, 양주, 골프 그리고 재테크에 투자했다. 지금 그들은 골프장을 가기 위해 자동차 도로 위에 있을 것이고, 나는 쉬바의 성지 케다리나트로 향하는 길을 두 발로 걷는다. 질병으로 생존하기 위해 애쓰는 사람들과, 그 반대로 주어진 여유를 탕진하는 사람들은 같은 무게로 느껴진다. 히말라야를 밟고 다닌 시간의 무게가 제법 되어 지금은 신화를 이야기하고 삶을 비유하며 산길을 땀 흘려 걸으니 진정한 은총(恩寵)이란 이런 것이리라.

"자이 케다르!"

길을 오르는 사람끼리 만뜨라를 나눈다.

케다르는 쉬바의 또 다른 이름이고 자이는 구태여 한국어로 옮기자면 만세 정도다. '쉬바 신 만세!' 혹은 '쉬바 신은 승리했다!' 는 의미의 만뜨라다.

신화는 브리카아수라의 행위를 통해 내게는 이렇게 교훈을 준다.

"어느 누가 자신에게 은총을 준 사람에게 도리어 공격하며 살아갈 수 있는가?"

"어느 누가 자신에게 축복을 내린 존재를 해하려 하는가?"

케다리나트로 걸어 올라가는 동안에는 그동안 살아오면서 내게 은혜를 준 모든 존재를 묵상해야 하는 시간이다.

이 삶에서 내게 생명을 부여한 부모님을 비롯해서, 함께 피를 나눈 가족에서부터 동심원은 바깥으로 넓게 퍼져 나간다. 물결은 삶과 죽음의 법칙을 설명한 스승들, 친지, 친구, 음식을 만드는 뭇 짐승들과 초목들, 그들을 키워낸 대지까지 어김없이 진행한다. 은혜롭지 않은 존재가 없으니 사실 우주 전체가 은혜다.

물어야 한다.

"이 모두에게 조금이라도 배은(背恩)하고 망덕(忘德)한 일은 없었는가?"

그리고 무엇보다 신성을 품고 있는 내 자신을 어떻게 대하고 살아왔는가? 나에게 가장 진득한, 나에게 가장 가까운 나를 과연 잘 대했는가. 그에게는 밥만 주어서는 안 되고, 술과 안주로도 효과가 없고, 금은보화도 썩 좋은 방법이 아니었는데 어떻게 키워왔는가.

가르왈에서 다른 학자는 몰라도 샹카라만큼은 알아야 한다
● ● ●

아디 샹카라차르야(Adi Shankaracharya)는 불교의 나가르쥬나(Nagarjuna), 즉 용수(龍樹) 역할에 필적하는 힌두교의 위대한 성자로 보통 샹카라(Shankara)로 줄여 부른다. 힌두교에서 더불어 가르왈 히말라야에서 다른 학자는 몰라도 이 샹카라만큼은 알아야 한다. 현재까지 대대로 이어지는 힌두교 종정(宗正)에 해당하는 직위를 샹카라차르야라고 부르는 이유 역시 샹카라라는 대성자에 대한 추앙과 예우다.

성자들에 대한 후세 기록은 미화가 덧칠되기 때문에 어느 정도 미스터리에 잠겨 있다. 샹카라 역시 11개나 되는 많은 전기(傳記)가 남겨져 있고 생몰연대는 매우 다양하다. 그러나 전기에서 공통된 점을 추리면 그의 일생은 이렇다.

남인도의 케라라 주의 작은 마을 깔라디(Kalady) 출신으로 아버지 이름은 쉬바구루였으며 어머니는 인근 마을의 쉬바따라카였다. 오랫동안 둘 사이에 아이가 없자 신에게 부탁하기로 하고 함께 사원에서 고행하며 기도를 올리게 된다.

그러던 어느 날 쉬바구루 꿈에 쉬바가 노인 모습으로 나타나 묻는다.

"평생 행복하게 삶을 영위하는 1백 명의 아들을 원하느냐? 아니면 수명이 짧고 험한 길을 가는, 그리고 성자가 되는 단 하나의 아들을 원하느냐?"

쉬바구루는 후자를 선택했다. 같은 시간, 아내 쉬바따라카 역시 꿈을 꾼다. 성스러운 하얀 소를 탄 쉬바가 나타나 '너는 위대한 성자가 될 아들을 낳으리라' 말하고 사라진다. 두 사람은 곧바로 각자 신기한 꿈에 대해 이야기를 나눈다.

바로 그때, 사원에서 쉬바의 목소리가 울려나온다.

"나는 너희의 아들로 이 세상에 태어나리라."

곧바로 태기가 있고 적당한 시간이 지나 아들을 낳게 되니 이름을 쉬바 신을 의미하는 샹카라로 짓는다. 샹카라는 물론 케다르, 강가다라, 마하데바, 나타라자, 모두 쉬바 신의 이름들이다. 서기 805년, 인도 월력으로는 소의 해, 계절은 바쉬아카(5~6월)로 기록되어 있다.

아이는 태어나자마자 비범한 모습을 보인다. 이미 한 살에 산스크리트의 읽기, 쓰기, 말하기에 능통한 신동이었다.

한 번은 어머니가 잠시 자리를 비웠다가 돌아와서 아이 모습을 보고 질겁한다. 자신 아들의 목에 코브라가 칭칭 감겨져 있는 것이 아닌가. 어미가 비명을 지르기도 전에 코브라가 천천히 모습을 바꾸어 아름다운 말라〔花環(화환)〕로 변했다. 코브라를 목에 건 모습은 바로 쉬바의 모습.

또 어느 날, 샹카라는 과일을 보면서 그 안에 씨가 몇 개인지 알아맞힐 수 있다고 했다. 그러면서 이렇게 말해 주변을 놀라게 만들었다.

"그 숫자는 바로 우주를 창조하는데 관여한 신들의 숫자와 같아요."

사람들이 과일을 잘라보자 씨는 단 한 개가 발견되었다.

아버지는 소년의 나이 다섯 살에 세상을 떠난다. 소년은 이 시절부터 명상에 잠기고 마을로 탁발을 나섰다. 가난한 여인 하나는 그에게 보시할 것이 없어 안타까워하다가 자신이 먹으려던 암라 열매 조각을 바쳤다. 그러자 이 소년은 문 앞에 황금과 황금 암라의 비〔雨〕를 내려주는 이적을 보였다.

샹카라는 어머니의 보살핌을 받으며 여덟 살에 이르러 『베다』를 모두 통달하고 이제 출가해서 고행을 시작하기로 마음먹는다. 어머니는 아직 젖 냄새 가시지 않은 어린아이가 고행을 시작하는 것을 만류했으나 소년의 뜻은 어머니와는 달리 보다 높고 위대한 자리에 있었다. 샹카라는 반대하는 어머니를 거듭 설득한다.

어느 날 푸르나 강에서 목욕하고 있을 때, 악어가 나타나 그의 한쪽 발을 물고 깊은 곳으로 끌고 들어가려 했다. 바로 옆에서 이 모습을 바라보던 어머니는 겁에 질려 어쩔 줄을 모르며 울부짖음과 비명을 질러 사람들에게 구원을 청했다. 이때 소년은 조금도 동요됨이 없이 차분하게 어머니에게 물었다.

"(악어가 나를 죽이지 않는다면) 출가해서 산야신이 되어도 좋겠습니까?"

세상의 그 어떤 어머니라도 같은 결정을 내렸으리라. 당연히 선택의 여지가 없었다. 아들이 악어에 물려 죽는 것보다 비록 자신 곁에는 없지만 같은 하늘 아래에 살아 있는 일이 더 낫지 않겠는가.

어머니는 서둘러 승낙했다.

"그래라! 그래!"

순간 악어는 소년의 발을 놓고 미끄러지듯 강으로 사라졌다. 현재 깔라디의 사원 옆 강변에는 이 일화를 기념하기 위해 크로커다일러 가트가 있다.

소년은 어머니를 위로하며 방랑승이 되어 집을 나섰으니 겨우 여덟 살 (책에 따라서는 열 살이라는 기록이 있으나 10세 이전에 출가한 것은 확실하다)이었다. 어머니 장례식에는 반드시 돌아오겠다는 약속을 남겼다. 보통 심지가 아니다.

북쪽으로 걸음을 옮겨 나이 먹은 많은 수행자들이 명상하는 장소인 나르마다 강둑에 도착했다.

소년은 한 노인에게 성큼성큼 다가가서 다짜고짜 절을 올리며 말했다.

"제 스승 고빈다 앞에 절을 올립니다."

고빈다 바가바트빠다(Govinda Bhagavatpada)는 그를 알아보고 뜨겁게 맞이하여 문하생으로 받아들였다. 이미 고빈다의 스승 가우다빠다(Gaudapada)에 의해 예견된 일이었다.

어느 날 고빈다의 다른 제자들과 동굴에서 명상을 하던 중, 나르마다 강에 홍수가 닥쳐 동굴 입구가 잠긴다. 이때 샹카라는 동굴 입구에 자신의 발우를 놓고 만뜨라를 외워 홍수를 잠잠하게 만든다.

이 모습을 보고 고빈다는 자신의 스승이 하셨던 말씀을 기억했다!

"『브라흐마 수트라』에 대한 주석서(註釋書)는 강물을 잠재우는 사람만이 쓸 수 있다."

고빈다는 샹카라에게 『브라흐마 수트라』, 『바가바드 기타』 그리고 『우파니샤드』의 주석을 권고하게 된다. 15세에 이르러 샹카라는 카시, 즉 바라나시에 도착하여 불이이원론(不二二元論) 혹은 비이원론(非二元論), 즉 아드바이타(Advaita) 철학을 전도하며, 스승의 말씀을 따라 『브라흐마 수트라』, 『바가바드 기타』 그리고 『우파니샤드』의 주석을 시작한다. 그리고 이곳에서 『바자 고빈담(Bhaja Govindam)』을 완성한다. 기막힌 일이 아닐 수 없다. 나이 지긋한 브라흐민도 제대로 할 수 없었던 힌두 최고 경전 주석서를 겨우 15세 소년이 만들다니.

공자(孔子)는 15세에 학문(學問)에 뜻을 두었다는 의미에서 15세를 지학(志學)이라고 한다. 그런데 15세에 모든 것을 이루어냈으니 불혹(不惑)이 뭔가, 지명(知命), 이순(耳順)을 모조리 뛰어넘는다. 그러니 쉬바 신의 화신으로 추앙받는 일은 당연하다.

인도에서 오랜 생활을 하던 중, 샹카라 학파의 제자로 입문할 것을 고민했던 『우리는 지금 인도로 간다』의 저자 정창권은 바라나시에서 완성된 『바자 고빈담』의 뒷이야기에 대해 이렇게 설명했다.

샹카라차르야와 관련된 이야기들 중 바라나시에 머물 때 지었다는 두 시(詩)가 만들어지게 된 동기를 전하는 흥미로운 일화들이 있다.

그 중에 하나는 지금도 수행자들에 의해 곧잘 언급되고 있는 바잔(Bhajan, 찬양가)의 가사로도 곧잘 이용되고 있는 『바자 고빈담』이라는 시에 얽힌 것이다. 이 시는 어느 날 샹카라차르야가 길을 지나다 산스크리트어의 어려운 문법과 단어들을 기억하느라 골머리를 앓는 한 학자를 보고 쓴 것이라는데, '문법과 단어를 외우는 것에 그치는 공부가 어떻게 영혼을 정화시키고 고양시킬 수 있겠느냐'는 내용이 주를 이루고 있다. 이는 껍데기 지식을 가르칠 뿐이지 실천하지 않는 선생들에 실망하게 되었다는 그의 출가 동기와도 연관되어 있어, 흥미를 더하는 일화다.

다른 하나의 일화는 그가 강가에서 목욕을 마치고 사원으로 돌아가던 어느 날, 반대 쪽에서 네 마리의 개를 끌고 오는 찬달라(Chandala, 불가촉천민) 한 사람을 마주치게 되는 것으로 시작한다.

브라흐민 출신인 샹카라차르야는 무의식적으로 그에게 길을 비킬 것을 명령했는데 그 천민은 이렇게 반문했다고 한다. "오직 하나만이 존재한다고 한다면, 당신이 지금 비켜줄 것을 요구하는 것은 무엇인가? 몸을 비켜달라고 한 것이라면 네 몸이나 내 몸이나 똑같은 요소로 만들어진 것이고, 내 영혼을 비켜달라고 하는 것이라면, 내 영혼 또한 당신 것과 다를 바 없다. 그러니 무엇을 근거로 한 신분 구별과 교리로 내게 길을 비킬 것을 명령하는가?"

샹카라차르야는 자신이 주장하는 사상에 입각하여, 자신의 무의식적인 행동을 준열하게 꾸짖는 이 불가촉천민의 사람에게 엎드려 경배를 올리고선, 이것이 계기다 되어 '존재하는 모든 것에서 유일자를 보는 자는 그가 설사 불가촉천민이라 할지라도 나의 스승이다' 라는 말로 끝나는 스탄자(Stanza) 형식의 시 〈마니샤 판챠깜(Manisha Panchakam)〉 다섯 편을 지었다는 것이다.

샹카라는 이제 베단타 철학의 대가로 인정받는다. 이후 인도 전역을 광범위하게 여행하며 토론하고, 상대를 철학적으로 압도하면서 전도여행을 거듭한다. 많은 불교도들을 논쟁으로 굴복시켜, 논쟁을 통해 지게 되면 제자로 귀의하게 되는 전통에 따라 자신의 슬하로 거두었다.

당시 최고조에 달했던 인도 불교는 겨우 10대에 불과한 샹카라 앞에서 허물어지기 시작했다. 반대로 힌두교는 중흥의 기초를 놓아 후에 무슬림들의 침략과 개종 압력에도 굳건하게 버틸 수 있는 힘을 기초부터 배양한다.

이 무렵 사랑하는 어머니의 중병 소식을 듣고 약속대로 귀향하여 임종까지 지킨다. 어머니에게 자신이 깨달은 아드바이타에 대한 이야기, 이 세상은 마야, 즉 환상에 드리워지는 이미지라는 사실과, 니르구어나 브라흐만에 관한 이야기를 전해가며 임종 순간까지 가르침을 주었다. 또한 귓전에서 쉬바 찬가, 비슈누 찬가를 불러가며 그녀를 평화로운 죽음으로 인도했다. 어머니가 살아 있는 동안 산야신으로 출가하여 베풀지 못한 효도를 아낌없이 바쳤다.

이어 스승 고빈다의 열반까지 맞이한 후, 카시미르, 네팔을 방문하며 히말라야 자락에 힌두교를 뿌리 깊게 심는다.

그가 이 세상과 이별한 방법은 모호하다. 너무나 출중해서 반대파에 의해 독살되었다는 이야기까지 있으나 힌두 정신을 생각한다면 가설로 끝내는 것이 좋겠다.

히말라야 케다리나트 부근 명상처에서 서서히 사라졌다는 이야기, 칸치푸람에서 신과 합일하면서 빛으로 사라졌다는 이야기, 마나빠스를 넘어가며 손을 흔들고 사라졌다는 이야기, 그리고 히말라야 너머 카일라스 산에서의 모습이 마지막이었다는 이야기가 남겨져 있다. 그가 종적을 감춘 연도는 불확실해도, 겨울과 봄 사이였다는 사실과, 히말라야에서 마지막 모습을 보여주었다는 사실은 거의 정설이다.

짧고 거대했던 삶. 32세라는 나이에 육신을 벗었으니 자신의 아버지와 쉬바 사이의 '수명이 짧은 대신 위대한 성자로 사는 아들'이라는 약속대로인 셈이다.

샹카라가 중요한 이유는 케다리나트를 포함해서 가르왈 히말라야 곳곳에 세운 사원과 아쉬람 때문이다. 그의 이름이 제외되는 곳이 거의 없다.

샹카라의 저서 『우빠데샤 사하스리』에서 스승이 제자에게 묻는다.

"너는 누구냐?"

제자가 답한다.

"저는 육체와는 별개의 것입니다. 육체는 태어났다가는 죽으며, 새가 먹어치우거나 흙으로 돌아가며, 칼이나 불에 상하고 병에 걸리기 쉽습니다. 저는 제가 저지른 선악의 업 때문에 새가 집으로 들어오듯이 이 육체 안으로 들어왔습니다. 육체가 스러지면 또다시 선악의 업으로 인해 다른 육체 안으로 들어가겠지요. 마치 새가, 전에 살던 집이 부서지면 다른 집으로 옮겨가듯이, 이렇게 저는 시작도 끝도 없는 삼사라〔輪廻(윤회)〕의 와중에 있습니다. 제 자신의 까르마〔業(업)〕 때문에 신, 동물, 인간, 아귀 상태를 전전하며 한 번 얻은 육체를 차례로 버리면서 되풀이해서 새로운 육체를 획득했습니다. 제 자신의 업 때문에 물레방아같이 그칠 새 없는 생사의 바퀴에 꿰어 돌면서 이 삶의 육체를 획득하고 나서 저는 윤회의 바퀴를 전전하는 데 지쳐버렸습니다."

제자는 말을 이어간다.

"윤회의 바퀴를 전전하는 일을 그치기 위해서 저는 당신께 입문한 것입니다. 그렇기 때문에 저는 영원하며 육체와는 별개의 것입니다. 사람들이 걸치는 옷과 같이 육체는 왔다 갔다 합니다."

사람들은 가우리꿀드의 이 지역을 고라스테이션이라고 부른다.
고라는 힌두어로 말(馬)을 의미하니 말들이 모여 있는 역(驛)으로,
순수 우리말로는 말주거리가 된다.
이곳에서 14킬로미터 떨어진 케다르나트까지
순례자들을 실어 나르기 위한 말들이 이른 아침부터 장사진을 이룬다.

오래 전에 배낭을 메고 집을 나와 케다리나트를 포함한 히말라야 산길을 오갔던 목적 중에 하나는 궁금증 때문이었다. 시간이 흐르면서 육체에 대해서는 어느 정도 궁금증을 풀며 비밀의 문을 열었다 치더라도 삼사라에 대해서는 확신을 가질 수 없었다.

"도대체 그것이 있기는 있는 것인가?"

알기 위해서 입문을 해야 했다. 힌두인들은 이미 알고 윤회를 멈추기 위해 입문하지만, 나는 그제야 윤회가 있는지 없는지를 확인하고자 입문했다고나 할까.

이제 누군가 '너는 누구인가' 묻는다면 혹 스스로 '나는 누구인가' 묻는다면 『우빠데샤 사하스리』의 이야기를 할 수 있다. 윤회란 논쟁거리가 아니라 경험이기에 입을 닫고 잘 바라보면 알 수 있다.

샹카라 역시 내가 걸어올라 가는 이 길을 따라 여러 번 케다리나트로 향했다. 그 역시 쉬바와 아수라 사이의 신화를 기억했으리라.

산길을 걸어올라 가면서 무엇을 생각할 것인가.

두고 온 물(物)들?

저 세상의 생각을 버리고, 쉬바, 브리카아수라는 물론 샹카라와 함께 산길을 걸으면 된다. 그러면 모든 것들은 스스로 드러난다.

세상은 환상이다
• • •

샹카라의 가장 기본적인 가르침은 불이일원론(不二一元論), 짧게 줄이면 불이론(不二論)으로 내용을 살피면 이렇다.

이 우주의 전체, 즉 만유(萬有)에는 순수의식 브라흐만이 있다. 브라흐만은 무명(無明)으로 인해 각각의 아(我), 즉 개아(個我)로 쪼개져 나갔으니 아뜨만이다.

사실 브라흐만과 아뜨만은 불이(不二), 즉 같은 것이다.

"탓 트밤 아시 ― 네가 바로 그것이다."

그러나 존재들은 무명으로 만들어졌기에 참[眞]이 아니라 마야 즉 환영이다. 이 환영을 깨는 일이 해탈이다.

샹카라는 어머니에게 쉽게 설명했으리라.

"어머니, 하늘을 보고 땅을 한 번 보세요. 우리가 보는 이 우주 전체에는 눈에 보이지 않는 어떤 순수한 힘이 있어요. 그것이 브라흐만이죠. 그 힘이 작게 작게 쪼개져 여기저기로 흩어졌어요. 초목도 되고, 짐승도 되고, 어머니도 되고 저도 된 것이지요. 그렇게 쪼개져 들어온 것은 아뜨만이구요. 그런데 쪼개진 이유는 무명으로 그렇게 되었어요. 그러니 무명을 없애고, 아뜨만이 브라흐만과 하나가 되면 제자리로 돌아가는 셈이죠. 이것을 해탈이라고 해요."

이해했을까?

샹카라 제자 중에도 이해하지 못해 벌어진 소동이 있다. 마치 우화처럼 보인다.

샹카라의 제자들 가운데 오래도록 아뜨만과 브라흐만에 대해 이해하지 못하는 둔한 제자가 한 명 있었다. 그런 그가 어느 날 아침 문득 깨달음을 얻었다.

그는 너무나도 기쁜 나머지 길거리로 달려나가 큰 소리로 외쳤다.

"그래, 나는 나무와 공기와 하늘과 하나이다. 나는 길과 새와 하나이다."

그때 거대한 코끼리가 빠른 속도로 다가오고 있었다.

"이봐, 저리 비켜!"

코끼리를 타고 있던 사람이 다급하게 소리쳤다.

"나는 코끼리와 하나이다."

지혜에 취한 제자가 큰 소리로 외쳤다.

그러자 코끼리는 코로 그의 허리를 감고 그를 번쩍 들어올린 다음 길가에 내동댕이쳤다. 제자는 멍든 몸을 질질 끌며 스승의 오두막에 가까스로 도착했다.

"아니, 대체 어찌된 일이냐?"

제자는 슬퍼하면서 자신이 겪은 일을 스승에게 말씀 올렸다.

그리고 탄식했다.

"스승님, 정말이지, 나는 '내가 브라흐만이다' 라는 말을 이해할 수 없는 놈인가 봐요."

"아니다, 너는 거의 이해하고 있다."

샹카라는 설명했다.

"네가 나무와 하나이고 길과 하나이고 코끼리와 하나인 것은 사실이다. 그런데 너는 또한 코끼리 탄 사람과도 하나인 것이다. 따라서 그가 '저리 비켜'라고 말했을 때 너는 마땅히 그 말을 들었어야 했다."

당시 내게 크게 닥친 문제는 삼사라와 더불어 무명, 마야라는 단어였다. 이것을 넘어서야 했다. 열어보지 않은 박스가 책상 위에 있다면 우선 시선으로 더듬고, 가볍게 두드려 내용물을 간접 파악하고 결국은 열어서 확인해야 하지 않겠는가. 한동안 이 단어의 진의와 씨름을 거듭했다.

샹카라가 죽어가는 어머니 귀에 속삭인 이야기.

"어머니, 세상은 마야입니다."

명사 마야(maya)는 설계하다, 생산하다, 형태를 이루다, 창조하다는 의미의 어근 ma에서 유래되었다. 마야는 어떤 환상, 속임수, 농간, 기만, 사기, 환영, 착각 등등을 말하기도 한다. 더불어 마야는 존재이며, 동시에 눈에 보이는 광경, 우주의 역동적인 최고의 힘이기도 하다.

지금 눈에 보이는 이 계곡, 만다키니 강물, 성지순례 중인 힌두교도, 히말라야는 알고 보면 환영이라는 이야기다. 신기루처럼 보이되 존재하지 않는다는 이야기다.

이것을 어떻게 받아들여야 할까.

비야사(Vyasa)가 숲에서 은거할 때, 사람들이 찾아온다.

그리고 묻는다.

"마야가 무엇인가요?"

그는 한 왕자를 예를 든다. 왕자의 이름은 까마다마나(Kamadamana), 말을 그대로 풀면 '까마〔慾望(욕망)〕를 길들이는 자' 라는 의미다.

이름처럼 철이 들면서 엄격하고 금욕적인 삶을 살아간다. 그러나 왕자라는 자리가 어디 그런가. 부왕은 수시로 아들에게 결혼을 재촉한다.

"까마다마나, 내 아들아. 도대체 어떤 이유로 배우자를 구하지 않느냐? 결혼함으로써 남자는 모든 욕망을 충족시킬 수 있고 완전한 행복에 도달할 수 있다. 여자들은 바로 행복과 안녕의 근원이란다. 그러니 아들아, 결혼을 해라."

개인적인 쾌락과 행복을 제시했으나 이야기가 통하지 않자 다른 권유를 했다.

"남자는 후손을 얻기 위해서 반드시 결혼하는 거다. 그리하여 조상들의 세계에 계신 선조들의 영혼이 후손들의 식물 헌납이 부족해서 이루 말할 수 없는 불행과 절망에 빠지게 해서는 안 된다."

이번에는 아들과 왕자라는 위치에서 지켜야 하는 다르마, 의무에 호소했다. 먹혀들 리가 없었다.

왕자는 부왕에게 예를 갖추고 말했다.

"사랑하는 부모님, 저는 인생을 수천 번 경험했습니다. 저는 수백 번의 죽음과 노경을 맞아 견디었습니다. 저는 그동안의 제 아내들과의 결합과 사별을 알고 있습니다."

이어지는 이야기는 인간으로서의 삶에 그치지 않는다. 『우빠데샤 사하스리』의 변주다.

"저는 풀로서, 떨기나무로서, 덩굴식물로서, 나무로서 존재했었습니다. 저는 가축과 맹수들 틈에서 살기도 했습니다. 저는 수백 번, 브라흐민이기도 하였고, 한 여자 아이이기도 하였고, 한 남자이기도 했습니다. 저는 쉬바의 천상 자택에서 축복을 나누었습니다. 저는 불사의 신들 사이에서 살았습니다. 저는 악마였고 악귀였으며 속세 보물의 감시자였습니다. 저는 강물의 요정이었으며 천상의 소녀였습니다. 저는 또한 악마인 뱀 중의 왕이었습니다. 우주가 신의 무형적인 본질 가운데 재흡수되기 위해 녹아내릴 때마다 저 역시 소멸하였습니다. 그리고 우주가 다시 전개될 때마다 저 역시 존재 속으로 다시 돌아와 또 다른 계열의 환생을 맞아 살아왔습니다. 다시, 그리고 또다시 거듭하며 존재라는 망상의 희생이 되어 내내 아내를 맞았습니다."

육도윤회를 모두 겪었다. 이쯤 되면 부왕은 질리지 않을까. 그런데 까마다나마는 여기서 그치지 않고 한 발 더 나간다.

왕자로 태어나기 바로 얼마 전의 삶에 대해 이야기한다.

"저의 이름은 수타파스(Sutapas)로 금욕생활을 하는 고행자였습니다."

왕자는 자신의 전생인 수타파스가 열심히 고행하여 비슈누를 만났다고 이야기한다. 비슈누는 수타파스에게 '고행의 대가로 무엇을 원하나?' 물었고, 그는 '마야가 무엇인지 이해할 수 있도록 해 달라' 고 부탁했다.

고행으로 어떤 힘이나 지위를 달라고 부탁하는 일은 하수(下手)들의 짓이다. 궁금증에 대한 답을 달라는 건 고수(高手)들의 몫이다. 그러나 신들은 과감한 질문을 피하는 방법으로 늘 세속의 것들을 주겠다는 제의를 한다. 이 세속물을 뛰어넘으면 신으로 가는 비밀의 문이 열린다.

비슈누는 역시 수타파스의 마야에 대한 설명 부탁을 거절하고 도리어 제안했다.

"나의 마야를 이해해서 무엇을 어쩌려 하는가. 차라리 생활의 부유함, 사회적 의무와 과업의 성공과 성취, 모든 부귀, 건강, 쾌락 그리고 당당한 아들을 달라고 요구하라."

고행자들에게 이것들은 이미 초탈된 품목들이 아닌가. 비슈누는 마야의 본질을 꿰뚫은 사람은 없다고 이야기하며, 아주 오래 전 신에 가까운 선지자 나라다 역시 자네처럼 마야를 알려달라고 졸랐다고 이야기했다.

비슈누는 말을 이었다.

"내가 그에게 한 가지 은혜를 허락하자, 그는 네가 말한 것과 같은 소원을 말하였다. 또한 그에게 나의 마야의 비밀을 더 이상 캐묻지 말라고 경고하였음에도 그는 너와 마찬가지로 고집하였다. 나는 그에게 말했다. '저편에 있는 물로 뛰어들어라. 그러면 나의 마야를 체험할 것이다.' 나라다는 연못에 뛰어들었다."

비슈누는 수타파스에게 나라다의 예를 들어 마야를 설명한다.

이렇게 연못에 들어간 나라다는 아름다운 소녀 모습으로 바뀌었다. 나라다가 베나레스 왕의 외동딸 수실라(Sushila)로 변한 것이다. 수실라는 정숙한 여인이라는 의미.

수실라는 이웃나라 비달바로 시집가서 많은 아들과 손자를 낳고 행복한 삶을 영위하게 되었다. 그러나 베나레스와 비달바 사이의 반목과 그에 이어진 전쟁, 즉 친정 아버지 왕국과 남편 왕국 사이에서 벌어진 단 한 차례의 끔찍한 전투로 인해 아들과 손자, 그리고 아버지와 남편을 창칼 아래 모두 잃고 말았다.

그녀는 비탄에 잠겨 도성을 떠나 전쟁터에서 장엄한 애도 의식을 올렸다. 장례용 장작더미를 쌓고 중앙에는 친정아버지와 남편, 그리고 주위에는 오빠를 포함한 친정의 식구들, 아들들, 손자들 시신을 모두 누이고는 손수 불을 붙였다.

"내 아들아, 내 아들아……."

가족들 이름을 부르며 혼절하다가 다시 깨어나서 울기를 거듭하던 수실라는, 결국 불꽃이 활활 타오르는 화염 속에 스스로 몸을 던졌다.

타오르던 불은 서서히 꺼지고 장작더미는 다시 연못으로 변했다. 수실라는 자신이 연못 한가운데 서 있는 것을 발견했다. 그리고는 다시 본래의 나라다 모습을 찾았다.

신은 나라다의 손을 붙잡아 연못 바깥으로 인도하고 물었다.

"네가 그다지도 죽음을 슬퍼했던 아들은 누구인가? 남편은? 친정아버지는? 오빠는?"

나라다는 부끄러워서 말을 할 수가 없었다.

그러자 비슈누 신은 이야기를 계속했다.

"이것이 바로 애처롭고, 음침하고, 저주스러운 나의 마야의 모습이다.

비슈누는 세상을 유지하는 힘이다. 그는 세상을 유지하기 위해 자신의 몸을 바꾸고, 마야를 펼쳐 눈을 속이기도 한다.

연꽃에서 탄생한 브라흐마도, 어떤 여타의 신들도, 인드라도, 쉬바조차도 그것의 밑 빠진 깊이를 잴 수 없다. 어찌하여, 또 어떻게 네가 이 불가사의한 것을 알려고 하느냐?"

신은 다시 나라다를 데리고 사막으로 나섰다. 마야를 설명하기 위한 두 번째 시도였다. 무자비하게 작열하는 뜨거운 태양. 모래 언덕은 금속판처럼 지글지글 열과 빛을 뿜어냈다. 둘이 심한 갈증을 느낄 무렵 저 멀리 작은 마을 지붕들이 보이자 신은 나라다에게 부탁했다.

"저곳에 가서 물 좀 구해다 주겠는가?"

마을 문을 두드리자 아름다운 소녀가 그를 맞았다. 나라다는 소녀를 보고 이제까지 체험하지 못한 무엇을 느꼈다. 자신의 신을 그대로 닮은 소녀의 황홀한 눈 때문이었다.

나라다는 자신이 무엇을 구하러 왔는지 잊고 소녀를 따라 대문으로 들어섰다.

나라다는 그곳에서 자신을 환대하는 소녀 가족들 속에서 지내게 되고

296

세월이 지나면서 결혼하여 세 자녀를 두었다. 이어 장인이 죽자 집안의 가장이 되어 재산을 관장하고 가축을 키우고 밭을 경작하며 재산을 늘려갔다. 어느덧 12년 세월이 흘렀다.

그 열두 번째 해에 엄청난 장마가 몰려와 작은 마을은 온통 물 속에 잠기게 되었다. 가족들은 모든 것을 버리고 황망하게 마을을 빠져 나와야 했다.

소용돌이치는 물 속에서 미끈하는 사이에 어깨에 무등을 태운 작은 아들이 미끄러지며 물 속으로 빨려들어 갔다. 필사적으로 소리 지르며 큰아들에게 작은 아들을 잡으라고 외치는 순간, 큰물이 닥쳐오며 바로 눈앞에서 세 아들과 처가 순식간에 사라졌다. 이어 그의 발 역시 급류에 휘말려 통나무처럼 곤두박질치다가 작은 강변에 좌초했다.

그는 재산을 잃고 가족 모두를 잃은 슬픔에 엎드린 채 하염없이 울고 또 울었다.

그때 누군가가 '예야!' 부르는 소리를 듣자 그의 심장은 거의 멎을 뻔했다.

"나를 위해 가지러 갔던 물은 어디에 두었느냐?"

"반 시간이 넘게 줄곧 너를 기다리고 있었느니라."

나라다는 뒤돌아보았다. 홍수로 범람하는 물대신 한낮 태양으로 작열하는 사막이 눈에 들어오고 그곳에 신이 서 있었다.

신은 다시 물었다.

"나의 마야의 종지(宗旨)를 이제는 이해하였는가?"

나라다의 예를 든 비슈누는 수타파스에게 말했다.

"나의 마야의 종지는 불가사의하며 알 수 없다는 것을 네게 가르치려고 이 이야기를 하였느니라. 만약 네가 그것을 알기를 갈망한다면 너 역시 물 속으로 뛰어들어야 할 것이며, 그렇게 하면 이것이 어인 일인지 알게 되리라."

수타파스는 주저없이 연못의 물 속으로 뛰어들었다. 삶의 비밀에 관한 해답을 구하기 위해 물불을 안 가리고, 심지어는 설산동자(雪山童子)처럼 목숨까지 버리며 절벽에서 뛰어내리는 일은 구도자 가계의 바탕 정신이다.

수타파스 역시 이제 마야가 펼치는 환(幻)의 세상에 들어서 왕자로 태어났다. 까마다마나는 부왕에게 이야기를 드리고 나서 '이런 까닭으로 해서 다른 인생 구조에 휩싸였습니다!'고 말했다.

이제 마야의 구조를 파악하고 있는 왕자는 또다시 본질을 가리는 결혼—출산—양육—이별로 이어지는 구도에 들어가지 않으려 애쓰는 중이었다.

아직 마야는 오리무중

● ● ●

어둠 속에서 새끼줄을 밟는 순간, 얼어붙거나, 나 살려라 줄행랑친다. 그렇게 놀란 사람은 바로 무지로 인해 새끼줄을 뱀으로 착각한 탓이다.

샹카라는 묻는다.

"밟았다 생각하는 뱀의 존재론적인 위상은?"

그는 답한다.

"뱀은 파괴될 수 있으므로 실재가 아니다. 파기될 수도, 파기되지 않을 수도 없기에 비실재도 아니다."

샹카라는 여기서 또 다른 세 번째의 실재를 가설한다.

"우리가 눈뜨고 있는 이 현상계는 실재가 아니고, 비실재도 아니다."

복잡한 샹카라의 실재, 비실재를 거둬내면, 새끼줄을 뱀으로 착각한 사람이 있다. 만일 순박한 어린아이가 새끼줄을 밟았다면 그 어른은 아이를 황급하게 밀쳐낸다.

이 사이, 즉 어른과 아이 사이에는, 경험적 세계와 순수 브라흐만의 간극을 상징한다. 측은지심, 시비지심, 수오지심, 그리고 사양지심의 사단(四端).

스와미 라마는 스승에게 여쭈었다.

"무지(無知)와 마야[幻影(환영)]는 같은 것이라 배웠습니다. 그런데 정말 마야가 무엇인지 모르겠습니다."

스승은 내일 알려주겠노라고 말했다. 스와미는 내일이면 마야를 알 수 있기에 다소 흥분한 상태에서 밤잠을 설친다.

다음날 강가에서 목욕하고 동굴로 되돌아오다가 스승은 나무를 껴안는다.

그러더니 갑자기 당황하며 외쳤다.

"너는 진정한 내 제자냐? 그렇다면 나를 살려다오!"

나무가 스승을 감고 있었다. 자칫하면 스와미 자신까지 칭칭 감아버릴 것만 같았다. 무서움을 뿌리치지 못하고 스승을 뒤에서 있는 힘을 다해 잡아

당겼으나 나무에서 전혀 떨어지지 않았다.

스와미는 지쳐 기진맥진했다.

그제야 나무에서 슬며시 떨어진 스승이 말했다.

"이것이 마야니라."

무지는 개인이 가지는 것이고, 마야는 개인은 물론 우주의 환영이 가지는 것이라 가르침을 준다. 나무가 잡은 것이 아니라 스승이 움켜잡은 것이다. 속았다.

무지라는 것은, 지나친 지식―경험으로 인한 안개기둥―마야―환영을 만들어 냄에 주목한다. 순수로 가기 위해 비우라는 이야기가 힌두 경전에서도 보이는 셈이다.

악마 브리카아수라 역시 비슈누가 펼쳐놓은 마야에 걸려들어 자신의 머리를 만져 재가 된다. 온갖 감언이설에 그대로 넘어갔으니 오랜 고행이라도 마야의 벽을 넘지 못할 정도로 마야는 막강하다. 소위 말하는 공주병, 왕자병이라는 건, 자신이 천민인 줄 모르고 공주 혹은 왕자로 착각하는 행위로 바로 무지가 만든 마야가 이룬 업적이다. 실재로는 그러하지 않음에도 그렇다고 생각하는 일. 이것이 마야의 원동력이다. 따라서 가상의 대상을 만들어 내면 어김없이 마야에 휘말린다.

따라서 현상세계는 개인의 무지에 의해, 사회의 무지에 의해, 즉 마야의 힘에 의해 다양한 모습을 보여주니, 실재가 아니라는 설명이 가능하다.

일부 종교에서 애써 주장하는 천국과 지옥, 천사와 악마는 마야의 산물이라는 이야기가 자연스럽게 따라온다. 그들이 정말로 보았다고 주장하면 그냥 넘어가도록 한다.

"어젯밤에 기도하는데 뻘건 지옥이 보였어!"

사실 그들은 정말 보았다. 그러나 마야일 뿐이다.

힌두교 공부를 하면서 내 마야의 벽은 1차로 차례차례 허물어지기 시작했다. 위빠사나를 공부 수행하면서 또 벽들이 2차로 우수수 무너졌다. 불교 공부를 통해 집착을 내려놓으니, 속박이 줄면서 벽들이 3차로 또 무너졌다. 마야와 무지는 아직 알 듯 모를 듯한 경계에서 하나하나 무너지고 있는 현재 진행형이다. 그러나 솔직히 이야기하면 오리무중이다. 더욱 정확히 이야기하자면 깊이 생각하면 통 모르고 가볍게 생각하면 아는 듯하다.

서암언(瑞巖彦) 스님은 매일 자기 자신에게 '주인공(主人公)!' 하고 스스로 부르고 답했다.

"언제나 정신을 바짝 차려라!"

"네!"

"언제 어디서나 남에게 속지 말자!"

"네! 네!"

자신이 부르고 자신이 답하는 가운데 누가 주인인가. 마야가 제대로 극복되지 않으면 남, 나, 주인공 모두 다 거짓이며 헛걸음이 되리라.

날씨가 점차 흐려지며 높은 봉우리들이 숨는다. 마지막 언덕을 넘어서면서 양쪽 날개가 사람 키만큼 커다란 독수리가 계곡 사이를 비행한다. 빠르

지 않고 느리지도 않게 우아한 날기를 보여준다. 구름 사이 케다리나트 봉우리는 하늘을 향해 우아하게 솟아오르는 선감(禪龕)처럼 보인다. 구름 속에 있으니 환상적(幻想的)이라기보다 환각적(幻覺的)이다. 땅에 사로잡혔던 시선은 구름을 지나 백탑(白塔)을 향해 기어오르고 정상에 머무르다가 기어이 구름이 어우러진 광막한 하늘로 향하게 된다. 신비가 이렇게 쉽게 오나. 신들이 노니는 세계와 조우하게 된다.

내가 쓰러졌던 집은 그 자리에 그대로 변함없다. 조금 낡았을 뿐 골목입구에서 오랜만에 찾아온 사내를 반긴다. 옆으로 쓰러져 누웠던 자리에는 녹색 풀들이 듬성듬성 낮은 키로 자라나 있다. 반가운 마을이다. 한때 3주일과 3일 동안 마을을 중심으로 산속에서 지냈다. 오늘은 구름으로 설산들이 슬며시 쉬고 있어 마을은 온통 회색빛이다.

십여 년 전 어머니는 케다리나트에서 웅크린 나를 찾았다.

"아가야, 아가야, 내 아가야. 너, 거기서 뭐하니……."

그러나 나는 대답하지 않았다.

이제서야 대답할 수 있다.

"여기 있어요."

독실하게 천주교를 믿는 여든의 내 어머니는 이 삶에서 마야의 논리를 받아들일 만큼 성숙하지 못하다.

케다리나트로 향하여 종일 산속으로 계속 걸어 오르면 오후 무렵 갑자기 하늘을 향해 벽처럼 솟아오른 히말라야를 만난다. 그간의 육신의 고통은 잊고 마음은 도리어 담백해지며 은빛 설산에서부터 밀려오는 차가운 향기에 정신이 든다. 덕산방(德山棒) 임제할(臨濟喝)이다.

이승에서의 존재놀이가 얼마 남지 않은 모친에게 묻고 싶다.

"어머니, 어머니, 어머니. 거기서 뭐 하세요……."

생명이 있는 것을 먹어야 하는 일이 생명을 가진 존재들의 딜레마적인 운명이다. 음식이라는 것은 생명이 다른 생명에게 들어가기 위해 준비된 상태를 일컫는다.

금강산 식후경(金剛山 食後景)

● ● ●

케다리나트 주변에는 의미를 가지고 돌아볼 만한 곳이 많다. 한스꾼드, 우닥꾼드, 랏꾼드 등, 작은 호수들이 신과의 인연을 가진 성지이며, 겨울철 케다리나트 사원의 역할을 대신하는 바이론나트(Bhaironnath) 사원 역시 성스러운 순례지다.

사원에서 2시간 거리, 해발 3천900미터에는 바르테쿤타 봉 베이스캠프가 다리품을 팔아 가볼 만하고, 좌측 언덕을 따라 꾸준히 오르면 몬순 호수인 간디사로바 호수(Gandhi Sarovar), 옛 이름이 초라바리(Chorabari)도 사람들이 즐겨 찾는다. 호수 이름에 간디가 들어간 이유는 간디를 화장한 이후 그 재를 인도 전역 곳곳에 뿌렸는데 이곳 역시 재가 뿌려진 장소이기 때문이다. 간디의 재가 뿌려졌다는 이야기는 인도인에게서 케다리나트가 얼마나 막중한 비중을 가지고 있나 하는 간접화법이다.

만다키니 계곡 우측을 따라 8킬로미터 정도 오르면 내 미숙한 젊은 시절과 많은 추억과 사연이 어린 호수 바수키탈(Vasukital)이 있다. 강고뜨리 산괴 중앙부에 얼음과 바위로 구성된 6천702미터의 바수키 봉이 있고 급하게 내려앉은 북면 쪽에 바수키탈이 자리 잡는다.

또한 마하판츠(Mahapanth) 봉우리 쪽으로 4킬로미터 정도 뒤편에는, 죽음이 무엇인지 알고 싶어 역시 서성거렸던 바이론 잡(Bhairon Jhap)이 있다. 고대로부터 이 자리에서 죽으면 천국으로 곧바로 들어간다는 믿음이 있는 언덕으로 풍경만으로 왜 그런 이야기가 생겼는지 알 수 있다. 이승에 집착이 많은 나로서도 결가부좌로 앉아 목숨줄을 놓고 싶은 자리 중에 하나로 마음에 새겨놓았을 정도니까.

날이 좋으면 이곳으로 이르는 모든 길들이 양면 언덕에 지그재그로 보이지만 오늘은 글렀다. 구름이 몰려와 모든 것을 가리고 있다.

이럴 때는 몸부터 챙긴다. 금강산도 식후경(食後景)이니 설산이라고 식후경이 아니겠는가.

성지에서 사람들은 조금 들뜬다. 무사히 도착했다는 안도감이 그렇게 만들었을까. 음식점 안은 다소 높은 억양으로 소란하다. 여름 한 철만 장사가 가능한 음식점 주인과 종업원 역시 주문을 주고받으면서 손님들만큼 목소리 톤이 높다.

가르왈 히말라야에서는 천국의 입구 하리드와르에서부터 원칙적으로 육식이 금지되어 있다. 모든 음식들이 백퍼센트 식물성이며 술은 상상조차

할 수 없다. 그러나 이런 전통은 힌두교 교리가 다소 느슨한 네팔인들이 일자리를 찾아 이 지역으로 이주하면서 헐거워지고 있다.

힌두교에서 술을 금지하는 이유는 내 몸 안에 있는 신성과 관련 있다.

고대 인도의 성(聖)과 속(俗)을 이어주는 최고의 법전인 마누 슈르띠(Manu sruti), 즉 『마누법전』에서는 죄를 지은 후, 반드시 속죄를 해야 하는 경우가 나열되어 있다. 그 중에 가장 먼저 나오는 위중한 사대죄(四大罪)를 보자.

브라흐민을 살해하는 자.

술 마시는 자.

도둑질을 하는 자.

스승의 잠자리를 더럽히는 자.

브라흐만과 브라흐민은 발음이 비슷해서 착오의 소지가 있다. 브라흐만은 우주에 편재한 순수의식, 신성을 의미하며, 브라흐민은 브라만, 바라문 등등으로 표현되기도 하는 카스트의 가장 상위 사제계급을 일컫는다. 더불어 비슷하게 발음되는 브라흐마는 창조를 담당하는 힌두 신이다.

'술 마시는 자'는 '브라흐민을 죽이는 자' 다음으로 무거운 죄가 된다. 신성을 워낙 중요하게 생각하다 보니 술에 취해서 신성인 브라흐만을 잠들게 하거나 잃게 되면 중대한 죄가 된다.

"그의 몸 속에 든 브라흐만이 술에 의해 바깥으로 흘러나오게 되면 브라

산은 무의식상태다. 이것은 '의식이 없다'는 말과는 달라서 본뜻은 '의식함이 없다'는 뜻이다.
산을 보며 경탄을 하는 순간 '나'라는 의심함이 없어지기에 '나'는 의식함이 없는 산과 합일된다.
결국 나는 산이다.

흐민으로서의 그의 자격은 당장 없어지고 슈드라가 된다."

술에 의해 취하면 신성을 잃으니 가장 천민이라는 이야기다. 참고로 인도의 카스트 제도는 브라흐민, 크샤트리아, 바이샤, 슈드라, 넷이다. 바꾸어 이야기하자면 『마누법전』이 형성된 시기에는 천민은 신성이 없는 인간으로 취급받았을 가능성도 엿보게 하는 대목이다.

그외 4대 죄(罪) 중에 '도둑질하는 하는 자'에 대해서는 부언이 필요 없다. '스승의 잠자리를 더럽히는 자'라는 이야기는 스승의 아내와의 부적절한 관계를 완곡하게 표현한 것이다.

『베다』를 암송하던 브라흐마는 갑자기 배가 고파왔다. 그러다가 때 아닌 시장기에 은근히 화가 돋았다. 배고픈 얼굴에서 약사가, 화난 얼굴에서 락사사가 나왔다. 본래 술, 고기, 증류주는 이렇게 세상에 태어난 악마 파(派)인 약사(Yaksa), 락사사(Raksasa)들의 음식으로 설정해 놓았기에 먹지 말기를 이야기한다. 곡물에서 나온 오물(汚物)로 취급되는 술에 취한 브라흐민은 그 취기로 인해, 불결한 곳에 넘어지거나, 신성한 『베다』를 잘못 발음해서 불경죄를 저지르거나, 하지 말아야 할 일을 저지르므로, 어쩔 수 없는 경우라도 마시고 나면 반드시 속죄가 필요하다.

사실 『베다』를 읽다 보면 가슴 따스해지는 걸 느끼는 순간이 있다. 그 시절의 걱정은 오늘 걱정과 똑 같다. 『베다』가 만들어지는 시대나 지금이나 걱정거리, 좋지 않은 행위, 선한 일 등은 마찬가지로 보인다. 인류가 시간을 따라 발전했다고는 하지만 무엇이 발전했는지 되묻게 된다. 발전이란 해탈처럼 개인적인 현상이지 사회 전체를 본다면 여전히 답보 상태다. 붓다 당시의 시대보다 현세가 낫다고 자신 있게 말할 수 있을까.

속죄하는 방법이 특이하다. 우선 유혹에 끌려 술을 마신 경우에는 도리어 불같은 술을 마셔야 하며, 그로 인해 몸이 타면 그로서 죄가 풀린다. 혹은 불과 같은 소오줌, 물, 우유버터, 묽은 소똥을 죽을 정도까지 먹어야 한다.

여기서 끝나는 것이 아니다. 일 년 동안 머리를 틀어 올리고, 모피를 걸치고, 식사는 하루에 한 번, 그것도 밤에 곡식 낱알이나 기름과자를 먹어야 한다. 또한 주막이 그려진 나라야나 깃발, 혹 술장사를 표시한 꿀루까 깃발, 혹은 항아리가 그려진 라가와난다 깃발을 들고 다녀야 한다.

일주일에 한두 번 술좌석을 갖는 술꾼 입장에서 보면 가혹하다. 그러나 성지에서 이들 교리에 쓰여 있는 권유를 최대한 존중하는 일이 순례자의 기본조건이다.

들뜬 목소리 사이에서 몇 가지 음식을 주문한다. 산속 마을에서 야채 볶음밥이나 야채 볶음국수를 주문하는 경우, 실패하는 일이 드물다. 스프 중에 유일하게 준비된다는 토마토 스프 역시 주문했는데 끓는 물에 토마토케첩을 풀어 후춧가루, 설탕과 소금을 조금 섞은 후 컵에 담아 나와, 이런 방법도 있구나! 실소를 금치 못하게 만든다.

과거 이런 성지에서 준비되는 식사들의 원 재료는 모두 이 지역에서 수확된 것들이었다. 신선한 고랭지 야채를 씹는 경우 정말이지 성지의 밝은 빛들이 입안에서 부서져 식도를 타고 내려가는 느낌을 받았다. 이제 교통이 발달되어 먼 곳에서 트럭으로 실어오기에 종류는 다양해졌지만 옛맛, 옛빛은 이미 아니다.

히말라야 산행에서는 자신 몸의 적당한 열량을 쉬이 파악할 수 있다. 입맛이 떨어지는 경우 아무것도 먹지 않으면 곧바로 고산증으로 이어질 가능성이 높기에 이때 가능한 조금이라도 먹어본다. 그리고 산길을 걸어보면 먹는 양이 적은 것에 비해 몸에 그다지 무리가 오지 않는 사실을 알게 된다. 따라서 더 이상 섭취하는 일은 음식 낭비가 되고, 몸 안에서 쓸데없는 신진대사가 일어난다. 산에서 이런 방식을 몇 번 거듭하다 보면 자신에게 필요한 기본열량은 어느 정도인지, 평소에 얼마나 필요치 않는 많은 칼로리를 섭취하는지, 판단할 수 있다.

샹카라의 스승은 고빈다 바가바트빠다, 고빈다의 스승은 가우다빠다였다. 일반적인 족보로 생각하면 가우다빠다는 샹카라의 할아버지 격이다.

그의 가르침 중에 하나.

어려운 산길을 가던 중에 강도를 만나 뿔뿔이 흩어진 동료 여행자들로부터 버려진 앉은뱅이와 장님이, 우연히 서로 만나서 상호 신뢰를 고무하기 위해서 대화를 시작하게 되고, 마침내 걷는 일과 보는 일을 분담하기로 의견 일치를 보게 된다.

그래서 앉은뱅이는 장님의 어깨에 올라타서 자기의 여행을 무사히 마칠 수 있었으며, 한편 장님은 동료의 길 안내 덕분에 자기의 길을 갈 수 있게 되었다.

이와 마찬가지로 움직이는 기능은 아니라 할지라도 보는 기능은 영혼에 있으며, 영혼은 마치 앉은뱅이와 같다. 보는 기능이 아니라 움직이는 기능은 프라크리티(prakriti)에 있으며, 프라크리티는 마치 장님과 같다.

또한 장님과 앉은뱅이의 상호 목적이 성취되고 그들이 여행의 목적지에 도착했을 때, 그 둘 사이에 분리가 일어나는 것처럼, 푸루샤의 해탈을 가져온 프라크리티는 행위를 멈추며, 프라크리티를 응시했던 푸루샤(purusa)는 자유를 얻는다.

이와 같이 이들 각자의 목적이 이루어졌을 때, 그 둘의 관계는 소멸된다.

여기서 프라크리티는 모든 세계가 전개되어 나오는 순수물질(純粹物質)로 변화와 움직임을 특징으로 한다. 푸루샤는 순수의식(純粹意識)으로 움직임이 없이 관조가 특징이다.

이상한 일은 도력이 높은 일부 구루지들의 글은 굉장히 딱딱하다. 번역상의 문제일 수도 있고 어법이 그럴 수도 있으리라. 프라크리티는 육신을 상징하는 장님, 푸루샤는 정신을 의미하는 앉은뱅이로 해석해서 다소 딱딱한 가우다빠다의 표현을 아전인수로 풀어본다.

한 무리의 성지 순례객들이 깊은 산에서 갑자기 산도둑을 만나 모두 흩어진다. 그러다가 장님과 앉은뱅이가 서로 극적으로 만난다.

"나는 앉은뱅이야. 걸을 수가 없어. 내가 네 위에 앉아 길을 안내할 테니까 함께 가자."

"좋아요. 저는 장님이니까 제 위에 앉아 길을 안내해 주세요. 제가 성지까지 모셔다 드릴게요."

이리하여 앉은뱅이는 장님의 몸 위에 무동을 타고 본래 목적지인 성지를 향해 기나긴 여행을 시작한다. 우측으로 가자, 좌측으로 가자, 개울을 건너자, 산길을 오르자, 여기서 쉰다, 밥을 먹자, 모두 앉은뱅이의 결정에 따른다. 장님은 아무 말 없이 몸을 제공한다.

그러나 앉은뱅이가 장님을 지나치게 혹사하는 경우 끝까지 가지 못하고 중도에서 멈추게 된다. 술을 지나치게 먹이는 경우도 문제가 되고, 식탐(食貪)으로 비대하게 되면 성인병으로 역시 목적지에 이르지 못한다. 고향까지 무사히 가기 위해서는 맑은 정신으로 올바른 판단을 하고, 몸은 충실한 상태로 유지되어야 한다. 앉은뱅이가 탁한 정신으로 판단이 흐려져 절벽으로 나가면 더 이상 성지로 갈 수 없고, 육신이 허약해서 중간에 쓰러지면 아무리 맑은 정신이라도 어찌 할 수 없지 않은가.

사회 일각에서 문제되는 자살을 이런 시선으로 보면 쉽게 이해된다. 라마나 마하르시의 가르침이 자살에 관한 이런 시선을 정확하게 반영한다.

무고한 육신을 죽이는 것은 분명 잘못이지요. 자살은 괴로움이 잔뜩 쌓여 있는 마음에 대해서 해야지, 지각능력이 없어 아무것도 느끼지 못하는 육체에 대해서 하면 안 됩니다. 자살 충동을 느끼게 하는 고뇌를 만들어 내는 진짜 주범은 마음입니다. 그러나 판단 착오로 인해 무고한, 지각능력 없는 육체가 그에 대한 벌을 받는 것입니다.

우리네 삶에서는 늘 잔고가 있다. 아무리 정신이 나가고 모자라도 육신이라는 잔고가 있고, 육신이 병들어도 정신이라는 잔고가 남아 있다. 살아 있는 동안 여하튼 잔고가 있게 마련이라 이것을 밑천삼아 갈 수 있는 곳까지 기어서라도 가야 한다.

아름다운 경전 『밀린다팡하』에서 밀린다 왕이 물었다.

"나가세나 존자여, 출가한 자에게 육신은 소중합니까?"

"아닙니다, 출가한 자는 육신에 애착하지 않습니다."

"그렇다면 왜 그대들은 육신을 아끼고 사랑합니까?"

"그대는 싸움터에 나가 화살을 맞은 일이 있습니까?"

"예, 있습니다."

"대왕이여, 그런 경우에 상처에 연고를 바르고 기름 약을 칠하고 붕대를 감았습니까?"

"그렇습니다. 그렇게 했습니다."

"그렇다면 연고를 바르고 기름 약을 칠하고 붕대를 감은 것은 그 상처가 소중해서입니까?"

"아닙니다. 상처가 소중한 것은 아니었습니다. 상처가 붓고 곪을까봐 그렇게 했을 뿐입니다."

"대왕이여, 마찬가지로 출가자에게는 몸이 소중한 것이 아닙니다. 출가자는 육신에 집착하는 것이 아니라 청정한 수행을 이루기 위해 육신을 유지합니다. 대왕이여, 육신은 상처와 같은 것이라고 세존께서 말씀하셨습니다. 따라서 출가한 자는 육신을 상처처럼 보호합니다."

몸이라는 말이 '모으다'에서 나왔다는 주장에 귀가 기울어진다. 각종

장기만 모았을까. 의식이나 마음조차 그 모음 안에 소집되어 있다.

산행을 시작하는 순간부터 모두 끝나는 날까지 이 비유는 항상 염두에 있다. 산행을 시작해서 끝나는 날까지 육신과 정신은 제대로 자신의 역할을 맡아야 한다. 몸과 마음이 함께하지 않으면 목적지에 닿지 못한다. 길게 보면 인생 또한 그렇다.

내 몸은 내 앉은뱅이를 사랑할 것.
내 정신은 내 장님을 사랑할 것.
그러기 위해 적당히 먹는다.

나는 너를 먹으리라

● ● ●

여기서 다시 음식의 중요성이 나온다. 지금 금강산 식후경이라는 이야기도 그런 이유다.

음식은 장님과 앉은뱅이에게 더할 나위 없이 중요하다. 음식 없이 세상을 살아갈 수 있는 존재란 없다. 아뜨만도 그러해서 음식에 바탕을 내리며, 물과 열을 구하는 육신이 없으면 아뜨만은 소멸된다.

성자 바루나에게 브리구라는 아들이 있었다.

아들은 아버지에게 찾아가 여쭙는다.

"존경하는 분이시여, 제게 브라흐만이 무엇인지 알게 해주세요."

아버지는 말한다.

"음식, 숨, 눈, 귀, 마음, 목소리, 이들이 모두 브라흐만을 알 수 있는 통로다. 그로부터 모든 생물이 생겨나고 그에 의지해서 살다가, 죽음에 닥치면 그 안으로 다시 잠겨드는 것이란다. 너는 그 브라흐만을 깨닫도록 해라."

아들 브리구는 고행에 돌입한다. 아버지가 나열한 음식, 숨, 눈, 귀, 마음, 목소리 중에서 제일 먼저 음식에 대해 명상한다.

브리구는 세상의 모든 생명들은 음식에 의존하고 있음을 보았다. 음식을 먹어야만 살 수 있으며, 죽은 후에 다시 음식으로 잠기는 모습을 보았다.

음식은 또한 생명으로부터 얻어야 했다. 생각해 보자, 우리가 먹는 음식은 모조리 생명체다. 결국 음식은 브라흐만의 한 형태임을 느낀다.

아들 브리구는 숨이 브라흐만, 마음이 브라흐만, 지성이 브라흐만, 희열이 브라흐만임을 차례로 깨닫는다.

후에 아버지는 '반드시 맹세로 지켜야 한다' 다짐을 받으며 이야기한다.

"음식을 나쁘게 말하지 마라. 이것은 맹세로서 반드시 지켜야 하리라."

"음식을 버리지 말라. 이것은 맹세로서 반드시 지켜야 하리라."

"많은 음식을 생산하라. 이것은 맹세로서 반드시 지켜야 하리라."

우리도 어린 시절 밥상머리에서 배웠다.

"음식 투정하는 게 아니란다, 한 톨이라도 남겨서는 안 된다, 뙤약볕 아래에서 고생하는 농부를 생각해 봐라."

음식을 나쁘게 말하지 않고, 버리지 않고, 많이 생산해야 하는 이유가 그대로다. 바루나는 아들에게 마지막으로 비밀스러운 이야기를 전한다.

나는 음식이다. 나는 음식이다. 나는 음식이다.

나는 음식을 먹는 자이다. 나는 음식을 먹는 자이다. 나는 음식을 먹는 자이다.

나는 이 둘을 연결해 주는 매개체다. 나는 이 둘을 연결해 주는 매개체다. 나는 이 둘을 연결해 주는 매개체다.

나는 가장 먼저 태어난 세상의 진리들보다 먼저 불멸의 가운데 있었으니, 누구든 나를 보시하면 그는 그대로 받으리라.

나는 음식이요, 음식을 먹는 자를 다시 먹는 자이다.

이것을 아는 사람은 그가 아는 것을 모두 얻으리라.

이것이 비밀의 가르침이다.

뭔가 신비로운 기운이 돈다. 같은 이야기를 만뜨라처럼 반복하는 가운데 음식에 대한 강조가 엿보이며 생명의 비밀이 슬쩍 숨겨진 오의(奧意)가 느껴진다. 음식을 먹을 때, 저 하늘에 계신 신을 찬양하는 일은 당연하다. 그러나 하늘의 신에서 감사를 끝내는 것이 아니라 가까운 자리에 음식을 이루었던 식물과 동물에게 감사함을 전하는 일은 바로 내 몸을 이루고, 지키고, 유지하게 만들어준 그들, 즉 수호령(守護靈)에 대한 감사함의 표현이 아니겠는가. 그들 역시 신성 아뜨만을 품고 있으니 신의 연금술로 육화된 신이다.

"내가 너를 먹으리라."

신비주의자에게 이 이야기는 생명의 흐름을 보여준다. 우리는 음식이 흘러가는 강물에 다름 아니다.

안희가 공자에게 심재(心齋)에 대해 묻는다. '지각에 의하여 대상을 파악하는 것이 아니라 기(氣)에 의하여 파악하는 것'이라는 대답을 듣는다. 케다리나트의 사위 풍광은 사람들에게 지각을 펼칠 시간을 주지 않는다. 그런 자리에 사원을 일으켜 세웠으니 천하 명찰이라 할만하다.

힌두 수행자들이 음식을 먹는 모습은 때로는 소가 되새김질하듯 느릿하다. 오른손으로 음식을 우선 비비듯이 섞는다. 마치 그들 손에 미각을 느끼는 신경이 있다는 듯이 매우 즐거운 표정을 만든다. 그리고는 적당량을 입으로 가지고 가서 오랫동안 씹는다.

강아지에게 고기 조각을 던져주면 거의 씹지 않는다. 덥석 손으로 잡아 한 번에 꿀떡 삼키고 꼬리를 흔들며 더 달라는 시늉을 한다. 패스트푸드점에서 음식을 먹는 아이들을 자세히 보면 과연 몇 번이나 씹을까. 몇 번 턱이 움직이다가 그냥 넘긴다. 음식의 중요성은커녕 음식에 대한 최소한의 예의조차 보이지 않는다. 음식으로 살아가면서 그들에게 음식의 중요성 따위는 안중에 전혀 없다. 이념(理念)을 가르치는 이 시대의 선생은 생명(生命)을 가르치는 과거의 스승들의 그림자를 바라볼 자격조차 없다.

마하트마 간디의 제자로, 인도인의 큰 스승이었던 비노바 바베는 어린 시절 한때를 이렇게 이야기했다. 부모들 역시 자녀에게 음식에 관한 교육이 반드시 필요하다.

어머니는 이렇게 말씀하시곤 하였다.

"한 사람이 평생 동안 먹을 음식의 양은 운명적으로 정해져 있단다. 그러니까 오래 살려거든 적게 먹도록 해라."

참 흥미로운 사고방식이 아닌가! 아버지는 우리의 상식에 호소하셨다.

"너는 음식의 맛을 어디로 느끼느냐? 혀로 느끼지, 그렇지? 그러니 가능한 한 음식을 혀에 오래 머물도록 하고, 계속 씹어라. 빨리 삼키지 말고."

두말할 나위도 없이 음식을 오래 씹어 천천히 먹는 사람은 적게 먹기 마련이다. 그렇게 아버지는 과학으로, 어머니는 『우파니샤드』의 지혜로 호소하셨고, 나는 그 두 가지를 잘 간직하고 있다.

식탐이 있는 사람을 자주 보았다. 수행자들이 음식을 대하는 태도와 반대로 시선은 음식에 고정되어 있고, 마치 밥그릇을 조금도 빼앗기지 않겠다는 듯이 혹은 자신이 사냥한 동물을 다른 녀석에게 한 점도 양보하지 않으려는 듯한 유사한 몸짓을 보인다. 수저를 움직이는 속도 역시 매우 빠르다. 나 역시 30대 중반까지 그랬으나 이제는 히말라야권 여행을 통해서 스스로 고쳤다.

생명이 있는 것을 먹어야 하는 일이 생명을 가진 존재들의 딜레마적인 운명이다. 음식이라는 것은 생명이 다른 생명에게 들어가기 위해 준비된 상태를 일컫는다. 장님과 앉은뱅이에게 다른 생명이 없다면, 즉 타 생명이 공급되지 않는다면 자신의 생명은 끝이다. 생명은 다른 생명에게 의탁하며 생명을 유지하는 구조를 가진다. 먹지 말아야 할 사과를 먹어서 원죄(原罪)가 아니라 다른 생명을 죽여 그 바탕으로 나를 일으켜 세우고 유지하기에 원죄인 것이다.

따라서 음식에 대한 탐심은 생명의 탐이기에, 지나치게 많이 먹기 위해서는 다른 생명을 더 많이 요구해야 한다는 점을 간과해서는 안 된다. 무심코 젓가락으로 집어든 살 한 점은 초원에서 하루 더 살고자 했던 동물이었다. 가능한 적게 먹는 일, 먹되 동물을 피하고 식물을 택하는 일, 만일 동물을 먹을 경우 지적인 동물을 피하는 일이 원죄를 줄이는 요건이 된다.

포만감이 오지 않을 정도로 먹고 밖으로 나온다. 먹을 때마다 음식과 생명의 관계를 생각하며 경건함을 잃지 않도록 한다. 특히 힌두 성지 히말라야에서 음식을 먹을 때는 여러 가지 의미들이 겹쳐 음식은 이미 브라흐만이 된다.

쉬바, 마야의 도시를 파괴한다

● ● ●

불사약(不死藥) 사건이 끝난 후, 죽음의 두려움을 떨궈낸 신들은 악마들을 상대로 계속 대승을 거둔다. 이제 악마들은 세상에 발붙일 만한 곳이 없었다.

아수라(Asura)의 우두머리 격인 타라카(Taraka)의 세 아들 타라크샤(Taraksa), 까말라크샤(Kamalaksa) 그리고 비드윤말리(Vydyunmali)는 국면 전환을 위해 고행을 통해 브라흐마의 은총을 기다린다.

고행의 대가로 나타난 브라흐마에게 부탁했다.

"어느 누구도 우리를 죽일 수 없도록 하소서!"

그러나 브라흐마는 거절하고 다른 소원을 청하라 말한다.

"삼계(三界)를 자유로이 다니는 세 성(城)을 주소서. 우리 셋은 천 년에 한 번 만나겠습니다."

받아들여졌다.

"(불사가 허락되지 않아) 죽어야 한다면, 우리 셋이 동시에 한 화살에 꿰뚫려야만 죽음에 이르게 하소서."

이 소망 역시 받아들여졌다. 악마들은 오랜 고행을 하고는 대부분 불사(不死)를 요구한다. 그러나 모두 거절당하게 마련이다. 그 다음에는 만약 죽는다면 어떠해야 한다는 매우 까다로운 단서를 내세우게 된다.

이들은 우주에서 몇 손가락 안에 들어가는 숙련공인 마야(Maya)를 찾아간다. 마야는 이름이 의미하듯이 신들이나 인간의 눈에 보이지 않는

세 개의 성이 만나는 것을 기다리는 쉬바. 이제 람진치라는 세 가지 독을 상징하는 세 성이 만나는 순간, 쉬바는 종말을 선물하게 된다.

교묘한 장치와 무기를 만들 수 있는 능력이 있었다. 마야의 뛰어난 작품으로는 인드라스타푸라에 판다스 형제들의 왕궁이 있었다.

마야는 신들이 모르게 은밀하게 금으로 만든 도시, 은으로 만든 도시 그리고 강철로 만든 마술적인 도시를 만들어 냈다. 안에는 쾌락과 즐거움으로 가득 채워서 이들 악마의 우두머리들에게 넘겨 주었다. 이 세 개의 성은 신의 눈에는 물론 인간의 눈에도 보이지 않아 아무도 모르게 옮겨 다녔다. 세상의 어떤 존재도 어디에 있는지, 그 안에 누가 사는지, 무엇으로 채워져 있는지 모르고 지냈다.

행복도 잠시, 아수라들은 때가 되면 늙고 병들어 죽었다.

이를 해결하기 위해 다시 맹렬한 타파스를 거듭하고, 결국 브라흐마로부터 생명수로 채워진 연못을 얻어냈다. 이 연못에 죽은 아수라들을 집어넣으면 다시 살아나오는 신비한 연못으로 세 개의 도시 중앙에 자리 잡게 되었다.

이제 힘을 얻은 아수라들은 신들과 성자들을 괴롭히기 시작했다.

신과 성자가 계속 피습 당하자 인드라가 나선다. 신들은 비록 신주(神酒)를 마셔 불사(不死)라 하더라도 악마들의 집요한 난폭함과 잔인한 공격에 배겨나기 어려웠다. 그러나 인드라의 힘으로는 도저히 해결되지 않자 브라흐마를 찾아가 해결책을 부탁했다. 비록 브라흐마의 은총으로 세 개의 금은철(金銀鐵)의 도시가 건립되었지만 그의 힘으로는 이 도시를 파괴할 수는 없었다. 브라흐마는 쉬바에게 청탁하도록 권유한다.

결국 쉬바가 나선다.

"세 도시가 한 번에 만나는 천 년 시점에 내가 응징하리라."

쉬바는 세 성이 하나로 만나는 날을 기다렸다. 성들과 여러 마을들, 산과 숲, 그리고 바다를 지닌 대지의 여신 프리티비를 탈것으로 삼고, 인드라, 바루나, 야마와 그리고 꾸베라를 네 필의 말로 삼고, 여섯 계절을 지닌 쌍와트사라를 활로 만들고, 자신의 그림자를 활시위로 만들고, 비슈누, 찬드라마 그리고 아그니를 화살로 삼아 세 성이 하나로 만나는 순간을 기다렸다.

드디어 천 년 만에 세 성이 나르마다 강에서 서로 만나는 순간, 쉬바는 기다렸다는 듯이 화살을 날렸다. 곧바로 아수라들의 금은철의 세 성에 멸망이 찾아왔다.

나는 이 신화를 많이 좋아한다. 성경의 한 대목인 '욕심이 잉태한 즉 죄를 낳고 죄가 장성한 즉 사망을 나으리라'와 어쩐지 구조적으로 일치한다. 사망이라는 타격을 가한 존재는 쉬바다.

악마와 비견되는 욕심에는 거처가 있다. 금은철의 세 도시 혹은 세 성, 트리푸라(Tripura)는 아수라의 거처다. 그 거처를 파괴했다는 것은 대장장이 마야가 만든 마야[幻(환)]를 깨는 일이며 마야에 대한 응징이다.

쉬바가 파괴한 세 성은 내게는 어쩐지 탐심(貪心), 진심(瞋心), 그리고 치심(癡心)에 대한 응징 같아 보인다. 천 년의 순수함(계)과 올바름(정)과 뛰어남(혜)의 준비 끝에 번개 같은 화살로 결정타를 날려 한 번에 박살내는 통쾌한 일은 무명이 파괴되는 돈오(頓悟) 모습처럼 느껴진다. 쉬바는 파괴로 모든 것들을 정토 안에 녹아내리도록 했다. 심신(心身) 모두 함께 공(空), 무(無)로 되돌려 놓는 쉬바 신의 회신멸지(灰身滅智)가 이 신화를 읽는 내 마음을 늘 황홀케 한다.

케다리나트는 쉬바의 거주지 중에 하나다. 음식에 대한 탐심은 물론 모든 탐진치를 처단하기 좋은 성지다. 밀레니움 새천년을 기다릴 필요가 없다, 쉬바 사원으로 걸어 올라가며 마음자리를 뒤져보면 아수라 녀석들이 이미 수성(守成)의 의지를 잃고 도망치기에 급급하다.

이곳은 아직 신화의 시간에 잠겨 있다. 신화는 이들에게 영적인 삶의 길을 제시하고 있기에, 오늘도 수없는 힌두교도들이 드넓은 인도 대지의 곳곳에서 출발해서, 히말라야 깊은 곳 케다리나트에 속속 도착한 후 집단신비주의의 현장으로 입장한다. 이렇게 모여 앉은 자리에는 신성한 시간이 흐른다.

쉬바의 상징 중에 하나는 히말라야에

• • •

오래 전 가오리꾼드를 출발해서 이 산 품안으로 들어온 청년이 하나 있었다. 빛나는 얼굴, 범상치 않은 눈빛을 가진 이 청년은 다름 아닌 천재 브라흐민인 샹카라.

샹카라는 우연히 이 지역에 발을 들여놓은 게 아니었다. 하나의 신화를 따라 오랜 탐문과 준비 끝에 계곡에 걸쳐진 실같이 이어지고 다시 끊어진 산길을 더듬어 올라왔다. 결국 삼면이 높은 산에 막혀 더 이상 나갈 곳이 없는 자리까지 도착했다.

두리번거리던 샹카라는 낡은 깃발들로 장식된 하나의 신성한 돌을 발견하고는 크게 기뻐했다.

"신화가 아니라 역시 사실이었군!"

샹카라 얼굴은 가슴 가득 차오르는 법열로 인해 환한 미소가 떠올랐다.

샹카라는 만뜨라를 외우면서 검은 돌 주변을 조심스럽게 세 바퀴 돌았다. 그리고 뒤에 자리 잡은 작은 초막 안에 들어가 결가부좌로 명상에 들었다. 구름이 사라지면서 등장한 히말라야 봉우리들은 마치 샹카라를 소중하게 보호라도 하듯이 삼면에서 하얗게 일어나기 시작했다.

『라마야나』에서 스리 라마(Sri Rama)에 맞서 싸우는 악마의 우두머리는 라바나(Ravana). 락샤사들의 왕으로 본래 머리가 12개 달렸다. 그는 천 년이 지날 때마다 머리 하나씩 잘라내는 무지막지한 고행을 통해 브라흐마에게 축복받게 된다.

"인간 이외에 너를 죽일 존재는 없다."

이 말에 힘입어 그는 인간이 아닌 천국과 지상의 신을 대상으로 닥치는 대로 괴롭혔다.

그러다가 카일라스(Kailash)에서 고행을 다시 시작한다. 목적은 자신이 통치하는 도시가 적에게 정복되지 않는 무적의 도시가 되기를, 쉬바에게 간청하기 위해서였다. 응답이 없자 아예 쉬바 신 거처인 카일라스를 자신이 통치하는 왕국 랑카(Lanka)로 옮기고자 산을 들어버리려 한다. 이때 카일라스 정상에 앉아 있던 쉬바는 기막히다는 듯이 손가락으로 라바나를 가볍게 튕겨버린다. 그러나 라바나는 지칠 줄 모르고 쉬바에게 자비를 구하며 간청했다.

또 다른 신화는 카일라스가 라바나에 인해 슬쩍 들렸으나 쉬바가 쿡 눌러버려, 라바나의 손가락이 그 사이에 끼었다고 한다. 그때부터 모른 척하는 쉬바를 천 년 동안이나 악을 쓰며 불러대서 '소리 지르는 자' 라는 의미의 라바나라는 이름을 얻었다고 한다. 이 신화가 더 재미있고 그럴 듯하다. 더구나 좋지 않은 의도로 무엇을 도모하다가 실패한 후, 오히려 목소리를 키우는 사람들을 연상케 한다. 돌아보면 모든 결과를 남의 탓에 돌리면서 목청을 높이는 라바나 같은 사람들이 얼마나 많은가! TV를 켜면 적반하장이 하루도 쉬지 않고 뉴스거리로 등장하고 있다.

남의 재산을 가로채려다 발각되면서 도리어 생떼를 쓰는 사람들.

다른 정파의 사람을 깎아내리다가 자신의 비리가 드러나자 음모, 모략, 공작 운운하는 정치인들.

라바나는 아직 죽지 않았다. 그의 고함소리가 사회 곳곳에서 들려온다.

결국 쉬바는 고행에 감동해서 자신의 힘이 들어 있는 12개의 링가 중에 하나를 건네준다.

신들이 수군수군 걱정하기 시작했다. 만일 이것이 랑카에 놓이면 악마 라바나는 힘이 더욱 강해질 것이 틀림없기 때문이다.

신들은 쉬바가 라바나에게 링가를 주면서 한 이야기를 기억했다.

"나를 위한 희생제와 고행에 고맙다는 의미로 이 링가를 준다. 그러나 한 가지 명심할 일이 있다. 이 링가는 네가 이 자리를 떠난 후, 가장 먼저 땅에 닿는 곳에 놓여야만 한다."

말하자면 땅에 내려놓게 되면 곧바로 쉬바의 위력이 나타나는 자리가 된다는 이야기였다. 라바나는 이 링가를 소중하게 받아 모시고 땅에 절대로 내려놓지 않은 채 자신의 왕국으로 서둘러 되돌아간다.

그는 이제 인도 대륙 남쪽에 도착했다. 조금 더 내려가서 바다를 건너가면 자신의 왕국 랑카, 즉 현재의 스리랑카였다. 때를 기다린 신들은 일단 바다의 신, 바루나를 투입했다. 바루나는 라바나 뱃속으로 슬며시 들어갔다. 소금물이 대량으로 들어갔으니 무사할 리 없다. 라바나는 갑자기 심한 통증을 느끼며 온몸의 힘이 쭉 빠져 나가는 것을 느꼈다. 그러나 손에 잡은 링가는 끝내 놓치지 않으려고 무진 애를 썼다.

다음은 인드라. 수행자 모습으로 라바나 앞에 '행인' 역할로 등장했다.

"무슨 일이십니까? 몹시 아파 보이는데, 제가 그 돌을 잠시 들고 있을 터이니 숨이나 고르십시오."

통증으로 쩔쩔매던 라바나는 아무런 의심 없이 인드라에게 링가를 넘겨주었다. 순간 인드라는 기다렸다는 듯이 링가를 땅바닥에 떨어뜨렸다. 링가는 땅속으로 가라앉으며 순식간에 윗부분만 살짝 남게 되었다. 인드라와 바루나는 이제 임무를 마치고 자신의 거처로 슬며시 그리고 재빠르게 되돌아갔다.

라바나는 너무 놀랐다!

어떻게 구한 것인데!

얼마나 오랫동안 심한 타파스를 했는데!

다시 꺼내려고 라바나는 허둥대며 손으로 파내려다가 링가 윗부분을 손상시키고야 말았다.

아직까지 표면 부분이 손상된 채 남아 있는 이 링가는 인도 전역에 산재한 12개 링가 중에 가장 남쪽에 있는 것으로, 비루붐 지방의 바이드야나트 (Vaidyanath)에 있다. 쉬바 상징인 링가들이 자리 잡은 12곳은 모두 신화와 함께 교훈을 품고 남아 있는 성지들. 가장 남쪽에 있는 링가의 사연이 코믹하고 제일 재미있다.

가장 남쪽이 이렇다면 가장 북쪽에 위치한 쉬바 신의 상징물은?

지도에서 대척점을 찾아보면 바로 가르왈 히말라야의 이곳 케다리나트다.

케다리나트 사원의 가장 깊숙한 자리에 12개 링가 중에 하나, 소 등처럼 생긴 신성한 검은 돌덩어리가 놓여 있다.

이곳의 주제는 조금 무겁다.

판다바의 형제들은 쿠르크셰트라(Kurukshetra) 전쟁, 즉 마하바라타 전쟁이 끝난 후에 자신들이 저지른 살육에 대해 번민한다. 비록 당위성이 있는 전쟁이었으나 친족을 포함해서 너무나 많은 인명이 희생되지 않았던가. 다섯 형제들은 죽음과 파괴를 관장하는 쉬바를 찾아가 자신들이 저지른 살육에 대해 속죄하기로 한다. 모든 죽음과 해체는 쉬바가 담당하는데 인간으로서는 신의 영역에 관한 일들을 너무 많이 저질렀다.

당시 소문에 의하면 쉬바는 마침 자신이 만든 도시 카시, 즉 바라나시에서 요가 수행자의 모습으로 고행중이라 했다. 그러나 형제들이 찾아오는 낌새를 알아차린 쉬바는 카시에서 우타르칸트(Uttarakhand), 즉 굽타카시(Guptakasi)로 몸을 피한다. 형제들은 안달이 났다. 자신의 죗값을 치르지 못한다면 내세에 그들이 받아야 할 까르마는 심상치 않은 무게였다.

쉬바는 굽타카시에서는 이제 수행자 모습 대신 당당한 검은 수소로 변

자연이란 고정된 실체가 아니라 유동적인 운동이다. 자연의 모든 자식들은 고정된 하나의 덩어리처럼 보이지만 사실은 운행(運行)으로 인한 현재진행형이다. 케다리나트의 계곡이 모두 보이는 언덕에 올라서면 사람을 포함해서 이렇듯 흘러가는 모습들이 잘 느껴진다.

장한다. 그리고 풀을 뜯어 먹으며 유유하게 히말라야 쪽으로 숨는다. 판다 가의 다섯 형제들의 끈질김도 만만치 않았다. 더구나 날카로운 눈매는 집안 대대로 타고난 것이 아니던가. 소문을 수소문하고 계곡의 발자국을 따라 쉬 바를 추적했다. 그러다가 드디어 케다리나트에서 문제의 수소를 찾아냈다.

비마(Bhima)에게 제일 먼저 발견된 점이 쉬바에게는 불행이었다. 다섯 형제 중에 힘이라면 단연코 맨 앞자리인 비마는 수소에게 달려들어, 불경(不 敬)이고 뭐고 목을 덥석 끌어안았고, 나머지 형제들이 여기저기 붙잡으며 가 세했다. 케다리나트 지역의 지형을 본다면 삼면이 히말라야에 둘러싸인 분 지라 더 이상 도망칠래야 도망칠 수가 없는 막다른 곳, 더구나 천하장사 비 마가 목을 껴안았으니.

그러나 상대는 쉬바다. 수소 모습을 한 쉬바는 비마와 나머지 형제들을 뿌리쳐가며 땅속으로 서서히 잠겨갔다. 인도의 소 일부는 단봉 낙타처럼 등 부분이 불쑥 튀어나온 육봉을 가지고 있다. 쉬바가 변한 수소 역시 육봉이 있었는데 네 발, 몸통, 꼬리, 머리는 모두 땅으로 차차 들어가 사라지고 육봉 일부만이 땅위에 남게 되었다.

판다바 형제들은 크게 실망했다. 쉬바와 단 한마디의 이야기조차 나누 지 못했다. 그래서 이 자리에서 쉬바가 나타날 때까지 타파스를 시작하기로 했다. 이들은 사원을 세우고 쉬바가 자신들의 참회를 받아들이는 날까지 길 고 긴 고행에 들어갔다.

이 수소의 육봉 역시 쉬바의 링가〔象徵(상징)〕로 12개 중에 가장 높은 고도, 그리고 가장 북쪽에 위치한다. 해마다 얼음이 녹아 길이 뚫리는 시간부터 눈이 내리며 길이 끊어지는 시간까지 많은 순례객들이 모여들어 사원의 쉬바 링가를 손으로 만지면서 축복을 갈구한다.

케다리나트는 이렇게 땅속으로 들어가면서 등뼈 부근이 남아 있는 자리이지만, 그외 팔의 흔적이 남겨진 퉁나트(Tungnath)를 포함해서 얼굴의 형상이 보이는 루드라나트(Rudranath), 복부의 형상이 있는 마드마에쉐와르(Madmaheshwar), 머리 부분의 칼페쉐와르(Kalpeshwar)가 일대 산지에 흩어져 있어 독실한 순례자들을 불러들인다. 이렇게 다섯 지역을 판츠 케다스(Panch Kedars)라 부르며 성지로 대접하고 있다.

신화는 가장 성숙한 작품

● ● ●

샹카라는 이 신화를 찾아 힘든 길을 마다않고 히말라야 산속으로 들어왔다.

샹카라는 검은 돌을 보고 말했으리라.

"신화였다고? 아니다. 엄연한 사실이다!"

샹카라는 이 자리에서 쉽게 고대로부터 내려온 사원 모습을 찾아낸다. 더불어 주변에서 타파스를 시행하는 수행자들을 보았으리라. 모두 마하바라타 다섯 형제 이후에 끊이지 않고 이어져 내려온 모습이었다.

쉬바가 수소로 변해 땅에 들어간 사실은 둘째 치고 다섯 형제들의 고행은 틀림없는 사실로 보인다. 샹카라는 쉬바가 땅속으로 들어간 자리 위에 회색빛 돌을 고르게 잘라 차곡차곡 그리고 단단하게 쌓아 올렸다. 이제 신성한 돌은 사원의 어둠 안으로 들어가 보호받기 시작했다. 사원의 문은 계곡을 쉬이 바라볼 수 있도록 남쪽으로 열었다. 쉬바를 따르는 사람들의 가르바(Garva), 즉 성소(聖所), 그리고 그리하(Griha), 지성소(至聖所)가 정식으로 탄생되었으니 서기 820년경의 일이었다(연도는 서적마다 다르지만 큰 오차는 없다).

케다리나트 사원의 사제는 사원 입장을 기다리고 있는 동안 자랑스럽게 말했다.

"이 사원은 5천 년이 되었습니다."

샹카라를 생각하면 1천200년 정도, 기원전 15세기에서 기원전 10세기 사이에 벌어진 마하바라타 전쟁을 감안한다 해도 다소 과장은 있는 셈이다. 그렇지만 수십 세기 이어져 내려온 유서 깊은 성소다.

"신화가 뭐지요?"

이렇게 물으면 조금 당황스럽다. 뭔지 아는 거 같은데 답이 나오지 않는다.

성 오거스틴(St. Augustine) 역시 이렇게 말한다.

"아무도 묻지 않으면 그것이 무엇인지 잘 아는데, 누가 물어서 설명하려고 하면 당황하게 된다."

신화와 역사는 종종 중첩된다. 신화는 원시적인 믿음과 당시 사회의 도덕적 규범만을 나타낸다고 생각하면 오산이다. 신화는 단지 신화였다고 치부했는데 그 안의 메타포를 제거하고 실제적인 탐구를 하다 보니 역사적 현

마하바라타는 큰 전쟁이었다. 수많은 친족들이 서로 피를 흘리며 죽어갔다. 이런 전쟁 후에 승자들은 속죄하기 위해 가르왈 히말라야에서 고행을 했다.

실이었던 경우가 왕왕 있어왔다. 신화의 한 부분은 고고학이며 역사의 반영이라고나 할까.

샹카라 역시 마치 소의 육봉이 땅속으로 파고든 바위 모습을 보면서 신화와 현실 사이에서 경외감을 느꼈으리라. 판다바 형제들의 고행 모습이 환영처럼 보이지 않았을까. 융의 말을 빌리자면 '성숙하지 못한 인류가 만들어낸 가장 성숙한 작품' 이 신화다. 그런데 신화시대의 그들이 정말 성숙하지 못했을까?

분석심리학의 대가 칼 구스타프 융에게 반론을 제기할 자격이 없으나, 신화를 읽으며 과거와 현재의 입장을 생각해보면 고개가 절래 절래 흔들린다.

"성숙하지 못한 현세 인류가 읽는 성숙한 인류가 만들어 낸 작품이 신화."

마음 내부에서 융에게 반박하는 의견이 나온다.

성숙한 서구 사회에서는 고대를 풍미하던 많은 신들이 이미 추방을 당했다. 그들이 존재하던 곳은 이제 몇 푼 내고 들어가 기념사진 촬영하는 장소로 전락하고, 신과 악마 그리고 영웅들의 무대와 영웅담은 겨우 〈반지의 제왕〉이나 〈매트릭스〉 같은 영화나 소설 안으로 장소를 옮겼다. 신들이 문학과 예술 안으로 피난처를 잡았으니 제사장이 아니라 이제는 예술가들이 신들을 모신다.

사실 이런 현상 역시 신의 힘일지 모른다.

죽지 않음〔不死(불사)〕.

형태를 바꾸어 다른 곳에 스며들어 자신의 존재를 알림〔變容(변용)〕.

그러나 사막에서 발생한 종교가 힘을 쓰고 있는 지역에서는, 책을 덮고, 영화관을 나오는 순간 신들은 모조리 잊혀 휴면에 들어간다. 탈신화화가 진보가 아니라 다른 시선으로 보면 퇴보로 보인다.

정말 다행이다. 인도 히말라야에서는 이 원향(原鄕)이 그대로 살아 숨쉬고 있다. 중환자실에서 인공호흡기에 의존하여 겨우 명맥을 유지하는 호흡이 아니라 강건하고, 힘차며, 위세가 조금도 줄지 않은 입김이다. 가령 문명사회는 피뢰침을 통해 인드라 신의 번개 신화를 무력화시켰으나 히말라야권에서는 바즈람의 파괴력이 살아 있다. 천둥벼락이 치면 처마 밑에서 곧바로 바즈람 만뜨라를 외우는 현지인들과 함께 비를 피할 수 있다. 마르틴 부버의 '신의 황혼(黃昏)' '신의 일식(日蝕)'은 왕성한 힌두 수행자들의 적극적인 가르침으로 인해 최소한 가르왈 히말라야 일대에서 발견되지 않는다.

필요한 순간에 있어서 신의 무관심은 없다. 이곳은 아직 신화의 시간에 잠겨 있다. 신화는 이들에게 영적인 삶의 길을 제시하고 있기에, 오늘도 수없는 힌두교도들이 드넓은 인도 대지의 곳곳에서 출발해서, 히말라야 깊은 곳 케다리나트에 속속 도착한 후 집단신비주의의 현장으로 입장한다. 이렇게 모여 앉은 자리에는 신성한 시간이 흐른다. 이제 연대기를 초월해서 태초와 시원의 초자연적인 현상이 일어나고, 신과 영웅이 부활하여 이 자리에 초대된다. 많은 사람들은 이 순간에 신들이 벌이는 일을 바라보고, 그 의미와 역사를 되새기며 시간을 초월하여 신화시대로 들어간다.

다섯 형제의 고행은 뼈와 살이 타들어가는 극심한 요가행이었다고 전한다. 신성이 있는 존재를 죽이는 경우 참회 없이는 해결될 수 없다. 이들의 고행은 훗날 많은 조각가들의 영감을 불어넣어 인도 사원 여러 곳에 난이도가 높은 수행자세가 조각으로 남게 된다.

해탈의 목표는 인간이 두카〔苦(고)〕로부터 벗어나는 일이다. 이 두카는 까르마〔業(업)〕에 의해서 생겨나고 그런 연유로 삼사라〔輪廻(윤회)〕한다. 해탈에 이르기 위해서 인간은 두카를 없애고 까르마를 끊어 해방되어야 한다. 그런데 두카, 까르마, 삼사라는 시간(時間)이라는 토양에서 활동하게 된다. 시간 안에서 벌어지고, 또다시 시간을 거듭하며 살고 죽고 태어나면서 하나의 미궁에서 또 다른 미궁으로 이동한다.

고행을 하는 동안, 명상을 하는 시간 동안에 일어나는 일은 바로 이 시간의 역행이다. 불교에서 흔히 이야기하는 부모미생전(父母未生前)으로 거슬러 올라가다 보면, 아무런 두카가 없고, 까르마가 없는 원초의 자리에 도달한다. 무(無)에서 유(有)를 창조하고, 그 유에서 다시 수많은 유들이 터져나와 세상을 구성했으니, 거슬러가다 보면 브라흐만으로 표현될 수 있는 무(無)에 이른다. 이 무란 아무것도 없는 상태라 시간이라고 있을 턱이 없다. 더불어 무슨 두카, 까르마 따위가 있겠는가.

시간 안에서의 행위를 통해 까르마를 만들고, 두카가 생겼다면 원천에

도달함으로써 파기가 가능하다
는 이야기가 된다. 그 영원한 시
간 혹은 그 존재하지 않는 초극
된 시간대에 정신을 합일함으로
써 불멸성을 획득한다.

가르왈 히말라야로 향하기
전에 케이블 TV 채널을 돌리다
가 우연히 한 영화장면을 만났
다. 고뇌하는 표정의 남자는 마
침 대사를 시작했고 자막이 동시
에 나타났다.

"다시는 시작이란 걸 하고
싶지 않아."

고행은 살이 짓물러지고 뼈를 깎는 작업이다. 결가부좌를
틀고 앉아 육신의 한계 끝까지 내려간다. 힌두의 신화시대
부터 뿌리가 내려진 깨우침의 방법이다.

어라, 이렇게 멋진 표현이!

몸을 반쯤 일으켰다. 다음 대사 역시 나를 실망시키지 않았다.

그는 여자를 바라보며 말을 이었다.

"이 끝이 정말 끝이었으면 좋겠군."

이 대사가 어디 범인을 잡으려는 형사가 할 이야기인가. 이 세상에 태어
나고, 이제는 시간을 초극하여 브라흐만으로 돌아가 다시 윤회하기를 바라
지 않는 르시, 현자(Wise men), 구루, 브라흐민이나 할 이야기가 아닌가.

한 사람을 만나 사랑하고 인연을 맺는 일이 얼마나 힘들고 어려운가.

알고 보면 끊는 일이 더 쉬운데…….

잠시라도 지난 삶을 뒤돌아보면 많은 인연을 맺고 이어온 일은 마치 실을 계속 잇고, 잇고, 또 이어나가는 일처럼 간단치 않았고, 도리어 헤어지는 일이란 칼로 매듭을 끊어내는 일처럼 간단했다. 출가를 두려워하지 않는 사람은 어느 것이 더 쉬운지 아는 탓이리라.

희생제를 통한 참회

● ● ●

힌두교의 경전 안에서 많은 신들은 창조 과정을 일일이 바라본다. 순서를 아는 일은 바로 회귀가 가능하다는 의미를 품어 왔으니 길을 다시 되짚으며 돌아갈 수 있는 단서를 준다. 실낙원(失樂園)에서 정확히 왔던 길을 되돌아가 다시 낙원으로 되돌아간다. 힌두교에서 자신의 전생(前生)을 아는 일은 자신의 까르마를 아는 일과 같다고 본다. 자신이 왜 태어났는지, 왜 이렇게 살아가는지, 돌아보고 회상하는 가운데 이제 자신의 빚을 청산하고 해방의 길을 쉽게 갈 수 있다고 전한다.

조셉 캠벨의 『세계의 영웅 신화』에는 프레이저(Frazer)의 글을 인용한 인간 희생제 이야기가 있다.

남 인도 킬라카레 지역에서는 왕이 20년 치세를 마무리 짓는 해에 날을 잡아 엄숙한 제삿날로 삼는다. 이 날에는 나무로 노천 무대를 꾸미고 위에는 비단

천조각을 늘어뜨린다. 성대한 의식과 음악에 맞추어 목욕재계한 왕은 신전으로 나아가 신을 경배한다. 이어서 노천 무대로 올라간 왕은 백성들 앞에서 칼을 꺼내고 코, 귀, 입술, 그리고 그 밖의 모든 신체기관으로부터 되도록 많은 양의 살을 베낸다. 그는 베낸 살점을 던지며 노천 무대를 도는데, 이런 행위는 출혈이 지나쳐 혼절할 때까지 계속된다. 혼절하기 직전 그는 즉석에서 자신의 목을 딴다.

국왕가해(國王加害)는 고대 사회의 일반적인 관례이고 남부 인도에서는 국왕의 통치기간과 생명은 목성의 태양 공전 주기와 밀접한 관계가 있다고 덧붙여져 있다.

이 구도 역시 희생제가 바로 시간을 타고 신의 행위를 거슬러 올라가는 행위다.

푸루샤는 1천 개의 손, 1천 개의 눈, 1천 개의 다리를 가진 신이다. 1천 개라는 의미는 정확히 1천 개를 말하는 것이 아니라 거의 무수할 정도로 많다는 의미다. 푸루샤는 수적으로도 무수(無數)이며 시간조차 초월해서 과거의 모든 것도 미래의 있을 것들의 전체이기도 하다.

수학에서 셀 수 있는 유수(有數)와 셀 수 없는 무수(無數)를 본다면, 무수 안에 유수가 포함된다. 무위(無爲)와 유위(有爲)를 보자면, 역시 유위는 무위의 반대되는 개념이 아니라 일부다. 대체로 무(無)가 들어가는 경우 유(有)의 반대가 아니라 도리어 초월(超越)이다. 무를 이길 만한 유는 아직, 그리고 두고두고 밝혀지지 않는다. 있을 수 없기 때문이다. 사람 마음에서도 무심(無心)은 유심(有心)을 포함하며 유심의 초월이다.

신들은 푸루샤를 공물로 삼아 희생제를 지낸다. 봄은 녹은 버터였고, 여름을 연료로 삼았으며, 가을은 공물이었다. 이때 태어난 푸루샤들을 대지 표면에 뿌렸다.

이 태고의 제사에 의해 모든 사물들이 등장하게 된다. 들판, 숲, 하늘에 동물들이 태어났다. 한편 브라흐민들은 입에서, 크사트리야 전사들은 팔에서, 바이샤 농부들은 넓적다리에서, 슈드라 노예들은 발에서 태어나게 되었다. 하늘은 머리에서, 대지는 발에서, 달은 그의 마음에서, 태양은 눈에서, 인드라와 아그니는 입에서, 바유는 호흡에서, 대기는 배꼽에서, 동서남북은 그의 귀에서 생겨나왔다.

신들은 이 모든 것으로 세상을 배치하고 장식했다.

그렇다면 이 세상은 푸루샤를 조각내었으니 완료된 희생제(犧牲祭)인 셈이다.

이런 연유로 후대 사람들은 희생제를 지내기 시작한다. 희생제는 전쟁에서의 승리, 건강과 장수, 자식을 얻고자 하는 경우, 보다 부자가 되기를 원하는 경우 등, 이승에서의 좋은 일을 얻고자, 신에게 간구하는 목적으로 치렀다. 또한 잘못된 접촉이나, 제식수행 오류 등으로 인한 자신의 죄를 씻기 위해 행했다. 후반부에는 희생제를 통해 신들에게 바친 공물들이 신에 의해 정화되고 이것을 섭취함으로써 신성을 얻으려는 제식적 목적도 있었다.

희생제를 하는 동안, 창조 행위가 시도되고 그 내부에 하늘과 땅, 신과 인간, 해와 달, 그리고 동식물에 이르는 모든 존재들의 탄생이 신들이 지낸 희생제와 상응(相應)한다는 의미가 되어 희생물은 우주와 동일시되었다.

고대 아리안은 이런 인간 희생제를 서슴지 않았고, 동물 희생제는 흔했다. 기원전 6세기 아힘사[非暴力(비폭력)]의 종교, 즉 불교의 붓다와 자이나교의 마하비라가 등장하면서 피를 요구하는 희생제의 위력은 급격히 사라지고 우유와 야채를 바치는 제사, 꽃을 바치는 제사들이 점차 확대되기 시작했다.

극심한 고행은 사실 자신의 몸을 바치는 희생제와 다름이 없었다. 그들의 경전 『사타파타 브라흐마나』와 『따이띠리아 브라흐마나』에는 이런 종교적 제의에 대해서 각각 '우리는 신들이 처음에 했던 것과 같은 것을 하지 않으면 안 된다'와 '신들이 그리 했으므로 인간들도 그렇게 한다'고 말하고 있다. 고행은 애초 신이 희생을 통해 목적에 도달하려는 시도였다. 혹독한 고행 안에서 창조가 왔으며 발전이 있었다. 자신의 몸을 희생시키며 고행을 시도했다.

판다바의 형제는 자신들이 저지른 전쟁의 시간을 거슬러 무구한 과거의 무로 되돌아가고자 발버둥쳤다. 그러나 살점이 떨어져 나가는 히말라야의 추위와 뼈까지 타들어가는 뜨거운 햇살 아래에서의 부동자세에도 불구하고 쉬바는 끝끝내 나타나지 않는다.

왜 그랬을까.

경전은 그 이유에 대해 침묵하고 있다.

'놀람이 진정되고서야 눈물을 닦네' 라는 한시 대목이 있다.
사실 눈물은 이미 지나친 자리다. 꽃이나, 은빛 설산, 한 대상을 보았을 때
아름답구나!를 느끼는 순간의 바로 직전순간(直前瞬間)이 있다.
이 순간은 눈물이나 아름다움이 미처 미치지 못하는 빛나는 자리다.
그것을 잡아야 한다. 케다르나트의 풍경 안에서 직전순간(直前瞬間)이 영원하다.

내전을 피해 히말라야에 온 네팔리들
● ● ●

가르왈 히말라야는 힌두교도의 성지로 이곳에 머물러 있는 사람들을 보자면 순례객, 순례객을 상대로 짐을 실어 나르는 짐꾼과 말몰이꾼, 숙박시설과 식당종업원 정도가 된다.

10여 년 전, 가오리꾼드의 짐꾼 대부분은 현지 인도 고산족들이었고 소수의 네팔인들이 여름 한 철 돈을 벌기 위해 찾아왔었다. 야무노뜨리는 어떤가. 야무노뜨리는 작년만 하더라도 단 한 사람의 네팔리도 없었다고 한다. 그런데 지금은 천여 명이 몰려들어와 마을 전체가 슬럼화되고 있다. 그들은 대나무로 만든 도카 혹은 네 명이 한 조가 되는 사인교 가마를 만들어 자신을 고용해 달라며 순례객을 찾아다닌다.

이렇게 급격하게 많아진 이유는 엉뚱하게도 네팔 현지의 마오쩌뚱〔毛澤東(모택동)〕을 따르는 마오주의자(Maoist) 때문이다. 이제는 이미 실패가 확정 판결되어 낡은 교과서처럼 의미 없는 마오〔毛(모)〕가 네팔에서는 나라를 구원할 이념으로 대접받는 일은 기막히다.

히말라야 산속으로 몸을 팔러 온 네팔리 한 사람의 이야기를 들어보았다.

한밤중에 칼을 들고 찾아와 마오주의자가 되기를 강요했다. 마오이스트는 절대 혼자 나다니는 법이 없이 대부분 무리지어 몰려다니며 상대방에게 공포를 주기 위해 칠흑 같은 밤에 찾아온다. 그렇지 않아도 소작농이라 가진 것이라고는 가난밖에 없으니, 마오이스트 편에 가입해서 왕정(王政) 대항세력으로 활동할 만도 한데, 목에 칼을 들이대는 무력 사용이 마음에 들지 않았던 모양이다. 가입하겠다고 이야기하고 다음날 온 가족이 국경을 넘었다. 그는 자신의 목에 칼을 들이대는 모습을 실감나게 재현했다.

다른 네팔리의 증언.

마오주의자들이 찾아와 마오당에 입당하라고 했다. 그냥 살게 해달라고 졸랐으나 거절한다며 닭을 모조리 죽였다.

그래도 가입 안 하냐? 우리 노선에 동참하지 않겠느냐?

며칠 후, 다시 거절하자 양을 죽이기 시작했다. 제발 양을 죽이지 말아달라고 사정했으나 남은 양 한 마리까지 모조리 칼로 죽이고 떠났다. 한 번에 우르르 몰려와 일을 저지르고 떠났다.

그래도 가입 안 하냐? 우리 노선에 동참하지 않겠느냐?

닭을 죽이고, 그렇게 싹싹 빌었는데도 양을 단 한 마리도 남기지 않고 몰살시켰는데 어느 정신 나간 사람이 그들을 따르겠는가. 악이 받쳐서라도 거절하지 않겠는가.

그래도 가입 안 하냐? 우리 노선에 동참하지 않겠느냐?

마오이스트, 마오주의자들은 이번에는 거절하는 남자를 죽창으로 찔러 죽였다. 그리고는 그 남자의 동생을 힐끗 바라보고 마을을 떠났다. 다음은 네 차례라는 암시였다.

그날 밤, 어둠을 틈타서 죽은 형의 남은 가족과 남자 동생 가족들은 시체 수습도 제대로 못한 채 조상 대대로 살던 네팔간즈의 땅을 버리고, 멀리 타향 인도, 그것도 히말라야로 떠나와야 했다. 당장에 먹고 살 길이 없으니 온 가족이 몸뚱이 하나로 사람을 실어 나르고 짐을 운반하는 일이라도 해야 했다.

기막힌 일이었다. 동족이 동족을 죽이는 현실. 우리 윗세대가 저지른 일들과 다를 바가 없다. 거울을 보는 듯 부끄럽기 짝이 없지 않은가. 지구상의 유일한 분단국으로 남은 이 사회에서는 이념으로 해가 뜨고 이념으로 해가 지는 공방전이 오늘이라고 예외인가, 죽창만 손에 안 들었지 계속되고 있다.

산길에 검은 비닐을 어설프게 이어 지붕을 얹은 찻집도 같은 사연이다.

그는 마오이스트들의 등쌀에 남은 돈을 모두 챙겨와 가게를 차렸다. 몇 평 되지 않는 눈곱만한 자리. 월 3천 루삐를 주정부에 꼬박꼬박 지불해야만 한다. 월 3천 루삐라면 하루에 1백 루삐를 벌어야 집세를 낼 수 있다. 차 한 잔에 5루삐인데 하루에 무려 20잔 이상을 팔 수나 있을까. 이런 자리에서 이런 이야기를 듣고 5루삐 차를 마시는 일은 철없으니 20루삐 짜리 망고 쥬스 혹은 청량음료를 마셔야 한다.

돈 없이 무작정 몸만 빠져 나온 사람들은 구슬땀을 흘리며 순례객들을 해발 3천미터 이상의 성지로 실어 나른다. 그들 어깨는 사람과 짐을 지어 나르느라 피멍이 들어 있다.

가마 멘 중 힘입어 험한 곳 지나는데, 몇 걸음 못 가서 번갈아 메네.

가엾다, 붉은 어깨 흠이 파이고, 시뻘건 까까머리 박이 터질 듯.

가쁜 숨 끊어질 듯 허리 싸안고, 등에 밴 땀방울이 줄줄 흐르네.

묻노라, 너희는 무슨 낙으로 이 고생하면서 산에 사느냐. (중략)

이를 보니 마음이 참담하여라, 호소할 곳 없는 이들, 볼 수가 없어.

연암 박지원은 지리산을 여행한다. 그의 『해인사』라는 작품에는 당시 스님들이 멸시 받으며 잡일을 거드는 것은 물론 양반이 오면 가마를 메야 했던 현실이 그대로 내비춰진다. 가마는 당연하고 그 모습 그대로가 히말라야 네팔 포터들에게 있다. 우리네 옛 스님 같아 바라보는 일만으로도 가슴아프다.

왕과 마오주의자들은 이렇게 떠도는 동족들의 생활을 알고나 있는가. 민중을 구원하겠다는 마오이스트는 고향을 등져야 하는 이들의 심정을 헤아릴 수 있을까. 첫눈이 내리고 순례의 시절이 끝나면 이들은 모두 어디로 가야 하나.

가오리꾼드에서 케다리나트로 출발하기 하루 전, 같은 게스트하우스에 거물 일행이 투숙했다.

가르왈 히말라야에 동행한 네팔인 세르파는 놀랍다는 듯이 조용하게 이야기했다.

"네팔에서 거액의 현상금 걸린 사람이 아래에 있어요."

이야기인즉, 네팔 여기저기에 현상금 사진이 붙어 있는 마오이스트 지도자가 투숙했다는 이야기였다. 그는 마오이스트 제2의 지도자로서 네팔 정부가 그를 잡기 위해 거액을 걸었다는 이야기였다.

그는 이미 네팔을 빠져 나와 인도 성지에 버젓이 나타났다. 그는 이제 케다리나트 순례를 위해 일행 10여 명과 함께 왔다.

많은 네팔인들이 인도 히말라야로 넘어와 몸을 팔고 있다. 이들의 숫자는 급증하고 있어 일자리를 얻기 위해 서로간의 치열한 경쟁을 한다. 이렇게까지 된 이유는 바로 이념 때문이다. 정치가들의 잘못된 다툼이 자신의 땅을 버리고 험한 길로 들어서도록 만들었다.

베란다에서 슬쩍 바라보니 다음날 아침 케다리나트에 함께 올라갈 짐꾼과 이야기하고 있었다. 상대는 네팔리였는데 네팔 말이 아니라 힌두어로 이야기했다. 신분을 숨기려는 의도였다. 고향을 떠나온 네팔리들이 이 사람의 얼굴을 모를까. 짐꾼들은 신고할 길도 없고 방법도 모르니, 부유한 상인의 모습으로 위장한 이 사람에게서 차라리 몇 푼의 돈이라도 더 버는 길을 선택하리라.

그는 무엇을 바라고 순례를 떠나왔는가. 『마하바라타』에서 무수한 생명을 죽이고 참회를 위해 고행한 판다바의 다섯 형제와, 내란으로 죄 없는 민중을 죽이고, 경찰과 군인을 사살하도록 명령내린 자신을 일치시키기 위해 이곳을 왔는가.

저토록 철저하게 마야에 사로잡힌 불쌍한 지도자. 한반도의 남북(南北)에서 정권을 찬탈하거나 유지하기 위해서 폭력을 서슴지 않았던 사람들. 그들에게 빌붙어 부귀영화를 누린 사람들. 그들을 존경할 수는 없다.

그 어떤 명목으로도 사람을 해친다는 것은 용서받기 어렵다. 손에 피를 묻히고 나서 합리화를 위해 신을 뵙고 자비를 구한다는 일은 받아들이기 어렵다.

마오이스트들은 단순무식으로 분류되고 이들은 사람을 쉽게 죽인다. 어떤 이즘(ism)을 위해 인명을 가볍게 여기는 일은 지지받을 수 없다. 혁명은 피를 먹고 산다지만 그런 생각하는 사람과 그의 일가족의 피만 먹고 자랄 수는 없을까.

쉬바는 왜 모습을 바꾸어가며 이리저리 피하고 한 마디 대꾸도 없이 숨었을까.

경전은 어느 곳에서도 이유를 설명하지 않을까.

답은 이미 노출되었지만 보지 못할 따름이다.

마오 지도자가 아무리 쉬바의 링가에 머리를 조아리고 기도를 올려도, 혹은 국민의 피를 빨아대는 네팔 왕이 찾아와 링가를 며칠이나 껴안고 있어도 판다바 다섯 형제에게처럼 쉬바의 자비는 요원하다.

경전에 답이 없는 일이 사실은 더 큰 울림이다.

케다리나트 사원
● ● ●

지기(地氣) 현상을 느끼는 사람에게는 케다리나트는 강한 힘이 고여 있음을 간단하게 알려준다. '수백 리 사이에 정신이 모인 곳〔數百里間 必有精神聚處〕'이다.

사원 가장 깊은 내부에 수소 등줄기가 땅속으로 파고들다 남은 검은 링가가 있어 이곳이 케다리나트 계곡에서 소용돌이치는 에너지의 중심이다. 많은 사람들의 염원이 쌓여 염력을 이루어 이제 여울목처럼 휘몰아 도는 자력을 가지고 있다.

등줄기가 시큰하다.

"모든 생명을 사랑하라."

"모든 생명은 신성하다."

어미를 사랑하는 것은 외형을 사랑하는 것이 아니라, 외형을 만드는 (근본적인) 것을 사랑하는 것이다[所愛其母
者 非愛其形也 愛使其形者也]. 사원을 세우는 일은 외형이 아니라 정신에 사랑에 대한 인간의 행위다. 그리고 그
사랑을 찾아 힌두교 순례자들은 모여든다.

쉬바의 당부가 들린다.

"그 무엇보다 네 생명을 사랑하라, 네 생명은 신성하다."

사람들은 이곳에 공물을 던지고 만뜨라를 힘차게 외친다. 천장에서부
터 길게 내려온 등잔불이 판다바 형제를 거부하고 땅으로 몸을 숨긴 링가를
어둡지 않게 조명한다. 축축하고 부드러우며 미끈거리는 바위. 마치 살아 있

는 수소를 어루만지는 기분이다. 다만 체온이 없이 차가운 것은 생명을 경시 여기는 자들에 대한 쉬바의 냉담한 표현이리라.

사원에서 바깥으로 나오는 순간 자주 섭섭함을 느꼈다. 사원 안에서 고양되고 순수로 변했던 마음의 에너지 준위가 뚝 떨어지는 탓이다. 이런 느낌은 이제까지 비단 한두 번이 아니었다. 산사(山寺)를 찾아 불상 앞에서 절을 하고 조심스럽게 발뒤꿈치로 옆문을 열고 나와 돌계단을 내려올 무렵이면, 어김없다. 맑은 의식은 어쩐지 애써 담았던 모래알이 손가락 사이로 빠져나 가듯이 맥없이 서서히 줄어들었다. 그러다가 도토리묵, 산채 나물을 파는 가게들이 즐비한 자리에 이르면 이제 성(聖)은 어디 있느뇨? 속(俗)의 기운으로 변해 다시 빈손이 아니었더냐.

다행히 케다리나트 사원에서는 밖으로 나와도 이런 급격한 저하가 조금도 없다. 신들의 처소에서 한껏 오를 대로 오른 영적인 의식은 바깥으로 나와도 손상되지 않는다.

눈을 돌리는 곳마다 하얗게 일어선 봉우리들, 마치 신성을 대변이나 한다는 듯이 밝은 빛으로 감싸인 사위가 모두 쉬바의 아이콘이자 신전(神殿)이기 때문이다. 늘 명상 상태에 있는 수행의 높은 경지에 도달하면 에너지가 떨어지는 현상은 없어지리라. 어느 자리이건 신성함과 함께하며 높은 영적 상태를 유지하지 않으랴.

케다리나트는 풍경으로 명상 상태를 유지시켜 준다. 이 자리에서 신은 닫힌 사원 안에 있는 것만이 아니다. 저 봉우리에, 저 흘러가는 강물에, 저 하늘에, 이 모든 자리에 순진무구한 상태에서 거룩하게 지복(至福)으로 있다.
성화(聖化)를 조장하는 풍경이다.

산은 묻는다.

“내가 누구더냐?”

바람이 묻는다.

“내가 누구더냐?”

만다키니 천(川)이 묻는다.

“내가 누구더냐?”

모두들 자신들의 주석(註釋)을 내게 요구한다.

"힌두교는 유일신인가? 혹은 다신교인가? 일원론인가? 이원론인가?"

힌두교도는 답한다.

"그 모두다."

넘어가지 못한 언덕

● ● ●

바수키탈(Vasukital) 쪽으로 입산이 허락되지 않는다. 급한 경사를 넘어서서 만나는 첫번째 나지막한 평원에 가슴 높이 정도의 눈이 쌓여 있다는 이야기다. 높은 봉우리로 둘러싸인 그 지역을 지나야만 해발 4천135미터의 바수키탈에 갈 수 있는데…….

"그곳에 가려면 우리 집에서 나가 달라."

케다리나트 사원의 뿌자리스를 겸하고 있는 게스트하우스 주인은 바수키탈 이야기만으로 화를 벌컥 낸다. 언덕 너머 적설량이 심상치 않은 모양이다. 지형으로 보아 등정을 강행했다가는 눈 속에서 목숨 줄 놓기 십상이다.

머리 안에서 세웠던 계획들이 와르륵 무너지는 소리가 들린다. 오래 전에 바수키탈과 파이안탈(Paiantal) 부근에서 만나 가르침을 받았던 이름 모를 스승을 찾아뵙고, 몇 마디 좋은 이야기를 나누거나 그저 바라만 보고, 한

길을 가다가 만나는 현지인들에게 반드시 '나마쓰떼' 인사를 한다. 그리고 잘 되지 않는 힌두어를 몇 마디 하면
사람들은 어느새 환하게 웃는다. 특히 무거운 짐을 들고 가는 사람들에게 어설픈 발음으로 그들을 기쁘게 해주
는 일은 산행에서 해야 될 일 중에 하나다.

국에서 가지고 온 라면을 정성스럽게 한 그릇 끓여드리고, 다음 식사로는 누룽지로 스프를 만들어 공양 올리고…….

　바수키탈 쪽의 몇몇 움막과 동굴에는 첫눈이 내려도 하산하지 않고 겨울을 그대로 나는 요기들이 있다. 내가 이름을 묻자 그게 그리 대수냐는 듯이 질문을 회피했던 다시 만나고 싶은 수행자도 마찬가지였다. 그들은 극심한 히말라야의 겨울을 형편없는 먹거리와 빈약한 월동장비를 가지고 용맹정진한다. 죽는다 해도 육신이라는 낡은 옷을 하나 벗을 뿐이라는 생각 탓일까, 생사의 백척간두 끝에서의 분위기가 물씬 풍겨 그야말로 온몸이 형형(燦燦)하다고 말할 수밖에.

　이런 설산의 열악한 환경은 깨달음으로 가는 길을 빠르게 제시하는 반면 육신은 쉬이 상하게 만드는 모양이다. 나이에 비해 이른 탈락이 일어난다. 도시에서의 기름진 스와미(Swami)들이 환갑을 넘기며 지긋하게 늙어가는 것에 반해 히말라야 요기들은 신속하게 범아일여에 들고 일찌감치 천상으로 향하는 셈이다. 조금 심한 비유지만 스와미들은 토실토실하게 오른 살집 때문에 영혼이 속에 숨은 것처럼 느껴지고, 히말라야 구루지들은 육포처럼 말라 비틀어졌으나 혼(魂)은 그대로 노출된 듯하다.

　내 스승들은 그런 분들이다. 도시에 앉아 무수하게 복제된 말씀이 담긴 테이프와 인자한 표정을 표지로 장식한 책을 뿌려대는 주인공이 아니라, 히말라야 동굴에서, 설산이 굽어보는 아래에서 수행하는 이름 없는 사람들이다. 지금까지 그랬고 앞으로도 크게 달라질 것 같지 않다.

　"그러나 사실 그 노스승은 세상을 떠났을지 모른다. 그간의 시간이 얼마인가?"

마음 안에서는 이미 타계(他界)의 부고(訃告) 통보를 만들어 놓고 산을 넘지 못하는 처지를 위안 삼는다. '잘 가는 사람, 흔적조차 남기지 않는다[善行 無轍迹]'는데 찾아가 봐야 무엇이 남아 있겠는가, 스스로 다독인다.

인생의 여정 한가운데서 나는 문득 깨달았네.
어두운 숲속으로 잘못 들어섰다는 것을
그런데 올바른 길은 어디에도 보이지 않네.

단테의 『신곡』「지옥편」의 시작 부분이다. 살아오다가 삶의 중간쯤, 즉 서른다섯 살 나던 해, 정신을 차리고 보니 어두운 숲속이었다는 이야기.

어디서부터 길을 잘못 들었을까.

여기는 과연 어디일까.

이 자리는 삶의 어디쯤일까.

그리고 나는 무엇에 홀려서 이 어둡고 축축하며 '가혹하고 격렬하고' 깊은 산속으로 들어왔을까.

이렇게 들어온 나는 누구일까.

"이제 어떻게 하면 이 숲에서 빠져 나갈 수 있을까?"

단테는 자만, 욕망 그리고 공포를 상징하는 세 마리 괴물, 즉 표범, 사자 그리고 암컷 이리를 지옥의 숲에서 만난다. 다시 바꿔 이야기하자면 지옥은 자만, 욕망, 공포가 난무하는 자리이며 그것들의 거처다. 자만, 욕망, 공포가 없는 자리는 지옥이 아니라는 이야기도 된다. 또 바꾸어 생각하면 자만, 욕망, 공포를 찾아서 나도 모르게 이끌리듯이 숲속에 발을 들여놓았다가 중년기에 최면이 풀리며 이 녀석들을 보고 놀랐다고나 할까.

나에게도 단테와 같은 어둡고 깊은 숲의 시절이 있었다. 매일 밤 머리를 누이면 찾아오는 궁금증들, 밤은 이미 편하게 잠들 수 있는 밤이 아니었다. 길에서 만나는 지체부자유아들, 가난한 사람들, 병든 사람들, 죽어가는 사람들, 욕심쟁이들, 새로이 태어나는 아이들, 허풍쟁이들, 거짓말쟁이들, 명예욕에 불타 남에게 피해주는 사람들.

도대체 이 모습이 무엇이란 말인가. 더구나 내 안에서 지독스럽게 요란하게 세력을 가진 자만, 욕망 그리고 공포. 출구가 보이지 않았다.

단테가 모든 희망을 버릴 무렵, 때맞추어 등장한 로마의 대시인 베르길리우스의 도움으로 극적으로 숲을 빠져 나오게 된다. 어두운 숲속에서, 베르길리우스가 단테에게 던진 새로운 충고가 내게도 들렸다.

"이곳을 벗어나기를 원한다면 '다른 길'을 택하는 것이 네게 도움이 되겠구나."

그 다른 길.

지금까지 살아왔던 행위의 길을 버리고 새롭게 가야 하는 길.

인도와 히말라야에 뿌리를 둔 힌두교와 불교의 가장 큰 덕목은 버리기, 버려도 열심히 버리기, 더불어 다시는 주워 담을 수 없도록 철저하게 버리기였다. 자만을 버려 허리를 낮추기, 마치 달라이라마가 노파와 서로 인사하듯이 누가 더 허리를 깊이 꺾어 누가 더 머리를 낮출 수 있는지 경쟁이나 하듯이 마음을 아래로 향하는 하심(下心). 욕망을 버려 무엇을 이루려는 욕심을 버려, 명예니, 재화니 부질없어라, 심지어 붓다에게 바쳐지는 꽃마저 모두 내려놓기〔放下着〕. 결국 종교는 물론 그 무엇도 필요하지 않은 안심입명(安心立命)의 자리에서 붓다, 조사, 심지어 부모까지 베어서 내려놓기였다.

이것이 다른 길이었다. 이 두 종교에는 내가 궁금해하는 모든 것들이 설명되어 있었다. 앞뒤가 빈틈없었다.

1983년 노벨 의학생리학상을 받은 존경하는 여성학자 바바라 매클린톡은 '의심할 수 없는 확실한 결론'에 대해 이렇게 말했다.

"한 치의 어긋남이 없이 앞뒤가 딱 들어맞는 설명은 그 자체로 힘이 있어요. 일관된 논리를 제시할 수만 있다면, 그 자체가 하나의 증명이 되는 거예요. 그게 논리에요. 그렇게 완벽한 일치를 보이는 현상이 공연히 일어나는 것이 아니거든요."

모든 일들은 딱 맞아떨어졌다. 두 종교가 설명하는 길은 모순의 빈틈들을 꼭 끼는 레고조각처럼 정확하게 채워주었다.

베르길리우스는 숲에서 단테를 위협한 짐승들에 대해 말한다.

"네가 울부짖으며 두려워하는 저 짐승들은 (중략) 피에 굶주려 먹어도 먹어도 만족을 모르며, 먹기 전보다 먹고 난 뒤에 더욱 허기져하는 놈이다."

이제 단테는 베르길리우스의 뒤를 따라 숲에서 빠져 나온다. 자만, 욕망, 공포에 대한 속성, 이쪽 종교에서 보자면 환난(患難)의 주인공인 탐진치(貪瞋癡)를 기막히게 말한 베르길리우스의 뒤를 따라서.

케다리나트는 내가 중년의 어두운 숲을 빠져 나오기 시작한 곳이다. 이 일대는 내 의식의 성지에 다름 아니기에 비록 언덕은 오르지 못하지만 둘러보는 풍경은 감회가 새롭기만 하다.

인도는 그것 모두다

● ● ●

바수키탈 근처에 있던 요기 역시 내게 숲에서 나가는 길을 알려준 일등공신이었다. 말하자면 나의 베르길리우스였다.

"신을 아는 것은 너를 아는 것이고, 너를 아는 것은 신을 아는 것이다. 연약한 사람은 우상(idol) 안에서 신을 본다. 감정이 풍부한 사람은 마음(mind) 속에서 신을 만난다. 현자는 어디서나(everywhere) 신을 본다."

한국에서 교육을 제대로 받은 사람에게 장점이 있다면 그 중 하나가 받아쓰기가 아닐까. 중고등학교, 대학을 지나면서 열심히 수업을 듣다 보면, 서당개 삼 년이면 뭐를 한다던가, 나도 모르게 받아쓰기 달인이 된다. 지금도 명사들 강의시간에 열심으로 받아 적는 사람들을 보라. 여행 전에 필기구를 챙기는 일은 이미 자동적인 현상.

나 역시 당시에 그 중 한 사람으로 볼펜에 힘 주어가며 구루지 이야기를 열심히 받아 적었다. 사실 영어로 직접 듣는 일보다 일단 받아쓰고 후에 다시 보는 일이 진의를 쉽게 이해하게 되니 어쩔 수 없지 않은가. 그러나 다르마가 푹 적셔진 법어(法語)는 그냥 받아들이는 일이 최고의 자세임이 틀림없다. 그는 아주 단단하게 결가부좌로 앉아 침착하게 이야기했다.

꽉 찌진 풍경 안에서 도리어 버리고(去) 비우는(虛) 공부가 가능하다는 것이 신기하다.
이것은 대상과 나 사이의 차별이 사라지기 때문에 가능한 일이다.
양망(兩忘)이나 좌망(坐忘)이려는 구름잡는 단어들은 이런 고도에서는 손쉽게 현실이 된다.

내게 말한다기보다 허공의 어디쯤에 단호하게 진리를 선포하는 것처럼
보였다.

"(바수키탈에 돌을 던졌을 때) 첫번째 물결, 즉 너를 보는 것이 신을 보는
것이고, 마지막 물결이 가닿는 자연을 보는 것도 신을 보는 것이다."

"하늘에 신이 있다는 이야기도, 십자가나 링감 안에 신이 있다는 이야
기는 모두 진실이 아니다."

"반대로 하늘에 신이 있다는 이야기도, 십자가나 링감 안에 신이 있다
는 이야기는 모두 진실이다."

여기서 다소 어리둥절한 말을 만난다. 하늘, 십자가, 링감 안에 신이 있
다는 말은 '진실이 아니다' 라고 했다가 이어지는 말에서는 '진실이다' 며 금
방 말이 바뀌었다. 처음에는 내 영어 듣기능력을 제일 먼저 의심했고, 두 번
째는 구루지의 말 실수를 의심했다. 힌두가 영어를 모국어처럼 자유로이 구
사할 수는 없지 않은가. 이 긴 문장을 맞나, 틀리냐를 다시 말하며 되묻기에
내 영어실력은 너무 초라했다.

그러나 잘못 듣고 잘못 받아 쓴 일이 아니었다.

우리 사회에서는 인도를 소개한 책들에 대해, 서로 여러 말들이 있다.
지나친 미화와 비하 사이에서 격론을 벌이기도 한다. 이런 논쟁에 참여하고
싶은 생각은 추호도 없다.

신비에 눈높이를 맞춘 사람은 신비가 보이고, 가난의 시선을 가진 사람
은 가난이 보인다. 환경의 눈높이에게는 쓰레기가 보일 것이고, 종교에 관심

이 지극한 사람은 인도인들의 종교가 보일 터이니 누가 뭐래도 자신의 관점으로 보게 된다. 40대가 보는 것을 20대가 볼 수 없고, 당연히 그 반대도 가능하다.

문제는 가난의 시선으로 인도를 바라본 사람이 신비는 없다고 단언하며 상대를 비난하는 모습은 향기롭지 못해 보인다. 남이 본 것을 자신이 보지 못함을 '상대가 그르다' 이야기하는 일은 적절하지 않다. 편견에 사로잡힌 상태가 된다.

자신이 가난의 눈으로 보았다고 다른 사람도 가난의 눈으로만 보아야 할까. '무엇 때문에 같음을 추구해야 하나? 같음을 추구하는 것은 참이 아니다〔夫何求乎似也 求似者比眞也〕.'

"누가 옳고 누가 그를까?"

질문을 떠나 이런 이야기를 들을 때마다 나는 인도가 무조건 부럽다. 이토록 다양한 이야기가 나올 수 있고 그런 이야기로 논쟁을 할 수 있다니 인도는 얼마나 다양성의 나라인가. 모국(母國)으로 삼으려면 지형이나 이념이 모두 구석진 곳에 갇힌 상태가 아니라 이 정도의 나라여야 자격이 있다.

가난, 종교, 신비, 문화 등등, 나열하기 어려울 정도 거의 모든 것들이 망라된 다양한 스펙트럼으로 존재하기에 '마하바라타에 있는 것은 세상에 있고, 마하바라타에 없는 것은 이 세상에 없다'는 이야기를 그대로 옮겨 '인도에 있는 것은 세상에 어디든지 있고, 인도에 없는 것은 세상 어디에도 없다'고 이야기해도 그르지 않다. 심지가 열리고 이목을 넓혀주는 땅이다.

"인도에 없는 것이 무엇일까?"

힌두들은 허리를 낮추어 신상에 이마를 댄다. 자신의 가장 높은 부분을 상대의 낮은 부분에 접촉하며 자신을 낮추는 행위다. 이 모습은 아만을 버린 사람들에게 나타나는 동작으로 바라보는 일만으로 마음이 따뜻하다. 낮추고, 낮추며, 또 낮추는 일. 사물을 향해 해야 할 기본 마음자세다.

스스로에게 물어보면 답이 나오지 않는다. 저 남쪽의 열대로부터 북쪽 청정 백색 히말라야까지 하나의 국토로 아우르며 인도양 위에 연꽃처럼 자리 잡은 대지. 적당히 역마살이 있고, 종교에 관심이 있고, 중년 이후에 집을 뛰쳐나와 남들이 찾을 수 없는 깊은 은신처로 은거하고 싶다면, 생각을 깊게 할 필요가 없다. 아니, 깊게 생각해도 결론은 하나다. 내세에는 인도인 중류 가정에서 태어나면 된다.

하나의 눈높이는 하나의 면을 이야기하기에 자신이 바라본 위치에 따라 해석이 다르다. 남쪽에서 산을 바라본 사람들은 남면을 이야기하고 북쪽에서 바라본 사람들은 당연히 북면을 이야기하게 된다. 남쪽 사람이 북쪽 사람들을 만나서 산을 이야기하다가 '틀렸다' 이야기한다면 사실 틀린 이야기며 동시에 옳은 이야기다. 틀리건 옳건 사실은 모두 맞는 말이다.

힌두교도들은 신은 하나이며 신성은 내 안에도 내재한다고 말한다. 그러면서도 브라흐마, 비슈누, 쉬바 등등, 무수한 신들과 많은 악마들을 가지고 있다.

물어본다.

"힌두교는 유일신인가? 혹은 다신교인가? 일원론인가? 이원론인가?"

힌두교도는 답한다.

"그 모두다."

통쾌하다.

인도가 신비롭건, 가난하건, 쓰레기더미 안에 놓여 있건 간에 '그 모두다.' 내가 신비와 비(非)신비 사이의 논쟁에 들어가지 않고, 상대의 인도에

관한 어떤 글이라도 비난하지 않고 고개를 끄덕이는 이유는 '그 모두' 인 탓
이다.

구루지가 하늘, 십자가, 링감 안에 신이 있다는 말은 '진실이 아니다' 라
고 했다가 이어지는 말에서는 '진실이다' 이야기한 것은 하나의 장애물이자
트릭이며 동시에 인도적 선어(禪語)다.

신이 '있기도 하고 없기도 한' 상태를 지나 '그 모두' 를 알게 되면 힌두
교와 불교의 공부는 중급반에 접어든다. 양시론(兩是論)이 아니라 양시론을
너머 브라흐만의 자리, 양비론(兩非論)이 아니라 양비론을 뛰어넘는 공(空)
의 자리다[사실 공, 순야타, 0(zero)라는 개념은 인도가 탄생지다. 현재 사회를 유
지시키는 시스템은 0과 1로 이어지는 이진법으로 구성되어 있다. 디지털 숫자로 인
해 글이 되고, 그림이 되고, 음악을 이루며, 이것으로 은행에 돈을 옮기고, 사람의 질
병을 진단하고 치료하며, 에너지원을 전송한다. 문명사회에 거의 모든 과정은 0을
탄생시킨 인도에게 100% 빚을 지고 있다].

이런 식으로 구루지 혀와 입술을 통해 이야기하는 모든 것들은 의심할
필요가 없는 정답이었고 비의는 따로 없는 셈이다.

자연이 스승이다, 자연이 경전이다, 자연이 교과서다

● ● ●

바수키탈을 가지 못하는 대신 케다리나트 계곡 주변을 가볍게 산책한
다. 언덕과 구릉지의 푸른 초원 위에 노란 혹은 보라색 야생화들이 줄지어

피어나 아름답기 그지없다. 하늘과 땅은 서로 마주보고, 즉 우주와 대지는 서로 얼굴을 맞대고 있기에 이렇게 닮아가는지 하늘 별자리처럼 꽃들이 무수히 피어나 대지를 수놓는다.

같은 고도라도 지역에 따라 고산증이 심하게 오고, 그렇지 않은 지역이 있듯이 생명체들이 잘 자라고 그렇지 못하는 특성 차이를 보인다. 케다리나트 계곡은 지심(地心)이 생명력 자체이기에 푸름이 왕성하다.

우측 언덕 중턱에 사이 바바(Sai Baba)의 제자가 수행하던 그럴 듯한 움막은 이미 허물어져 집의 밑동만 남아 쓸쓸함을 풍겨낸다. 인걸은 간 곳 없이 지붕이 내려앉고 벽돌이 힘없이 무너진 자리 옆으로는 푸른 야생초들이 변치 않는 생명력으로 산천 유구를 증명한다. 사이 바바의 제자와 사진에 함께 나오기 위해 사진기 타이머를 설정하고 거리를 맞추고 부산을 떨지 않았던가, 즐거운 시간이었는데 그는 이미 8년 전에 세상을 떴다고 한다. 대신 자칭 나트 바바라고 말하는 돌팔이 구루지가 폐허의 옆 언덕에 삼지창을 꽂아놓고 앉아 있다.

케다리나트, 바드리나트의 나트(Nath)란 땅, 그것도 신성한 해탈의 대지를 말한다. 돌팔이는 묻지도 않았는데 자신이 나트, 즉 인간이지만 성지(聖地) 자체이며, 자신이 가는 곳이 바로 성지가 되며, 쉬바 신에게 헌정된 케다리나트, 비슈누의 절대 성지 바드리나트와 같은 비중의 '인간(人間) 나트'라는 이야기를 자랑스럽게 한다. 나트 바바지라 공손하게 부르라고까지 한다.

어이없는 교만에 기가 질리다가 하는 행동이 귀여워서 웃음이 슬며시 나온다. 이 구루가 입은 옷은 이상스럽게 탁한 보라색이다. 보통 수행자들은 대부분 오렌지 샤프론을 입게 되며 색을 통해 상대를 파악할 수 있다.

오렌지 샤프론 색깔은 불을 의미한다. 세상의 모든 불순물들은 물론 마음의 모든 번뇌, 심지어는 자신에게 붙어 있는 욕망과 까르마조차 불로 모두 태워버린다는 의미다. 이 색은 구도자들과 고행자들을 표방하는 순수, 순결, 금욕의 상징이기에 대부분 이 색을 입는다. 길에서 노란색 옷을 입은 수행자들을 만날 일이 있다. 노란색은 비슈누, 비슈누의 아바타인 크리슈나, 그리고 쉬바와 파르바티 사이의 둘째 아들인 가네쉬가 주로 입고 있다. 비슈누가 상징하듯이 행복, 평화, 지식, 학문 등등의 의미를 가진다. 가장 흔하게 만나는 색은 빨강색으로 결혼, 출산, 축제에서 일반인이 차려입는다. 힘을 상징하며 악을 제압하는 능력이 있는 색이기에 사원의 신상에 입히는 옷들은 모두 이 색이다.

그런데 보라색이라니!

이런 엉뚱한 구루들을 히말라야에서 심심치 않게 만난다. 인도 구루지에게 환상을 품고 다가섰다가 성 노리개로 전락한 유럽 여자들도 적지 않은 수가 있어 사례를 모은 책까지 출판되었다. 그러나 구루지들에 대한 환상을 벗으면 진짜와 가짜를 골라내기 어렵지 않다.

대화가 무의미하고 시간낭비라 엉덩이를 털고 일어나자 '다시 앉으라' 한다. 이야기에 대꾸조차 안하니 곧바로 등 뒤에서 저주를 내린다. 마치 자신이 오랜 수행 끝에 큰 힘을 얻은 성자로 착각하는 모양이다.

"오늘 안에 아주 나쁜 일이 일어난다."

이 자리에서 마주 보이는 언덕 너머가 바수키탈이다. 입을 열면 자비심

사원 앞에 놓인 소의 형상. 신을 대신하여 기원을 받아들인다. 무수한 꽃잎과 염료로 치성들인 흔적이 즐비하다.
마음자리를 어디에 두냐에 따라 돌로 만든 소를 우상이라 말하는 것도, 우상이 아니라 신이라 이야기하는 것도
모두 맞는 이야기다.

어린 축복의 말을 하고, 바라보는 시선 안에는 피조물에 대한 사랑으로 가득한 시선을 가진 스승들이 머무는 자리다. 왠지 그곳이 피안(彼岸)처럼 보이고 이 이상한 구루가 있는, 내가 서 있는 이 자리가 자만, 욕망 그리고 공포를 상징하는 세 마리 괴물, 즉 표범, 사자 그리고 암컷 이리가 우글거리는 어두운 숲, 차안(此岸)처럼 느껴진다.

그러나 미안하다. 구루지가 내린 저주가 그대로 실현되기에 나는 너무 컸다. 저주에 내가 흔들리기에는 시간이 많이 흘렀다. 누군가 붓다 앞에서 마구 욕하자 이야기를 끝까지 듣던 붓다는 조금도 성내지 않았다. 욕한 사람이 그런 말을 듣고도 '화가 나지 않느냐?' 되물었을 때, 붓다는 음식에 비유했다. 즉 손님을 초대하여 음식상을 내놓았는데 그것을 손대지 않고 돌아가면 모조리 다시 주인 몫이 되는 원리.

나에게 던진 저주는 그냥 기각되며 도리어 실없는 혹은 철딱서니 없는 수행자에게로 되먹임 된다. 더불어 참된 지혜가 부족하고 마음에 매우 중요한 연민의 기반조차 없는 그를 향한 내 측은한 시선을 덤으로 돌려준다.

시선을 돌리면 온통 아름다움이다. 등 뒤로 내뱉어지는 저주의 만뜨라를 떨어뜨리고 주변을 바라보니 자연이란 참으로 위대하다.

바수키탈의 구루지는 이런 말을 했었다.

"(바수키탈에 돌을 던졌을 때) 첫번째 물결, 즉 너를 보는 것이 신을 보는 것이고, 마지막 물결이 가닿는 자연을 보는 것도 신을 보는 것이다."

가령 바수키 호수에 돌을 던졌다고 치자. 당연히 아름다운 동심원이 퍼져 나간다. 첫번째 물결의 시작을 나라는 존재로 치면, 물결은 가족, 이웃으로 해서 멀리 퍼져 나가며 결국 혈연 지연 등등의 인간관계를 넘어서서, 이제 자연으로 동심원이 넓혀진다. 이 모두를 진지하게 응시하는 일이 신을 보는 일과 같다는 이야기다.

조금 괴상한 나는 나를 살펴보기와 함께 가장 멀리 있다는 자연을 살펴보는 일을 함께 했다. 그렇게 자연을 관찰하다가 묘한 순간을 만나게 되었다. 관찰하는 자연과 나 사이에 그어놓았던 금, 가로막혔던 막(膜) 혹은 경계가 사라지며 몰입되는 현상이었다. 이어서 그 어마어마한 크기의 자연이 내 안으로 들어왔다.

가장 높다는 초모랑마는 이미 그렇게 내 안에 들어왔고 칸첸중가 산괴를 포함해서 두 발로 걸으며 만났던 히말라야 봉우리들 역시 모두 내 안에 경계 없이 들어왔다. '자신을 없앰으로 자신이 완성되는 것〔非以其無私邪 故能成其私〕'으로 건방 한 번 떨자면, 나는 이미 히말라야였다.

이런 현상은 한 번 발을 들여놓은 후에는 매우 쉽게 반복되었다. 한 번 졸도해 본 사람이 자주 졸도하듯. 이렇게 들어오면 더 이상 나라는 존재는 해체되어 없으니 자연의 일체 만물은 결국 하나라고 결론내릴 수밖에.

이것은 히말라야뿐 아니다. 이름 모를 야생화 하나만 바라보아도 그렇고, 흘러가는 시냇물을 관찰하고 있어도 결과는 같다. 바람결에 물무늬를 만드는 수면은 또 어떤가. 그것뿐일까. 이리저리 움직이는 구름 역시 그렇고 눈에 보이는 자연의 어느 일부만 떼어 바라보아도 같은 효과가 나온다. 때로는 그들이 스스로 먼저 말을 걸기도 하니 이야기를 듣고 깊게 들어가면 늘 하나(一), 전체가 드러난다.

놀라운 일이 아닌가. 삼라만상 그 어떤 부분을 깊게 바라보기만 해도 일목요연하게 전체가 드러난다는 사실은, 지구의 어디서든지 한 우물 깊게 파 들어가면 지구핵에 도달하는 것과 원리가 같으리라. 그러기에 그 대상을 히말라야, 야생화, 시냇물이 아니라 나 자신으로 삼아, 내 자신의 내면을 열심히 바라보고 참구하다 보면 결국 불성, 신성 혹은 브라흐만을 알 수 있다는 이야기가 나오게 된다.

그래서 수행자들은 말한다.

"아뜨만을 알게 되면 모든 존재들의 내재적인 가치는 물론 그들이 품은 존엄성을 인정하게 되고 이 자리에 상생(相生)이 일어난다."

푸른 초원으로 걸어 나가면서 관찰대상에 몰입해서 배우와 관객이 서로 입장을 바꾸어 보고 더불어 하나가 되는 상태를 살펴본다.

분리되지 않는 순간에 도달하면, 이제 자연을 관찰하면 자연이 되고, 신을 관찰하면 신이 되는 것이다. '나는 신이다' 외치는 일은 이런 과정을 충분히 이해하는 힌두교도에게는 신에 대한 불경이 아니라 도리어 존경받을 일이 된다. 불경이라고 말하는 사람은 도리어 신성을 죽이는 자가 된다.

케다리나트 계곡에서 푸른 초원을 걸어 나가며 당시의 가르침을 되새김한다. 자연에서 신을 찾으라는 충고, 참 아름다운 권유였다. 그동안 넘었던 능선, 뛰어넘은 시냇물, 바라보았던 산봉우리, 언덕을 장식한 야생초들, 길가에 앉아 나를 반기던 뭇 짐승들, 이들이 나를 신비로 이끌어주었다.

무서운 숲은 이제 없다

● ● ●

『찬도기아 우파니샤드』의 소년 사뜨야까마 자발라의 이야기는 무척 재미있다. 소년은 어느 날 이제 출가수행자로 길을 나서고 싶은 충동을 느꼈다.

어머니에게 물었다.

"어머니, 저도 브라흐마짜리가 되고 싶습니다. 저는 어느 가문에 속하나요?"

어머니가 말했다.

"얘야, 나는 네가 어느 가문에 속하는지 알지 못한다. 내가 젊어서 여기 저기 하녀로 돌아다니면서 너를 가졌으니, 나는 네가 어느 가문에 속하는지 알 수 없구나. 그렇지만 네 이름은 자발라이니, 나의 이름을 너의 성으로 삼아 사뜨야까마 자발라라고 한 것이다."

말하자면 천한 몸에서 태어난 아이로 아버지가 누구이며 어떤 카스트인지 알 수 없다는 이야기가 된다. 어머니는 아버지를 모르니 대신 자신의 이름으로 성(姓)을 주었다.

소년은 출가해서 당시 명망 있는 구루 하리드루마따 가우따마를 찾아뵙는다.

"저는 브라흐마짜리가 되고 싶습니다. 저를 제자로 받아주십시오."

가우따마가 물었다.

"그래, 너는 어디 가문이야?"

사뜨야까마는 대답했다.

“저는 제가 어느 가문에 속하는지 알지 못합니다.”

그리고 자신의 어머니가 해준 이야기를 구루에게 그대로 옮겼다.

그리고 끝에 이 말을 덧붙였다.

“그러나 저는 그저 사뜨야까마 자발라입니다.”

가우따마가 경탄했다.

“오로지 훌륭한 사제만이 그처럼 말할 수 있다. 그러니 장작을 가지고 오라, 내가 너를 제자로 받아들이련다. 그대는 진실을 감추지 않았다.”

장작을 가지고 오라는 이야기는 제자로 받아들인다는 의미다. 이때 불을 피우고 사제간의 언약을 맺는다.

이렇게 해서 제자가 되어 생활하기 시작했다.

어느 날 스승은 4백 마리의 늙고 야윈 소들을 맡겼다.

“이 소들을 몰고 나가 보거라. 잘 돌보아야 한다.”

소년은 당돌하게 말했다.

“저는 이 소들을 1천 마리로 불리기 전에는 돌아오지 않겠습니다.”

그리고는 소의 수가 1천 마리가 될 때까지 여러 해를 들판과 산에서 보냈다. 4백 마리가 1천 마리가 되던 날, 그 중 소 한 마리가 소년 사뜨야까마에게 ‘우리의 숫자가 1천에 이르렀으니 스승에게 돌아가자’고 말한다.

이때부터 되돌아가는 길에 여러 동물들이 차례로 나타나 브라흐만의 지

혜를 준다. 자신이 키웠던 소는 물론, 불을 피우자 나타난 아그니, 함사—백조, 그리고 물새가 등장하여 가르침을 준다.

소년은 이제 1천 마리의 소를 끌고 돌아와 스승 앞에 앉았다. 스승은 그동안 이 소년이 범상치 않은 인물로 변했음을 알아차렸다.

스승은 이름을 천천히 불렀다.

"사뜨야마까여."

사뜨야마까는 머리를 조아리며 대답했다.

"예, 존경하는 분이시여."

"너의 얼굴은 마치 브라흐만의 지혜를 얻은 사람처럼 빛나 보이는구나. 누가 네게 지혜를 주었느냐?"

"스승님, 어떤 사람이 아니라 자연의 신들이 저에게 지혜를 주었습니다. 그러나 저의 소망은 변함없이 스승님을 통해서 가르침을 얻고 싶을 따름입니다. 저에게 가르침을 주십시오."

이야기는 스승이 제자에게 가르침을 주는 것으로 이어지면서 깊은 내용으로 진행된다.

소년은 모자람이 없이 브라흐만의 지혜를 얻는다.

이 이야기의 중요성은, 길게 말할 필요도 없다. 가르침의 진수는 당연히 스승에게 있지만 자연(自然)이 주는 가르침도 큰 비중을 차지한다는 점이다.

소년이 배운 것을 보면, 동서남북(東西南北)이라고 부르는 건 사실 브

케다리나트 마을은 사원을 중심으로 형성되었다. 우뚝 일어선 사원의 깊숙한 자리에 쉬바의 형상이 자리 잡고 있다. 사원은 안을 찾아 들어가는 일은 물론 제법 멀리 떨어져서 전체적인 모습을 바라보는 일도 필요하다.

라흐만의 빛나는 모습의 이름이며, 대지·허공·하늘 그리고 바다라고 부르는 것들은 브라흐만의 끝없는 모습의 이름이고, 불·태양·달과 번개는 브라흐만의 환히 빛나는 모습의 이름이며, 호흡·감각기관 그리고 마음이란 브라흐만이 머무는 자리의 이름이라는 사실이었다.

집을 나서 산으로 오르다 보면 이 세상의 유정·무정의 것들이 골고루 설법 법문을 한다. 법문을 하는 자는 브라흐만이 아닌가. 연녹색 초원에 서니 물소리와 산빛이 다 브라흐만, 즉 고향 아님이 없다〔水聲山色盡故鄕〕. 자연이 경전이 된 지 한 세월. 우선 산속으로 걸어 들어가며 몸이 자연을 느끼

387

도록 하고, 마음이 자연을 바라보며 읽어내게 만들고.

보고 듣는 일만큼 중요한 것은 없으니 문자를 쓰자면 관(觀) 이외 다른 해결책은 없다. 그러니 보기 위해 떠나야 한다. 내면이든 외면을 향해서든. 길을 멈추고 시냇물 소리를 듣기도 하고, 모자를 벗어 뜨거운 태양이 정수리에 닿게 만들고, 의식적으로 땀을 닦지 않음으로 바람이 어루만져 바람결이 어디서 어떤 식으로 오는지 가늠하고, 계곡을 만든 산주름을 바라보고, 꽃 한 송이 앞에 두고 꽃잎 수를 세어보기도 하며.

이것도 버릇되어 떠나면서 만나는 환희, 신비가 나와 한 몸이 되어야만 만족한다. 그 연인을 찾아 때로는 배낭을 꾸려 야반도주도 서슴지 않게 된다.

곽희의 『林泉高致(임천고치)』를 읽다 보면 이런 대목들을 만난다.

"산에는 기이한 봉우리가 깎아지른 듯 벽립하여 하늘의 은하 밖에까지 가파르게 솟아 있고, 천 길이나 되는 폭포가 구름과 노을 밖에서 떨어져 내리는 곳이 많다〔其山多奇峰峭壁, 而斗出霄漢之外, 瀑布千丈飛落于霞云之表〕."

"선성들의 암혈이 숨어 있는 곳이니, 기이하며 드높으며 신령스럽고 빼어나서 그 오묘함을 이루 다 궁구할 수 없다〔仙聖窟宅所隱, 奇崛神秀 莫可窮其要妙〕."

이런 표현은 케다리나트에서 딱 일치한다. 보고, 듣고, 느낀 것들이 즐비하다. 걸어갈수록 진면목이 드러나기에 야반도주처 1순위에 포함된다.

만다키니 강이 흐르는 만다키니 계곡 뒤로 케다리나트 봉우리와 바르테쿤타(Bartekunta) 봉우리가 구름 사이에서 병풍처럼 일어서 있다. 그러나 그

모습은 아주 잠시뿐 다시 구름으로 베일을 두른다. 난디 불(Nandi bull)이라
는 암봉에 서서 이 일대를 내려본다. 이 봉우리 위에는 신상을 모시고 붉은
깃발들을 휘날리도록 했다. 여기서 내려보는 조망은 멋지다. 계곡 사이에 부
드럽게 흐르는 듯한 목초지 위에 사원이 앉아 있는 모습이 그만이다.

저주가 아니라 도리어 축복이 가득한 시간이 이어진다. 오늘은 소가 한
마리 늘어나 800마리가 되었다. 이렇게 자연과 더불어 서 있는 사람에게 어
찌 저주가 비집고 들어오겠는가. 이제는 중년의 무서운 숲도 찾을 수 없는데.

"자이 케다르!"

〈종이거울 자주보기〉 운동을 시작하며

유 · 리 · 거 · 울 · 은 · 내 · 몸 · 을 · 비 · 춰 · 주 · 고
종 · 이 · 거 · 울 · 은 · 내 · 마 · 음 · 을 · 비 · 춰 · 준 · 다

〈종이거울 자주보기〉는 우리 국민 모두가 한 달에 책 한 권 이상 읽기를 목표로 정한 새로운 범국민 독서운동입니다.

국민 각자의 책읽기를 통해 우리 나라가 정신적으로도 선진국이 되고 모범국가가 되어 인류 사회의 평화와 발전에 기여하기를 바라는 마음으로 이 운동을 펼쳐 가고자 합니다.

인간의 성숙 없이는 그 어떠한 인류행복이나 평화도 기대할 수 없고 이루어지지도 않는다는 엄연한 사실을 깨닫고, 오직 개개인의 자각을 통한 성숙만이 인류의 희망이고 행복을 이루는 길이라는 것을 믿기 때문입니다.

이에, 우선 우리 전 국민의 책읽기로 국민 각자의 자각과 성숙을 이루고자 〈종이거울 자주보기〉 운동을 시작합니다.

이 글을 대하는 분들께서는 저희들의 이 뜻이 안으로는 자신을 위하고 크게는 나라와 인류를 위하는 일임을 생각하시어, 흔쾌히 동참 동행해 주시기를 간절히 바랍니다.

감사합니다.

2003년 5월 1일

공동대표 | 조홍식 · 이시우 · 황명숙

지도위원

觀照性國, 那迦性陀, 佛迎慈光, 松庵至元, 彌山賢光, 修弗法盡, 覺默, 一眞, 本覺

방상복(신부) 서명원(신부) 양운기(수사) 강대철(조각가) 김광삼(현대불교신문발행인)

김광식(부천대교수) 김규칠(언론인) 김기철(도예가) 김석환(하나전기대표)

김성배(미,연방정부공무원) 김세용(도예가) 김영진(변호사) 김영태(동국대명예교수)

김응화(한양대교수) 김재영(동방대교수) 김호석(화가) 김호성(동국대교수)

민희식(한양대명예교수) 박광서(서강대교수) 박범훈(작곡가) 박성근(낙농업)

박성배(미, 뉴욕주립대교수) 박세일(前국회의원) 박영재(서강대교수)

박재동(애니메이션감독) 밝훈(前중앙대연구교수) 배광식(서울대교수)

서분례(서일농원대표) 서혜경(전주대교수) 성재모(강원대교수) 소광섭(서울대교수)

손진책(연출가) 송영식(변호사) 신규탁(연세대교수) 신희섭(KIST학습기억현상연구단장)

안상수(홍익대교수) 안숙선(판소리명창) 안장헌(사진작가) 오채현(조각가)

우희종(서울대교수) 윤용숙(前여성문제연구회장) 이각범(한국정보통신대교수)

이규경(화가) 이상원(실크로드여행사대표) 이순국(신호회장) 이시우(前서울대교수)

이윤호(동국대교수) 이인자(경기대교수) 이일훈(건축가) 이재운(소설가)

이중표(전남대교수) 이철교(동국대출판부) 이택주(한택식물원장) 이호신(화가)

임현담(히말라야순례자) 전재근(서울대교 수) 정계섭(덕성여대교수) 정웅표(서예가)

조홍식(성균관대명예교수) 최원수(대불대교수) 최종욱(의사) 홍사성(언론인)

황보상(의사) 황용식(서울불교대학원대학교수) 황우석(서울대교수)

가나다순

〈종이거울자주보기〉 운동 본부

전화 031-676-8700 /전송 031-676-8704

E-mail cigw0923@hanmail.net

〈종이거울 자주보기〉 운동 회원이 되려면

1. 먼저 〈종이거울 자주보기〉 운동 가입신청서를 제출합니다.

2. 매월 회비 10,000원을 냅니다.(1년 또는 몇 달 분을 한꺼번에 내셔도 됩니다.)

   국민은행 245-01-0039-101(예금주;김인현)

3. 때때로 특별회비를 냅니다. 자신이나 집안의 경사 및 기념일을 맞아 희사금을 내시면, 그 돈
   으로 책을 구하기 어려운 특별한 분들에게 책을 증정하여 〈종이거울 자주보기〉 운동을 폭
   넓게 펼쳐 갑니다.

〈종이거울 자주보기〉 운동 회원이 되면

1. 회원은 매월 책 한 권 이상 읽습니다.

2. 매월 책값(회비)에 관계없이 좋은 책, 한 권씩을 댁으로 보냅니다.

   (회원은 그 달에 읽을 책을 집에서 받게 됩니다.)

3. 저자의 출판기념 강연회와 사인회에 초대합니다.

4. 지인이나 친지, 또는 특정한 곳에 동종의 책을 10권 이상 구입하여 보낼 경우 특전을 받습
   니다.(평소 선물할 일이 있으면 가급적 책으로 하고, 이웃이나 친지들에게도 책 선물을 적
   극 권합니다.)

5. '도서출판 종이거울' 및 유관기관이 주최 · 주관하는 문화행사에 초대합니다.

6. 책을 구하기 어려운 곳에 자주, 기쁜 마음으로 책을 증정합니다.

7. 〈종이거울 자주보기〉 운동의 홍보위원을 자담합니다.

8. 집의 벽 한 면은 책으로 장엄합니다.